农产品深加工系列丛书⑤

农产品深加工技术 2000 例

——专利信息精选

（下册）

王 琪 崔建伟 编

U0207949

金盾出版社

内 容 提 要

　　本书由河北省科技专利事务所专利法律事务高级代理人王琪、中国科学院石家庄农业现代化研究所高级工程师崔建伟编。全书分上、中、下三册，书中汇集的是作者从1985～1997年在国家申请的50余万件专利文献中精选的2000例有关农产品加工的专利信息，目的是指导农民怎样使用专利，开拓农村经济市场，为农产品加工增值提供门路。下册内容包括畜禽产品、蛋品、蜂产品及花粉、水产品、饲料等加工技术600余例，适合乡镇企业人员和广大农民阅读参考。

图书在版编目(CIP)数据

农产品深加工技术2000例：专利信息精选　下册/王琪等编．—北京：金盾出版社，1999.10
（农产品深加工系列丛书）
ISBN 978-7-5082-0974-6

Ⅰ．农…　Ⅱ．王…　Ⅲ．农产品-加工-专利-中国-汇编
Ⅳ．S37

中国版本图书馆CIP数据核字(1999)第21018号

金盾出版社出版、总发行
北京太平路5号（地铁万寿路站往南）
邮政编码：100036　电话：68214039　83219215
传真：68276683　网址：www.jdcbs.cn
封面印刷：北京凌奇印刷有限责任公司
正文印刷：北京凌奇印刷有限责任公司
装订：北京凌奇印刷有限责任公司
各地新华书店经销
开本：787×1092 1/32　印张：12.5　字数：357千字
2010年2月第1版第9次印刷
印数：59001—65000册　定价：19.00元
（凡购买金盾出版社的图书，如有缺页、
倒页、脱页者，本社发行部负责调换）

前　言

随着网络信息时代的到来,大量科技信息通过计算机网络或电子出版物向社会广为传播,专利信息又以最及时、最详细和最可靠的特点位居各类技术信息榜首。但是,对于我国绝大多数乡镇企业和农民来说,却不完全了解这类信息的基本知识,而急切盼望获得科技信息和脱贫手段的恰恰正是这一群体。我们在日常工作中常常听到他们发自内心的声音:"要是有这样的书就好了!"基于上述情况,我们着手从1985～1997年在中国申请的50余万件专利文献中,以专题形式精选出涉及农产品深加工的专利信息2000例编辑出版,以满足广大农民朋友的需要。

我们选编的这本书中,除了专利文摘以外,还包括专利申请号、公告号、申请日、发明名称、申请人、通信地址、邮政编码、发明人、法律状态、法律变更事项等内容。提供这些信息是为了让读者可以方便地查找专利说明书原文或查找专利技术的申请人或发明人,直接洽谈技术转让或合作,以减少到处寻找项目所花费的资金和劳动。

这里特别提醒读者应注意有关专利"法律状态"和"法律变更事项",这两项内容提示读者该专利申请是否还有专利权。据我们粗略统计,自1985年以来已失效的专利不在少数,专利失效并不意味着技术失去价值,这是一批巨大的社会公共财富,也有人称之为一座有待开发的金山。经过一段时间后,书中部分信息的法律状态可能还会发生变化。读者需要了解最新的法律状态,可以从中国专利局的专利公报上查阅或者从互联网上查询,也可以拨打我们的专利咨询电话:0311—5816968。

由于专利分类检索的数据有部分交叉覆盖,在我们选编的信息中难免有少量信息的重复,请读者谅解。

王　琪　崔建伟

怎样阅读专利文献

改革开放的八面来风使"专利"在广大读者面前已不再陌生,而能否从技术和法律意义上真正理解专利文献的内涵并且灵活运用,这是非常重要的。这里我们仅以中国专利数据库给出的专利信息内容为例,介绍专利文献的基本结构和阅读专利文献应注意的几个问题。

专利文献一般指专利局公开的专利申请文本和公告的审定文本,这两种文本的区别要从我国的专利审查制度谈起。我国专利有三种保护形式,即发明、实用新型和外观设计,统称为发明创造。三种专利的保护内容、保护期限、审查形式等不尽相同。发明专利采取延迟审查制,即一件发明专利的申请,自申请日起满18个月时公布其申请文本,申请公布后给予申请人某种临时保护,这种文本称为公开说明书。当发明专利经过实质审查之后,也许原申请文件经过了某些修改才得到批准,此时专利局将审定的文本再次公布,称之为公告文本,它的保护内容才是准确可靠的。我国的实用新型和外观设计不实行实质审查制度,采用初步审查和登记制结合的形式,审查周期比较短,授权后即可在专利公报上公告,因而只有一种文本。本书中选编的农产品加工方面的内容大多为发明专利申请的公开文本,也有极少数涉及加工设备的实用新型专利申请公告文本。

专利文献的内容包括著录项目、说明书摘要、权利要求书、说明书、说明书附图几部分,以下分别说明上述主要内容法律上的意义。

1. 著录项目

著录项目是指在专利说明书扉页上给出的有关该专利情报信息,比较重要的著录项目主要有申请号、申请日、申请人、发明人、发明名称、法律状态、法律变更事项等。

(1)申请号

专利申请号由8位数字组成,前2位为年,如95年递交申请,申请号的前2位为95;第3位给出的信息为发明创造类型,如发明专利为1,实用新型为2,外观设计为3;第4至第8位为序号。还可以在第8位后加小数点显示校位码。

专利授权后,专利申请号称为专利号,数字不变。应该注意的是市场上有些产品在专利尚未授权或已经失效后标注专利号标志是不对的,未授权的专利申请,只能标注专利申请号,而一旦专利失效,就不应再标注申请号或专利号误导消费者。

(2)申请日

申请日的确定:申请日是指专利局收到符合法律规定的专利申请文件的日子,也是专利局受理专利申请的标志。根据专利法第 28 条的规定,如果专利申请文件是直接递交的,以专利局收到专利申请文件之日为申请日;如果专利申请文件是邮寄的,以寄出的邮戳日为申请日。

申请日的意义:申请日对专利申请有重要意义,第一,申请日是审查判断发明创造的新颖性和创造性的时间界限;第二,申请日是专利侵权诉讼中关键的时间界限;第三,对于同一发明创造有两个以上申请人分别提出申请的,申请日是判断谁是最先申请人的依据;第四,申请日是要求优先权的根据。

(3)公告号

公告号是专利申请在专利公报上刊登时的编号,由 7 位数字组成。第一位为 1 表示发明专利申请,第一位为 2 表示实用新型专利申请,第一位为 3 表示外观设计专利申请。

(4)申请人

专利申请人是专利保护的主体,包括法人和个人。专利申请人在专利申请授权后称为专利权人。专利权人对自己的专利有垄断权和处置权,即有权禁止他人为生产经营目的制造、使用、销售其专利产品及使用其专利方法等;也有权许可他人实施其专利,以获得技术使用费用;还有权将自己的专利申请转让他人。专利文献的著录项目一般给出申请人的地址,需要使用或转让其专利可以直接与申请人联系。

(5)发明人

我国专利法实施细则第十一条规定,发明人或设计人是指对发明创造的实质性特点作出创造性贡献的人。因而需要了解一项专利技术的详细情况,最好找专利的发明人联系。

（6）法律状态

法律状态是指专利申请在录入专利文献数据库时所处的法律状态。专利并不是一经申请就能得到，而是还要经过一系列的审查程序。在审查过程中也许申请人主动放弃了专利申请，也许被专利局驳回了专利申请，法律状态可能会发生变化。由于我们选择的项目绝大部分为发明专利，法律状态可以分为三种：第一种是不稳定状态，包括"公开"、"实质审查"，即处于等待审查或审查正在进行中；第二种是相对稳定状态，即审查之后的"授权"状态，有些可能把专利维持到"届满"，有些可能因未按时缴纳年费而"终止"，个别的可能被"撤销"或宣告"无效"；第三种是稳定状态，包括公布后"视为撤回"、审查过程中"视为撤回"、审查过程中被"驳回"、授权过程中"视为放弃专利权"，以及由第二种状态变化而来的几种情况，到此结案，不会再有变化。如果某一项专利申请在"法律状态"栏目注明：公开/公告或实审，就意味着尚未得到批准；如果在"法律变更事项"一栏注明了视撤日或撤回日，就意味着这一专利申请已经不再受到法律保护，任何人都可以使用而不必承担侵权责任。

（7）法律变更事项

当法律状态发生变化时，在"法律变更事项"栏目中显示其发生变化的日期。常见的法律变更事项及原因包括：

撤回——专利申请人在提出申请后改变了主意，主动向专利局提出撤回请求。

视为撤回——专利申请人未按照法定期限或专利局指定期限缴纳费用或作出答复时专利局作出的决定。

放弃——专利授权后专利权人提出书面声明，主动放弃权利。

视为放弃——收到授权通知后专利申请人未按时办理专利登记费手续，专利局作出的决定。

驳回——因专利申请不符合条件未能通过审查，专利局作出的决定。

届满——专利权期满终止。发明专利权的期限为 20 年；实用新型和外观设计专利权为 10 年。

终止——在专利保护期限内，专利权人没有按照规定缴纳年费而被终止。

无效——专利权被授予后，社会公众认为不符合专利法有关规定而向专利局提出无效请求，经审查理由成立，已经授予的专利权将被无效或被进一步限制(部分无效)。被无效的专利视为自始即不存在。

2．专利文摘

本书选编的专利文摘，以最简略的形式概括了专利申请的主题、具体技术、解决方案及效果，可以起到快速传递信息的作用。根据文摘内容再确定是否需要查找说明书原文，可以节省大量检索阅读专利说明书的时间和费用。

3．权利要求

权利要求是专利申请文献的核心，主要作用是用来表达专利申请人对该发明或实用新型所要求的保护范围。授权后的权利要求被用来确定专利权的保护范围，是专利纠纷调解和诉讼时判断侵权的最重要的法律依据。专利持有者为了尽可能有效地保护其权利，使用了法律特有的既严谨又繁琐的风格和形式。

权利要求按其所保护的范围，可分为产品权利要求和方法权利要求。实用新型专利由于不保护方法，只有产品权利要求。权利要求按其表达形式，又可分为独立权利要求和从属权利要求。独立权利要求从整体上反映发明或者实用新型的技术方案，记载能够完成发明创造的必要技术特征，其限定的保护范围是最宽的；从属权利要求记载发明创造的附加技术特征，对独立权利要求作进一步限定。通常独立权利要求包括前序部分和特征部分。前序部分写明发明创造要求保护的主题名称以及最接近现有技术共有的必要技术特征；特征部分记载发明创造区别于现有技术的技术特征。两部分结合限定了发明创造的保护范围。

4．说明书

专利说明书的作用是作为一项技术文件向社会充分公开发明创造的技术内容，使该领域的技术人员能够实施，从而对社会的科学技术发展作出贡献。作为这种社会贡献的交换，申请人可以取得专利权。

专利说明书一般由发明名称、所属技术领域、背景技术、发明目的、采用的技术方案、发明效果、实施方式或附图等项内容组成。专利说明书的特点是内容广泛详尽,报道速度快。查阅专利文献的经验告诉我们,几乎没有一个技术课题在专利文献中查找不到,并且公布的内容要比其他文献早很长时间。缺点是内容繁琐,作为法律文件的格式从技术角度看显得重复、啰嗦。因此,读者在阅读专利说明书时要善于抓住重点。

由于篇幅限制,加之专利的权利往往很难懂,本书没有编入专利申请文献的权利要求和说明书的全文。但为了方便读者今后查阅和理解,在此也做了些知识性介绍。

以上介绍的只是一般专利知识。在企业技术引进、产品开发、产业结构调整过程中,如何利用已经失效和尚未授权的专利技术,以最小的代价和最快的速度占领行业前沿阵地;如何分析权利要求含义,合理利用已经公开又无法律保护的技术方案,以避免盲目引进、立项,陷入别人的技术领地造成不必要的投资损失,应该请有经验的专利代理人帮助您分析决策。

目　　录

一、畜禽产品加工技术

(一)猪、牛、羊肉加工技术

1329. 扒肉的制作方法

申请号：94111615　　公告号：1093882　　申请日：1994.01.21

申请人：王志坤

通信地址：(611432)四川省成都市新津县花桥粮站

发明人：王志坤

法律状态：公开/公告

文摘：本发明是一种扒(Pa)肉的制作方法。扒(Pa)肉的制作方法步骤如下：①选猪前肘子，人工去毛清洗，放入沸水中至少5分钟去血水，捞出用清水清洗，去尽血水、血泡；②放入冷水中待水开后改用微火煨制；③将冰糖炒成肉红色原汁放入使肉上色(冰糖量以能使肉上色即可)，放食盐；④放八角粉、山奈粉、生姜，微火煨1小时左右后放入草果粉、桂皮粉、丁香粉，微火再煨1小时左右，放入少量的排草、甘草和起凝聚作用的块状冰糖；⑤继续微火煨制即成。微火煨制时间至少为6小时。此种制作方法简单。采用上述方法制成的扒肉，色泽黄亮，醇厚扒香，肥而不腻，扒而不烂，香味浓郁，富含营养，肉食完汤也完，汤中无渣。煨制的扒肉还可制成罐头。

1330. 肺宝营养精及其制作方法

申请号：94115951　　公告号：1118226　　申请日：1994.09.06

申请人：重庆步步高保健品有限公司

通信地址：(630030)四川省重庆市沙坪坝小龙坎新街74号

发明人：蒋长远

法律状态：实　审

文摘：本发明是一种肺宝营养精及制作方法。它是以鲜猪肺为主料,配以传统的药食兼用的保健植物紫苏、桑叶、菊花、生姜、杏仁、陈皮、莱菔子为辅料,用现代工艺精制而成。其配方为:鲜猪肺2 000克,紫苏1 000克,桑叶500克,菊花500克,生姜500克,杏仁200克,陈皮200克,莱菔子100克,蔗糖粉1 100克,糊精1 100克,加工助剂石蜡适量;制成固体饮料300小袋,每袋装量8克。其工艺是通过物料清洗、除杂、水煎提取、脱脂、浓缩、收膏制粒、烘干、整型、包装、检验入库即成。本发明配方科学、合理、稳定,工艺先进;其产品具有增强肺脏功能,降低咳、喘、肺气肿等病发病率的作用,是一种保健佳品。

1331. 一种无硝肉类腌制剂

申请号:94118787   公告号:1124100   申请日:1994.12.07
申请人:天津商学院
通信地址:(300400)天津市北辰区津霸公路东口
发明人:张坤生
法律状态:公开/公告   法律变更事项:视撤日:1998.10.14

文摘:这是一种无硝肉类腌制剂,属于一种食品添加剂。多年来,硝酸盐和亚硝酸盐一直作为肉类腌制剂,起到发色、防腐、抗氧化、增加风味的作用。但动物实验表明,亚硝酸盐具有致癌、致畸和诱变性,因此,需要用其他添加剂来代替亚硝酸盐。本发明提出了一种无硝肉类腌制剂,由红色素、防腐剂、抗氧化剂、螯合剂组成。其特点是使用红曲米(粉)和(或)红曲色素,包括水溶性的红曲红色素。可应用于各种肉类制品中,如:低温火腿、巴氏杀菌火腿肠、高温杀菌火腿肠、肉类罐头等。

1332. 坛子药膳肉食品

申请号:96120800   公告号:1158227   申请日:1996.11.29
申请人:尚 征
通信地址:(100029)北京市海淀区北三环中路9号
发明人:尚 征、周超凡、张静宜
法律状态:公开/公告

文摘:本发明是一种以枸杞子、党参、肉桂、山楂等20多种药食两用的中草药方剂与畜、禽肉类的紫砂坛子中熟制加工的药膳肉食制品。这种坛子肉食品是将选用的药食两用的中草药方剂与畜、禽肉类放在紫砂坛中慢火焖 0.5～3 小时制作而成的。它不仅有软烂可口、香而不腻的特点，还有抗病健身的功效，经常食用，具有增强免疫力、滋补强身、美容抗老延年的保健作用，尤其适合于老人、妇女、儿童食用。

1333. 肉茸酱及其制法

申请号：94112478　　　公告号：1117815　　　申请日：1994.08.30

申请人：杨春佳

通信地址：(112000) 辽宁省铁岭市银州区岭东 705 厂

发明人：杨春佳

法律状态：公开/公告　　　法律变更事项：视撤日：1998.02.18

文摘：本发明是一种肉茸酱及其制法。其制作方法是：先将大豆或脱脂大豆用水浸泡、蒸熟、接菌种、发酵、制成大酱，再将相当大酱重量 20%～30% 的牛肉、猪肉、羊肉、鸡肉或鱼肉绞成肉末，在肉末中拌入辛香调料，把肉末炒熟，然后把熟肉末加到上述大酱里，最后用胶体磨，把加有肉末的大酱研磨均匀、细腻、肉成茸状，即为各种风味的肉茸酱。本肉茸酱味道鲜美，酱中还有熟肉茸，营养丰富，可用于佐餐的调味品。

1334. 婴幼儿营养方便肉菜糜

申请号：95110004　　　公告号：1126559　　　申请日：1995.01.10

申请人：何　颖

通信地址：(110034) 辽宁省沈阳市白山路 1 号军队离退休干部休养所 35 栋 131 号

发明人：何　颖

法律状态：实　审

文摘：本发明是一种适于婴幼儿生长发育的婴幼儿营养方便肉菜糜。它是由畜禽精肉、水产品、蔬菜、食用菌和适量调味品、植物油组成。其中各组分占重量百分比是：畜禽精肉 40%～50%，蔬菜 30%～25%，食用菌 30%～25%。本发明是一种婴幼儿断奶过渡期间方便、速食的辅助食品,配方科学,品味好,对婴幼儿生长发育和智力发育具有积极的促进作用。

1335. 减肥粥

申请号:93118378　　公告号:1100896　　申请日:1993.09.29

申请人:钟以林

通信地址:(530001)广西壮族自治区南宁市广西中医学院

发明人:闭清艳、钟以林

法律状态:公开/公告　　法律变更事项:视撤日:1997.09.24

文摘:本发明是一种减肥粥。这种减肥粥的配方和生产工艺是:①配方(重量比):瘦猪肉 30%,米 10%,玉竹 40%,氨基酸液 5%,党参15%;②生产工艺:将瘦猪肉、米、玉竹、党参洗净,把肉、玉竹、党参切成碎片,加水 10 倍,与米同煮 1 个半小时,配入氨基酸,装罐,封口,在水温 100℃下消毒半小时而制得成品。本发明利用了减肥粥高营养、低热量的特点,配方以补气养阴类食物为主,动物蛋白的含量较高,故减肥人群使用具有减肥快的效果。8 天一疗程,无饥饿感,无乏力等不良影响,可让人们在愉快的食疗之中,达到减肥的目的。

1336. 一品鲜酱肉

申请号:93100991　　公告号:1090727　　申请日:1993.02.11

申请人:仲长胜

通信地址:(100041)北京市石景山区金顶街赵山 103 号供电局宿舍楼 1-151 号

发明人:仲长胜

法律状态:实　审

文摘:本发明为一种熟肉食品——一品鲜酱肉及其制作方法。这种鲜酱肉的配方是:后臀尖猪肉 7 000 克,葱 150 克,姜 150 克,蒜 100克,桂皮 25 克,花椒 5 克,大料 5 克,小茴香 5 克,豆瓣黄酱 200 克,酱油 250 毫升,盐 150 克;其制作方法是将带皮猪肉切块(1 000 克为 1块,共 7 块),放入高压锅内,注入高汤 5 000 毫升,放入上述全部佐料及葱 100 克,姜 100 克,蒜 50 克后,将高压锅用普通锅盖盖住,旺火烧沸 3 小时,直烧至用筷子能戳透肉皮时将肉捞出;将锅内煮剩的汤倒出一半,用来稀释黄酱,然后将葱、姜、蒜各 50 克放入稀释后的黄酱汤中,用文火把酱汤烧沸,放入猪肉煮 30 分钟,出肉香味即可。本发明的制品肥而不腻,入口即化,色香味俱全,保存时间长。本发明制作简单,在食用时可佐以腊八醋,腊八蒜更加诱人食欲,别具一格。

1337. 贡品肉圆

申请号:93107122　　公告号:1096648　　申请日:1993.06.21

申请人:王钦从、邵宏杰

通信地址:(100085)北京市海淀区清河南镇第二熟肉制品加工厂

发明人:邵宏杰、王钦从

法律状态:公开/公告

文摘:本发明是一种用祖传秘方将猪肉深加工制成的贡品肉圆(在台湾称贡圆或圆丸)。它以精选鲜猪肉为主要原料,加各种配料制成。先将鲜猪肉冷冻、切片、粉碎、挤压成粒状体,加 0.3%～0.5%的复合磷酸盐高速搅拌 3 分钟,再加其他配料,如香菇精粉、鲍鱼精粉等,搅拌成糊状体,通过成型机自动成圆球形,余熟,自然冷却,在无尘室真空包装,验收后冷冻保存。其各料配比(按重量百分比计)为:①猪后臀尖 70%～71%;②肥肉 26.915%～27.975%;③复合磷酸盐 0.3%～0.5%;④水溶性氧化防止剂 0.011%～0.1%;⑤粘稠剂 0.04%～0.05%;⑥肉桂粉 0.04%～0.06%;⑦丁香粉 0.04%～0.06%;⑧八角油 0.1%～0.12%;⑨香菇精粉 0.059%～0.06%;⑩天然香辛粉 0.03%～0.04%;⑪甘草精粉 0.03%～0.05%;⑫鲍鱼精粉 0.02%～0.03%;⑬陈年酱油 0.02%～0.03%;⑭精盐 0.435%～0.445%;⑮精糖 0.25%～0.3%;⑯味精 0.45%～0.5%。该贡品肉圆吃时也可蒸、炒、煮、炸、熘,口味独特,鲜嫩香脆,含脂肪低,营养丰富,老少皆宜,并能防癌抗病,有益于健康。

1338. 猪头肉卷加工方法

申请号：88100524 　　**公告号**：1021009 　　**申请日**：1988.02.09

申请人：北京市第二肉类联合加工厂

通信地址：（101100）北京市通县南门外九棵树

发明人：高士锁、孙学禄、孙永昌

法律状态：授　权　　**法律变更事项**：因费用终止日：1995.03.29

文摘：本发明是一种猪头肉卷加工方法。这种猪头肉卷加工方法是将挑选好的猪头，经过燎毛、整理、清水浸泡、沸水浴制、劈半、修割。其加工制作的特点是：配制调味汤料，将精制猪头放入配制好的调味汤料中进行第一次煮制；出锅并拆骨后，第二次煮制；按部位搭配装入模具盒成型，带模具盒第三次煮制；将模具盒用清水淋浴后装入去骨猪头肉；带模具盒冷却，出模具盒，整理，包装。猪头肉卷的制作工艺简单，易操作，成本低，可在各肉制品厂应用。生产的猪头肉卷卫生，出品率高，外形整齐规范，便于贮存、运输、销售、携带，口味好，为普通消费者、饭店、宴会、旅游、民航所欢迎，不仅适应不同消费者的需要，而且经济效益和社会效益显著。

1339. 软罐头东坡肘子工业化生产工艺

申请号：92108168 　　**公告号**：1079624 　　**申请日**：1992.06.12

申请人：吴光安

通信地址：（612160）四川省眉山县永寿镇洪庙街4号

发明人：吴光安

法律状态：实　审　　**法律变更事项**：视撤日：1998.02.11

文摘：本发明是一种软罐头东坡肘子工业化生产工艺。它主要包括软罐头肘子半成品和软罐头调料半成品生产工艺。这种软罐头东坡肘子工业化生产工艺，在现有罐头制作方法上采用了如下特殊手段：用肉食罐头工艺生产软罐头肘子半成品；按东坡肘子的风味制成软罐头调料半成品；最后将软罐头肘子和软罐头调料统装于一个礼品盒，即为成品。食用时先将肘子半成品在沸水中加热20分钟，开袋后再将调料半成品袋打开倒人即可。本发明的优点是既保留了东坡肘子名肴风味，又能工业化生产和便于贮放、运输，而且开创了将肉食罐头与调料分装，食用时合二为一的罐头食用新法。

1340. 一种肘子罐头及生产方法

申请号：92108195　　公告号：1067791　　申请日：1992.07.05

申请人：国营富顺县食品厂

通信地址：（643208）四川省富顺县牛佛镇

发明人：卢文喜、阮开富、王应龙、钟传平、朱贻平

法律状态：授　　权

文摘：本发明为一种肘子罐头及生产方法。该罐头包括密封型壳体及内装的肘子、汤料，而其中的肘子则为带骨的完整形肘子，汤料为滤去粗辅料的原汤汁。其生产方法是将鲜猪肘清洗、修割整形后置于锅内，加入一定比例的精盐、花椒、八角、山奈、糖等调料及多种中药香辛料等，经特殊烹制后装听、封口及灭菌等处理而成。它与传统肘子罐头相比风味独特、整体性好，开听后可整块装于盘内而形似皇冠，既保留了传统烘肘及川菜的特点，还增添了南方淮扬菜、北方鲁菜的风味。

1341. 抗癌减肥增智镇咳平喘长寿肉及其制作方法

申请号：93109504　　公告号：1115216　　申请日：1993.08.03

申请人：阎继杰

通信地址：（262100）山东省安丘县肉类联合加工厂

发明人：阎继杰

法律状态：公开/公告

文摘：本发明是一种抗癌、减肥、增智、镇咳、平喘长寿肉及其制作方法。它包括猪精瘦肉 250 克，还包括鲜枣 5～150 克，大蒜 5～90 克，薏仁 5～80 克，木耳 5～80 克，荸荠 5～20 克，胡萝卜 5～20 克，南瓜 5～20 克，核桃 5～20 克，菱角 5～20 克，食醋 250 克。本长寿肉是将上述材料掺和在一起拌均匀，放在猪膀胱里，然后放入锅中，慢火煮即可。本食品不仅含有较多纤维，还有维生素 A、维生素 B、维生素 C、维生素

D、维生素 E 和钙、铁、镁、磷等无机盐,还含有能分解亚硝胺的酶。因此它对于抗癌减肥增智镇咳平喘和调整气血、平衡阴阳等起着重要作用,是人们治病强身的一种食品。

1342. 含多种微量元素的营养保健肉制品

申请号:95112203　　　公告号:1128109　　　申请日:1995.11.10

申请人:山东省兖州肉类联合加工厂

通信地址:(272000)山东省兖州市振华路 10 号

发明人:井　涛、代志祥、王集学

法律状态:公开/公告

文摘:本发明是一种含多种微量元素的营养保健肉制品的制作方法。这种含多种微量元素的营养保健肉制品,包括猪精肉的制作、辅料的配制、微量元素的配制及营养保健肉制品成品的制作。该营养保健肉制品中各成分重量百分组成为:猪精肉 70%～90%,辅料 10%～29%,复合微量元素 0.003%～0.15%,异维生素 C 钠 0.02%～0.1%。该营养保健肉制品含有多种微量元素,与现有技术相比,更具色泽美观、清香可口、回味长久、易于储存等特点,且集营养保健为一体,方便食用,价格低廉,是一种理想的具有中国风味的旅游快餐食品,具有很好的推广使用价值。

1343. 真空软包装红烧扣肉

申请号:95118476　　　公告号:1149421　　　申请日:1995.10.31

申请人:孟建亚

通信地址:(750001)宁夏回族自治区银川市西桥 1 巷 61-13 号

发明人:孟建亚

法律状态:公开/公告

文摘:本发明是一种真空软包装的熟猪肉食品及其制备方法。这种真空软包装红烧扣肉以生猪肉为主要原料,加入各种配料制成,其原料配比(重量百分比)如下:生猪肉 88.75%～91.49%,盐 0.05%～0.55%,葱 2.8%～3.5%,姜 2.8%～3.5%,八角 1.8%～2.2%,桂皮

0.8%～1.2%，丁香 0.09%～0.12%，草果 0.08%～0.12%，花椒 0.09%～0.11%。它为人们提供了一种味道鲜美、携带方便、宜于保存的红烧扣肉食品。其特点是将生猪肉加入调料后煮至七成熟，再放入油锅炸制，然后再放入软包装袋内，将其抽真空封口后蒸熟。本发明保存了中国传统烹调风味，又延长了食品保质期，适合市场销售要求，物美价廉，同时符合食品卫生要求。

1344. 一种将生猪头整体加工成熟食的方法

申请号：96103395　　公告号：1154809　　申请日：1996.04.10

申请人：沈晓峰、徐桂秋

通信地址：(100055)北京市宣武区天宁寺东里 1-1-103

发明人：沈晓峰、徐桂秋

法律状态：公开/公告

文摘：本发明是一种将生猪头整体加工成熟食的方法。这种将生猪头整体加工成熟食的加工方法和配料成分如下：①选料：精选防疫合格的猪，猪头重量在 1.5～5 千克范围内，限于屠宰后 4 小时内，将淤血放尽进行加工；②拔毛：将松香、辛料、白芷 3 种材料倒在锅中，加热到 115℃的高温使其溶解后，将猪头浸泡在缸里 5～10 分钟，取出猪头，用工具将猪毛随松香从猪头上分离干净，重复拔除 3～5 次，去毛率达 100%；③清洗：用流动水对猪头清洗 5 次，其次序为：先清洗耳、鼻部位，后清洗其余部位，达到全部洁净；④喷烤：利用喷灯对准猪头的各个部位进行喷烤，烤至发黑并呈现出黑色，通过喷烤，可进一步烤掉可能残存的毛根并可将腥味、土腥味烤掉；⑤再清洗：将猪头放入锅水中，加入磷酸三钠，温度加热到 100℃，浸泡 1 小时后发生化学变化，使猪头表面由黑色变成深红色，然后用铁刷将喷烤成焦的表层刷掉，洗去杂质，刮去颜色，猪头表面呈现出蜡黄色，清洗过程中表面颜色的变化是：由白色变为黑色，再变成深红色，最后变成蜡黄色；⑥洗泡：将猪头左右等分劈为两半，取出舌头，然后将猪头浸泡在凉水锅中，洗泡 8 小时；⑦酱制：第一，将猪头放在锅内，将锅水加热到 115℃以上，汤煮 10 分钟，去掉腥味；第二，将猪头放在酱汁锅内，加热到 115℃以上，停留

2～3分钟,随后将温度降至100℃,煮1～2小时,再降至85℃以下,炖2～3小时;第三,酱制开始时,锅中的汤占总体积的80%,猪头占20%,酱至终了时,酱汁仅将猪头全部覆盖为止。酱制中,辅料成分比例如下,以50千克水为例,各种辅料的重量比例为:优级酱油1%,普通酱油2%,食盐0.3%～0.5%,味精0.04%,白糖0.05%,冰糖0.1%,鲜葱0.5%,生姜0.05%～0.1%,花椒0.05%,陈皮0.08%,桂皮0.2%。八角0.05%,山柰0.07%,五香粉0.04%,丁香0.05%,川椒0.05%,着色酱汁1%～1.5%,料酒0.35%,白肥肉1%～3%,肉皮1%～3%,鸡架1%～2%,骨头1%～2%,云木香0.05%,白芷0.1%,砂仁0.1%,紫叩0.1%,甘松0.2%,草果0.2%,香辛料0.15%。其成品色形俱美,香味纯正,风味独特,并含有人体所需的多种氨基酸、维生素和无机盐。因此,食整体猪头就可品味到多种美味,吸取多种营养。

1345. 方便炒肝

申请号:96106567　　　公告号:1139529　　　申请日:1996.06.25

申请人:何　勋

通信地址:(100009)北京市东城区玉阁4巷3号

发明人:何　勋

法律状态:实　审

文摘:本发明是一种方便炒肝及其制作方法。本方便炒肝的成分有猪肝、猪肠、蒜末、调味料,其中调味料包括酱油、黄酱、姜末、蒜末、食油、食盐、淀粉、味精、水或汤。制作方法是,先将猪肝、猪肠煮熟,用小包装密封,蒜末用小包装密封。调味料的制作方法是,用锅将油烧热,放入姜末、蒜末,再放入酱油、黄酱、食盐,熟化后放水,水沸后放入淀粉、味精,并搅匀,用小包装密封。

这种方便炒肝的特点是将该方便炒肝置于包装容器之中。其各组分含量(重量)如下:猪肝(熟)5%～50%,猪肠(熟)20%～60%,蒜末2%～10%,调味料(熟)15%～70%;其中调味料各组分含量(重量)如下:酱油8%～16%,黄酱3%～15%,姜末2%～7%,蒜末2%～15%,食油5%～20%,食盐3%～15%,淀粉20%～60%,味精0.5%～3%,

水或汤 10%～50%。

1346. 一种猪肉罐头及生产方法

申请号：93115437　　公告号：1094910　　申请日：1993.12.23

申请人：国营富顺县食品厂

通信地址：(643208) 四川省富顺县牛佛镇

发明人：刘　杰、刘　杰(与前一发明人同名)卢文喜、罗　斓、阮开富、朱贻平

法律状态：实　审

文摘：本发明是一种猪肉罐头及其生产方法。该罐头包括罐体及经烘制而成的带皮猪肉或精瘦肉及烘制后的原汤汁。该罐头的生产方法是将原料肉修割，计量整理成块，清洗后堆码于锅内并按比例加入糖、食盐、味精、花椒、八角、山奈等调料及由多种中药组成的混合香辛料、水等，一同烘制后装听、封口及灭菌、恒温处理而成。这种罐头与传统的红烧肉罐头相比，风味独特，既保留了即烹即食烘制类肉食的特色，又具有调和南北口味等优点。

1347. 一种多用肉丸的生产方法

申请号：91108138　　公告号：1069395　　申请日：1991.08.13

申请人：仇长银

通信地址：(224200) 江苏省东台市肉联厂

发明人：仇长银、仇雪梅、仇雪松

法律状态：实　审　　法律变更事项：视撤日：1995.12.20

文摘：本发明为一种多用肉丸的生产方法。这种多用肉丸的生产方法包括计量、清洗、切片、绞碎、油炸等工序。其特点是以选用新鲜、干净、无毛、无血污的肥膘和碎肉为主料，另采用新鲜且不空心的白萝卜为配料。主配料经加工处理后，加佐料精盐、料酒、味精、姜汁、香葱、水淀粉，投入搅拌机搅拌上劲，制成肉丸，投进沸油中，炸至肉丸浮出油面且肉丸表面成金黄色时捞出，经充分冷却后，再进行成品检验、计量、包装、入库、冷藏待售。

现有肉丸的加工一般采用五花肉、腿板肉为原料制成,各肉联厂下脚料肥膘、碎肉成为滞销品。本发明提供一种利用肥膘、碎肉为主料,配以白萝卜为辅料,经过加工制成多用肉丸的生产方法,主、辅料相互"取长补短",使产品不肥不腻,口感良好。该产品可广泛应用于家庭、食堂,在市场上有着广阔的销售前景。

1348. 一种快餐食品及其加工方法

申请号:93101077　　公告号:1078867　　申请日:1993.01.18

申请人:王章军

通信地址:(057650)河北省广平县委农工部

发明人:王章军

法律状态:公开/公告　　法律变更事项:视撤日:1996.04.03

文摘:本发明是一种快餐食品及其加工方法。它是由肉类、蔬菜及调味品组成。其加工方法是:把肉类进行热处理,蔬菜进行脱水处理,再配上调味品得到一种食用快捷方便、营养丰富而平衡、味道鲜美的快餐食品。该产品食用时用开水冲开即成肉丸汤。

1349. 保健营养肉食系列制品及加工方法

申请号:94107381　　公告号:1107671　　申请日:1994.07.13

申请人:王忠民

通信地址:(233651)安徽省涡阳县三原保健营养食品有限公司

发明人:王忠民

法律状态:公开/公告　　法律变更事项:视撤日:1998.04.22

文摘:本发明是一种由中草药腌制的保健营养肉食系列制品及加工方法。它是由食用肉类和中草药组成。中草药粉末撒抹在食用肉上面,腌制10小时以上,然后蒸煮,烘干,高温消毒,真空包装等,制成适合各层次消费者需要的保健营养肉食系列制品。本保健营养肉食系列制品的配方为:食用肉与中草药之比为100:0.18~0.20。食用肉为牛肉、驴肉、牛鞭、全鸽或全鳖。中草药组成范围如下:大茴香6%~7%,小茴香6%~7%,肉苁蓉6%~7%,西洋参6%~7%,当参6%~7%,

黄芪 6%～7%，葛根 6%～7%，干姜 6%～7%，枸杞子 6%～7%，五味子 6%～7%，千里光 6%～7%，列当 6%～7%，山楂 6%～7%，金樱子 6%～7% 及山茱萸 6%～7%。加入调味品蜂蜜及食盐，加入量各占中草药重量的 6%～7%。由于本发明完全采用天然物质，无化学添加剂，因而无毒，无副作用，风味独特，具有保健、营养、强身之功能。

1350. 五叶参系列营养保健食品及其制备方法

申请号：96109827 **公告号：**1149990 **申请日：**1996.09.19
申请人：李全能
通信地址：（100080）北京市海淀区海淀镇肖家河村委会
发明人：李全能
法律状态：公开/公告
文摘：本发明是一种五叶参系列营养保健食品及其制备方法。包括五叶参、羊乳、玫瑰、大枣、山楂、生麦芽、刀豆、干姜各中药与乌鸡肉、乌鸡骨、蜗牛肉进行系列配伍，制成系列食品。本五叶参营养保健食品以下列组分及科学配比（按重量份计）精制而成：五叶参 30～50 份，羊乳 20～30 份，玫瑰 10～30 份，大枣 20～30 份，山楂 20～30 份，生麦芽 20～30 份，刀豆 10～30 份，干姜 10～20 份，乌鸡肉 10～20 份，乌鸡骨 3～8 份，蜗牛肉 10～20 份，白糖 3～5 份或蜂蜜 5～10 份，红糖 5～10 份，水 1 000～1 500 份，纯净水 600～1 000 份。它是一种适用于产乳妇女、脾虚体弱中老年人和儿童增智健体食用的保健食品。这种食品营养丰富，食用后可使孕、乳妇增进健康，提高泌乳量，增强免疫功能，有益于胎、婴儿正常发育。

1351. 腐乳肉酱及其制作方法

申请号：96109900 **公告号：**1148945 **申请日：**1996.10.07
申请人：蒋爱民
通信地址：（712100）陕西省咸阳市杨陵区西北农业大学 20 号信
箱
发明人：蒋爱民、安雄若、王三芳

法律状态：公开/公告

文摘：本发明是一种腐乳肉酱及其制作方法。它是由腐乳、畜禽鱼肉、乳化剂、增稠剂、调味料、植物油和营养强化剂组成。其制作方法是将腐乳在打浆机中打浆后入油锅炒制 10～20 分钟至变色、光亮时，加入肉粒及调味料，炒制 5～10 分钟后加入乳化剂和增稠剂，在炒制过程中或在炒制结束时加入营养强化剂，搅拌均匀后装入容器，加热灭菌即为成品。这种腐乳肉酱组分百分比（重量比）为：腐乳 40%～60%，畜禽鱼肉 25%～40%，调味料 1%～3%，乳化剂和增稠剂 3%～5%，植物油 10%～15%，营养强化剂 1%～5%。该产品具有营养丰富、风味独特、便于保藏、食用方便之特点。

1352. 空心膨松蛋白纤维肉干制作法

申请号：91107271　　公告号：1060016　　申请日：1991.08.15

申请人：童世英

通信地址：（610072）四川省成都市外西罗家碾峨眉涂料厂

发明人：童世英

法律状态：公开/公告

文摘：本发明是一种空心膨松蛋白纤维肉干制作法。本空心膨松蛋白纤维肉干制作法包含备料、装料、蒸煮、爆破、味料浸渍、烘燥、补充爆破、色料浸渍、烘燥、再补充爆破、香料浸渍、成型烘燥、卸料等过程。它是将蛋白纤维原料（肌肉组织）用蛋白纤维爆破成型机，在一定的温度、压力和时间条件下，在同一机内分阶段的蒸煮爆破，即经过高温高压蒸煮爆破→浸渍味料烘烤、补充爆破→浸渍色料→烘烤补充爆破→香料→烘烤爆破成型等工艺，使之成为空心、膨松、味、色、香、形、口感均佳的蛋白纤维肉干。

1353. 家禽和牛肉的混合肉丸的制备方法

申请号：92100614　　公告号：1075063　　申请日：1992.02.02

申请人：金学民

通信地址：（276012）山东省临沂市肉类制品厂

发明人：金学民

法律状态：公开/公告　　法律变更事项：视撤日：1995.05.03

文摘：本发明是一种家禽和牛肉的混合肉丸的制备方法。该方法包括选料、预冷冻、混料制浆、浆料腌制、配料成型等步骤，最后经水煮得到家禽和牛肉的混合肉丸。该家禽和牛肉混合肉丸的制备方法包括：①选用加工后的白条家禽和精牛肉，除去筋皮、油污和血淤，然后放入0～4℃的冷库中冷冻4～6小时；②将预冷后的白条家禽和精牛肉以15～40：80～110的重量比放入100目的绞肉机中，同时以每10千克的白条家禽和精牛肉计，放入2～4千克的葱和2～4千克的姜绞碎，用冰水控制绞肉机内的温度在10～25℃的范围内，得到的物料在打浆机内加冰水制成浆料，该过程的温度亦控制在10～25℃；③得到的浆料按浆料与精盐、维生素C、料酒之比为100：2.0～3.5：0.1～1.0：1.0～1.5的重量比加到腌制机中，在0～4℃的温度范围内腌制4～6小时；④将腌好的浆料加入冰水，使其水含量为5%～15%（重量），然后按每100千克浆料加入100～200克味精，100～300克胡椒，200～400克花椒以及10～16千克淀粉，搅拌均匀，然后在丸子机内成型得到肉丸；⑤成型后的肉丸在高温夹层锅内先在85～90℃水煮3～5分钟，然后缓慢升温至100～120℃，继续水煮5～10分钟，然后捞出冷却即得到本制品。

1354. 一种营养肉制品的制作方法

申请号：92109678　　公告号：1082352　　申请日：1992.08.20

申请人：张洪德

通信地址：(150010) 黑龙江省哈尔滨市道里区买卖街28号

发明人：张洪德

法律状态：公开/公告　　法律变更事项：视撤日：1997.10.15

文摘：本发明是一种营养肉制品的制作方法。这种营养肉制品的原料组成为：腌制肉与桂圆肉、蜂蜜、人参精、鹿茸精、味精、鲜姜、胡椒、辅料、水、淀粉、果珍（粉）之比为65～70：3～3.5：2～3：0.4～0.5：0.02～0.03：0.1：0.5：0.1：2.15：12～13：4：1。其加工方法为：

①将食用肉绞碎,在-10℃冷却1.5小时,然后按每100千克食用肉加食盐3千克,硝酸钠0.025千克,在8～10℃温度下,经24～72小时,制成腌制肉;②腌制肉在5℃以下斩茸,混入其他原料;③在121.6千帕压力下高温处理15～20分钟;④真空包装。采用以上方法生产的肉制品,食用后每摄入100克,可产生热量8000千卡,使人健身,大补元气,调荣养胃,健身延年,并有防感冒病菌侵染等效果。

1355. 肉蛋卷软包装罐头的生产方法

申请号:92114769　　公告号:1088408　　申请日:1992.12.25

申请人:柴成存

通信地址:(043300)山西省河津县峻岭村

发明人:柴成存

法律状态:公开/公告　　法律变更事项:视撤日:1996.04.03

文摘:本发明是一种肉蛋卷软包装罐头的生产方法。它是将肉绞成肉馅经斩拌加入混合盐和调味料,挤成肉条,在肉条外面包上蛋皮,切成短条后进行封头、油炸、整形、装袋、杀菌等工序的肉蛋卷软包装罐头。其生产方法是:①采用真空斩拌机,控制斩拌温度低于10℃;②斩拌时加入的混合盐,其配方(按重量计)为:精盐800～2000,硝酸钠5～15,多聚磷酸钠100～300,焦磷酸钠100～300,异抗坏血酸钠10～50,碾细混合均匀后,按肉馅与配方中精盐之重量比为100:0.8～2加入;③斩拌时加入的调味料按南味、北味、川味等各种风味进行组配,其配方(按重量计)为:花椒10～250,肉桂10～50,白胡椒5～150,公丁香5～50,干生姜5～250,大茴香0～50,白芷0～20,草蔻0～20,甘草0～50,肉豆蔻0～50,白糖0～3000,味精0～60,黄酒0～1500,白芥末0～150,红辣椒0～500,碾细混合均匀,按肉馅与配方中花椒之重量比为100:0.01～0.25加入;(4)蛋汁与精粉和硅树脂的重量比为100:5～20:2～4。

　　本发明生产工序连续紧凑,机械化程度高,能组成自动化生产线。由本发明生产的产品具有肉香、蛋香、麦香和调料香的浓香多味特点,产品外筋内酥,色泽鲜黄,造型美观,便于包装、保存和运输。

1356. 牛肉浸出粉的生产方法

申请号：91105287　　　公告号：1059081　　　申请日：1991.07.30

申请人：武汉肉类联合加工厂科研所

通信地址：（430011）湖北省武汉市江岸区江岸路12号

发明人：梁普寅、吴光华、余桂清

法律状态：授　权

文摘：本发明是一种卫生防疫、食品检验等部门作微生物培养所用的牛肉浸出粉的生产方法。主要解决目前同类产品的质量及成本问题。该产品采用新鲜牛肉为原料，加入1.2倍的水，在49千帕压力下进行热处理，保持7小时，闷1小时，再经过滤、浓缩、干燥成为牛肉原粉；将原粉进行水解，即加入原粉量5倍的水及4%～5%的胰酶液，水解时间为3.5～4小时，温度为35～40℃；水解后加温至煮沸，澄清，进行固液分离，调pH值为中性，即pH 7～7.5；进行冷藏，即将分离后的原液置于冷库，在10℃以下放置24小时后过滤；进行浓缩，即过滤后滤液在真空度为86.7～93.3千帕下进行减压浓缩，浓缩至原体积的1/3为止；进行干燥，即采用喷雾干燥（温度70～80℃）或真空干燥（真空度为93.3千帕）均可，蒸气压力为147.1～196.1千帕，干燥时间为3～3.5小时即可获得该产品。该产品的原料来源广，成本低，产品质量好，使用、运输及贮存都非常方便。

1357. 茶叶肉

申请号：93104393　　　公告号：1093547　　　申请日：1993.04.12

申请人：张正明

通信地址：（322100）浙江省东阳市朝阳新村42幢西单元402室

发明人：张正明

法律状态：实　审

文摘：本发明是一种茶叶肉。该茶叶肉是由如下的工艺方法制成：鲜精肉经精选、切片或切丝、放入咸茶水中浸泡后，再加清水、糖、味精、酒、姜、大蒜、花椒、薄荷一起烧煮。将烧煮后的茶叶肉烘干后分装，即获得本制品。这种茶叶肉的配方为:每10千克精肉中配茶叶0.4～0.8千克,食盐0.8～1.2千克,糖0.3～0.7千克,味精30～60克,酒10～25克,红枣5～15克,姜5～15克,大蒜5～10克,花椒2～5克,薄荷1～2克。该茶叶肉是一种营养保健食品,它具有清香可口,经常食用对人体具有保健功效的特点。该茶叶肉特别适合作为一种病后体弱及患有慢性病者的营养保健食品。制成袋装的茶叶肉还可作为野外工作者、旅游者、学生、部队的一种方便菜肴。

1358. 药膳罐头

申请号:93110855　　　公告号:1083319　　　申请日:1993.01.19

申请人:卫之祥

通信地址:(634000)四川省万县市白岩路桂花堰塘58号4—1

发明人:卫之祥

法律状态:实　审　　　法律变更事项:驳回日:1998.01.14

文摘:本发明是一种药膳罐头。这种药膳罐头是由药物、食用菌、肉、辅料和佐料制成。其药物可为虫草、天麻、丁香、附片、草果、山药、苡仁、沙参、茯苓、首乌等具有疗效和保健的中药中的任1种或任几种;肉类可为猪、牛、羊肉或鸡、鸭、鹅、鱼肉;经清蒸或清炖或红烧而成。本发明集药膳和罐头为一体,易于贮存,食用方便,具有营养保健,滋补健身之功效。若配套食用,疗效更佳。

1359. 方便涮肉及其制作方法

申请号:94100042　　　公告号:1104869　　　申请日:1994.01.03

申请人:靳绍平

通信地址:(100011)北京市西城区六铺炕二区1号院14号

发明人:靳绍平

法律状态:公开/公告　　　法律变更事项:视撤日:1997.04.16

文摘:本发明提供了一种方便快捷的美食佳品——方便涮肉。本方便涮肉,主要由熟化肉片、调料、保鲜菜、粉丝、杂面、辣油组成。其熟化肉片的制作方法为:①将精选肉块化冻、清洗、控水后打卷、切片,放入加有花椒粉、葱粉、姜粉、精盐、嫩化剂的腌制液中腌制 1～4 小时；②将腌制后的肉片捞出放入离心式分离机中进行脱水,脱水率为 30％～40％；③将脱水后的肉片放入高压灭菌锅中进行灭菌、熟化处理,处理时间为 5～10 分钟；④经过上述工艺处理后的熟化肉片称好重量,并进行真空密封包装。该肉片食用时打开包装,连同保鲜菜、粉丝或杂面一同放入 85～100℃水中浸泡 3～5 分钟,拌上调料即可食用。该方便涮肉适于工业化批量生产,易于保存、运输、携带,为广大消费者提供了一种方便、省力、省时、快捷、鲜嫩可口的美味食品。

1360. 一种多肽保健营养品及其制备方法

申请号：94101519   公告号：1107008   申请日：1994.02.21

申请人：张家口医学院

通信地址：(075029)河北省张家口市桥西区长青路 14 号河北省张家口医学院药理室

发明人：高尚全、葛赋贵、李　钦、张　杰、张　力

法律状态：实　审

文摘：本发明为一种多肽保健营养品及其制备方法。本品主要含有骨冻、肉冻、动物胚胎及胎盘冻、黄芪、陈皮和山楂。其制备方法是：将肉、骨、胚胎及胎盘的浸出液进行酶解、过滤、干燥成冻,将黄芪、陈皮、山楂粉碎混合、煎煮、浓缩、干燥成粉末后与冻混合均匀即可。这种多肽保健营养品的各组分的重量含量如下：骨冻 77％～85％,肉冻 7％～15％,动物胚胎及胎盘冻 0.5％～1.0％,黄芪 0.5％～1.0％,陈皮 0.2％～1.0％,山楂 2％～5％。本制品富含多肽、人体所需的 18 种氨基酸及微量元素,具有抗衰老、增强记忆力、恢复体力和精神等功效,且不含任何人工色素、添加剂和防腐剂。本品的制备方法科学合理、简单易行。

1361. 混入谷物的禽畜肉粉的制作方法

申请号：94101863   公告号：1107009   申请日：1994.02.21

申请人：胡建平

通信地址：(100005)北京市外交部街33号3楼

发明人：胡建平

法律状态：实　审

文摘：本发明是一种混入谷物的禽畜肉粉的制作方法。混入谷物的禽畜肉粉的制作方法是：以鸡肉或牛肉、羊肉、猪肉等禽畜的肉与大米或小麦、玉米等谷物为主要原料,禽畜肉原料用量与谷物原料用量的比例是1：0.3～2。先将禽畜肉加工成肉泥,再与粉碎的谷物原料混合,再进行干燥处理,然后用螺杆式膨化机进行膨化处理,再将膨化的物料粉碎,混入或不混入调味料及营养素等辅料,即为成品。

1362. 新疆风味的肉类食品

申请号：94107799　　　公告号：1114870　　　申请日：1994.07.15

申请人：李瑞生

通信地址：(300401)天津市北辰区地震台

发明人：李瑞生

法律状态：公开/公告　　　法律变更事项：视撤日：1997.11.19

文摘：本发明是一种新疆风味的肉类食品。其主料可为羊肉块,也可为羊肉片;也可用兔肉、牛肉、鸡肉、鸭肉、马肉、驴肉、猪肉、鹿肉、狍子肉代替;也可将肉块用扦子串成串,再将其制成品包装在真空包装袋内。这种新疆风味的肉类食品的配方及其制作工艺如下：主料：羊肉块;调料：丁香、豆蔻、砂仁、桂皮、小茴香、大茴香、草蔻、桂枝、陈皮、丹皮、高良姜、干姜、肉桂、枸杞子、白芷、胡椒、孜然、辣椒、食盐、味精、啤酒;辅料：鸡蛋、淀粉、芝麻、面包屑、食油。其制作工艺是：用清水熬制丁香、豆蔻、砂仁、桂皮、小茴香、大茴香、草蔻、桂枝、陈皮、丹皮、高良姜、干姜、肉桂、枸杞子、白芷、胡椒的调料液。将精选的羊肉块浸泡在加入食盐和啤酒的调料液中,将浸泡后的羊肉块淋干,将淋干后的羊肉块蘸淀粉糊后,滚上面包屑和芝麻,将蘸滚后的羊肉块放入热食油中炸成金黄色,将炸好的羊肉块撒上孜然、胡椒、辣椒粉。本发明的优点是：易保存,不变质,食用方便,便于在多种场合销售、食用。

1363. 药膳宴席配套罐头

申请号：94111825　　　公告号：1099935　　　申请日：1994.06.28

申请人：卫之祥

通信地址：(634000) 四川省万县市白岩路桂花堰塘 58 号 4—1

发明人：卫之祥

法律状态：公开/公告

文摘：本发明是一种药膳宴席配套罐头。它是由具有疗效与保健作用的多味中药、各种肉类和食用菌等，经加工预处理，加调料、密封、杀菌而制成。它注重整体配方及整体药膳功效，表现形式为"多菜一汤"或"多菜几汤"。一般为"六菜一汤"或"八菜一汤"，包括桂圆鸡、八宝鸭、枸杞牛肉、苡仁蹄花、山药粉蒸肉等。除作宴席用外，还可作为方便快餐，也适合旅游、野餐用。

1364. 赣南腌腊肉系列制品(赣州腊味、赣南腊味)及其加工方法

申请号：95100324　　　公告号：1127089　　　申请日：1995.01.15

申请人：陈相福

通信地址：(341000) 江西省赣州市关刀坪 11 号

发明人：陈相福

法律状态：实　审

文摘：本发明是一种赣南腌腊肉系列制品(赣南腊味，赣州腊味)及其加工方法。其加工方法新颖，具有可操作的实用性，在许多方面还有它独创之处，如检测、下料标准化、包装真空化。该制品主要包括猪、牛、羊畜肉及其副产品。畜肉经洗涤、浸渍、提取、烘腌而制得腌腊肉。用上述方法制得的赣南腌腊肉系列制品的色、香、味具其突出的特色，主要特点为咸味，表面干燥清洁，组织疏密适中，切面平整，色泽明亮，味香浓郁，咸淡适中，甘甜爽口，回味悠长。牛肉巴的肉体表面附颗粒状的辣椒粉，采用真空包装，在常温下可保存 180 天不变质。一年四季的猪、牛、羊肉均可以此方法生产出上述风味的赣南腌腊肉。

1365. 一种罐藏肉糜食品及其制作方法

申请号：95100637　　　公告号：1110528　　　申请日：1995.02.27

申请人：中国人民解放军军事经济学院

通信地址：（430035）湖北省武汉市罗家墩 122 号

发明人：李德远、刘嘉麟、杨文学

法律状态：公开/公告

文摘：本发明是一种罐藏肉糜食品，尤其是肉糜类灌肠、罐头食品及其制作方法。它是在畜肉肉糜中以高比例加入进行过预处理的果蔬糊（果蔬含量为 15%～30%），并用魔芋精粉和皮胶作为粘结剂和成型剂，再加入其他配料，充分搅拌乳化后，真空装罐灭菌而成。这种制品含果蔬成分高，畜肉用量相对减少，既降低了成本，又降低了脂肪、胆固醇、总热能的含量。其质地、口感、色泽明显优于目前市场供应销售的传统型肉糜类食品，并因其含有优质膳食纤维素，适度提高了维生素含量，因而具有多种保健功能。

1366. 一种生化保健饮料

申请号：95102304　　　公告号：1117827　　　申请日：1995.04.09

申请人：鲜升文

通信地址：（635500）四川省巴中市巴州镇红碑湾路 4 号

发明人：鲜升文

法律状态：公开/公告

文摘：本发明是一种生化保健饮料。它是以屠宰健康动物新鲜脏器（肝、脾、胰等）为主要原料，利用组织自溶或酶化反应技术加工制成的一类水剂或粉剂饮料，属国内外首创。它含有丰富的生物活性物质和人体所需的一切营养素，具有现有饮料不具备的多种保健功能。粉冲剂饮料天然风味浑厚，水剂饮料可制成各种风味，色、香、味各具特色。

1367. 肉脯及其生产方法

申请号：95103307　　　公告号：1132041　　　申请日：1995.03.30

申请人：贾　群

通信地址：（710002）陕西省西安市西大街 396 号贾永信牛羊肉商店

发明人：贾　群

法律状态：公开/公告

文摘：本发明是一种肉脯及其生产方法。该肉脯是在经过熟化和吸附了调料的烧肉上粘附有一层糖质子，该糖质子与烧肉所用的调料物质混溶为一体，具有保鲜效果和独特的风味。所用的肉可以是牛肉、羊肉、鸡肉或鱼肉等。肉脯的制法是在汤汁收干、吸附了调料的肉条上浇倒液态糖质子，用文火烘烤，不断搅拌，蒸干水分，肉表面出现有蜜饯状粘汁，即为肉脯。肉脯将肉及调料与焦糖巧妙融为一体，具有悦人的色泽和风味，鲜香可口，保存期长。

1368. 香辣肉酱系列食品及其生产方法

申请号：95104973　　公告号：1117362　　申请日：1995.05.18

申请人：孟庆利

通信地址：（132011）吉林省吉林市吉林大街 115 号

发明人：孟庆利

法律状态：公开/公告

文摘：本发明是一种香辣肉酱系列食品及其生产方法。它是用各种肉类食品制备成香辣猪肉酱、牛肉酱、羊肉酱、鸡肉酱、狗肉酱、兔肉酱、鱼肉酱、虾肉酱等酱类佐餐调味品的产品及加工方法，即根据消费者口味将肉类食品加工成香辣肉丁，配以豆酱、辣椒酱、甜酱、调料、香辅料等精制而成上述各种风味的香辣肉酱类佐餐调味食品。该产品具有方便、卫生、味美、即食、滋味绵醇的独特特点，且营养丰富。

1369. 富钙肉酱生产方法

申请号：95105368　　公告号：1126049　　申请日：1995.05.22

申请人：孟庆利

通信地址：（132011）吉林省吉林市吉林大街 115 号

发明人：孟庆利

法律状态：公开/公告

文摘：这是一种富钙肉酱生产方法。它是将蛋壳经有机酸处理粉碎（使无机钙变成有机钙，达到补钙作用），得到粉末状结晶，再将肉用菜油、调料等加工成肉丁；然后配以豆酱、辣椒酱、调料、香辅料和加工后的蛋壳粉末等精制而成；然后经质检、计量、装瓶、灭菌、包装获得具有补钙功能的富钙肉酱制品。它是具有一定块状物的富钙肉酱的高级保健营养佐餐调味食品。该制品具有方便、卫生、味美、保健、补钙、即食、滋味绵醇的独有特点，且市场广阔，老少皆宜，物美价廉。

1370. 微胶囊化肉类营养调味品

申请号：95108864　　公告号：1119074　　申请日：1995.08.30

申请人：北京市食品研究所、潮阳市华城食品有限公司

通信地址：（100005）北京市东城区东总布胡同弘通巷 3 号

发明人：李增庆

法律状态：公开/公告

文摘：本发明是一种微胶囊肉类营养调味品和它的制备方法。它是用肉、相应的骨骼及油脂作原料，3 种原料的投料比例为 8∶1∶1。先经清洗加工，用热水浸提出其中的营养成分，作为胶囊的心材，用 DE 值 5～15 麦芽糊精、β-环状糊精和阿拉伯胶等混合作壁材，对心材物进行包埋，经喷雾干燥制成粉末速溶产品，麦芽糊精的用量是原料量的 5%～30%。产品中除含有肉中的有效成分外，还富含钙、磷、微量元素和不饱和脂肪酸类油溶性物质。这些物质在食用和烹调过程中缓释出来，有助于人体的吸收。本产品保持了原料的特有香味，在口感上也达到了肉的原味。除可作为营养调味品外，还可应用于肉类、方便食品、膨化食品等的添加。本产品可以是牛肉、猪肉、鸡肉、鱼虾等风味。

1371. 豆蛋皮香辣肉卷的制作方法

申请号：95112170　　公告号：1129082　　申请日：1995.10.23

申请人：王成友

通信地址：（272159）山东省济宁市郊区安居镇后垎口村

发明人：王成友

法律状态：公开/公告

文摘：本发明提供一种豆蛋皮香辣肉卷的制作方法。它的制作方法是：用精肉、豆腐皮、鸡蛋皮将精肉馅分层卷成卷，放笼屉中蒸熟定型，再放食用油中将最外层的豆腐皮炸成微黄，然后真空包装即可销售。精肉馅的原料组分重量百分比为：精肉50％～90％，淀粉5％～20％，黄酱5％～10％，鸡蛋清5％～10％，香油1％～2％，食盐0.5％～3％，葱1％～2％，姜1％～2％，味精1％～3％，胡椒1％～5％，花椒0.5％～1.5％，茴香0.5％～1.5％，红曲粉0.3％～0.5％，混合粉1％～2％，着色剂0.1％～0.3％；其中豆腐皮、鸡蛋皮为包卷材料。这种豆蛋皮香辣肉卷和现有技术生产的肉制食品相比，具色泽美观、麻辣香脆、清香爽口、回味长久、易于储存、方便食用、价格低廉等特点，是一种理想的具有中国风味的旅游快餐食品，并有很好的推广使用价值。

1372. 液态肉

申请号：95117627　　公告号：1147911　　申请日：1995.10.19

申请人：卞玖阳

通信地址：(050000) 河北省石家庄市胜利南街3号

发明人：卞玖阳

法律状态：公开/公告

文摘：本发明是一种液态肉。它是由基料、辅料和调味香料配制而成。基料有可食性动物精肉、鲜菠萝汁、大豆蛋白、净化水。它们的配比为：30～50，15～25，5～20。辅料为精碘盐、食糖、骨粉、食用纤维素。它们的配比为：2～4，3～5，3～8，3～5。调味香料为花椒、八角、肉蔻、丁香、干姜、干蒜片、砂仁。它们的配比为：0.01～0.03，0.01～0.04，0.02～0.03，0.002～0.005，0.01～0.02，0.02～0.04，0.01～0.03。其制作工艺为：精选、绞细、榨取、净化、磨浆、过滤、浓缩、烘干、高细度粉碎、搅拌、清洗、高温消毒、真空反应、分解转化、合成、真空包装。本技术利用菠萝汁中酸和酶的作用，使细肉浆在一定时间及温度内分解、转化成可被人体直接吸收的最小分子，比原精肉增加了蛋白质、纤维素、钙、碘等。

1373. 一种面条元

申请号：96101025　　公告号：1154213　　申请日：1996.01.12

申请人：戴世奇

通信地址：(231137) 安徽省合肥市长丰县岗集镇罗岗村

发明人：戴世奇

法律状态：公开/公告

文摘：本发明是一种面条元。该食品由面条、肉类、蔬菜、食用菌等组成。其主料：面条 500 克，猪肉或牛肉 500 克，鸡肉 200 克，配料：青菜 60 克，水发银耳 20 克，水发木耳 10 克，面粉适量；调料：酱油 25～30 克，盐 20～50 克，白糖 15～20 克，葱 30 克，蒜 30 克，生姜 20 克，醋 6 克，料酒 6 克，麻油 5 克，植物油适量。该食品既可以作主食，又可以作菜肴。营养全面，有荤，有素，老少皆宜食用，且口感好，易消化。该面条元食用方便，制作简便。它可作为旅游、居家必备的快餐食品。

1374. 一组药膳蛹虫草肉及其制备方法

申请号：96104856　　公告号：1138427　　申请日：1996.05.06

申请人：李　江

通信地址：(100085) 北京市海淀区清河东滨河路兴华公司

发明人：李　江

法律状态：公开/公告

文摘：本发明是一组药膳蛹虫草肉及其制备方法。它是用蛹虫草代替冬虫夏草和各种肉配伍，加工成成品、半成品，是色、香、味、药、型俱佳，具有不同疗效的药膳系列。它可使成本下降 95％以上，对多种癌症、心、脑血管病、肾脏病、血液病、肝、脾、胰、肺等脏器病具有显著的预防、治疗和康复作用；对健康人体具有抗疲劳、抗病毒、抗坏血、抗动脉硬化、增智、减肥、美容、壮阳等显著功效。因此，本发明具有药食兼用、防治并举，原料来源广，适于工厂化生产等特点。

1375. 一种保健食品及其制备方法

申请号：96109717　　公告号：1149420　　申请日：1996.09.06

申请人：王树人

通信地址：(116103) 辽宁省大连市沙河口区黄河路 888-1 号

发明人：王树人

法律状态：公开/公告

文摘：本发明是一种可强身健体的保健食品及其制备方法。该保健食品由多种中草药经水提、过滤、蒸浓，再和焯制的肉拌和，加调味料炖制而成。其原料的重量比为：主料：肉 75～92；辅料：桑椹子 2.5～5，玉竹 2～5，枸杞子 2～5，桔梗 1.5～5，甘草 0.2～0.6，茱萸 1.5～5，茶叶 0.2～0.6。长期食用该保健食品，可防治高血脂症、高血压、肥胖症，也可防治糖尿病。

1376. 营养多味牛肉干的制备方法

申请号：93111893　　公告号：1097105　　申请日：1993.07.05

申请人：郑开动

通信地址：(630010) 四川省重庆市中区北路巴蜀中学

发明人：郑开动

法律状态：实　审

文摘：本发明为一种营养多味牛肉干的制备方法。其制作方法是：将牛肉块洗净、滤干，放入锅内加水煮熟；先用大火煮沸 5～8 分钟，打去原汤中浮沫血泡，再用中火煮牛肉至半生时起锅，冷却后切成细条牛肉胚，在初煮牛肉胚的净汤汁中倒入枸杞子、山药、麦冬、通大海、山楂 5 味药料大火煎熬，再将白糖、食盐、酱油、料酒、麻油、老姜和卤料、细条牛肉胚同时倒入上述汤汁中，并以中火卤煮，待卤汁快收干时，再将炒熟碾制的莲米、芡实、薏仁、芝麻和味精放入卤锅内，翻动拌匀卤干起锅，烘干即可。通过上述工艺卤制的牛肉干营养丰富、清热润肺、健脾除湿，且牛肉干入味、化渣、疏松、爽口，适宜男女老幼长期食用。

1377. 香油牛肉制品及其制作方法

申请号：93115426　　　公告号：1090728　　　申请日：1993.12.23

申请人：国营宣汉县佳肴食品厂

通信地址：(636164)四川省宣汉县南坝镇解放路32号

发明人：杜　钦、何其林、李润堂、唐怀述、王道秀、杨大江、张学均、瞿一轩

法律状态：实　审

文摘：本发明是一种香油牛肉制品及其制作方法。它以鲜牛肉、香油、菜油和20多种调味品为原料。各种原料用量分别是：鲜牛肉100千克，香油和其他食用油10～15千克；调料：八角0.5～1千克，砂仁0.1～0.2千克，白蔻0.1～0.2千克，肉桂0.3～1千克，荜拨0.3～0.5千克，大葱5～8千克，丁香0.3～0.8千克，白芷0.2～0.5千克，茴香0.1～0.5千克，青果0.3～1千克，草果0.3～0.5千克，海椒3～5千克，大蒜5～10千克，芝麻3～6千克，红糖加白糖5～10千克，白酒加黄酒1～2千克，白胡椒1～2千克，花椒0.5～1千克，味精0.5～1千克和食盐2～5千克，以及适量生姜。上述的香油牛肉制品为熟食，可为片状、条丝状或碎粒状。通过对牛肉进行粗选、冷冻、解冻、精选、水漂、劈(绞)、铺苫、烘烤、蒸制、烘干、油炸、炒制、油浸，并据各种调味品的特点将其分成3组分别加入到有关工序中，所制得的香油牛肉制品具有集南甜、北咸、川麻辣于一体，营养成分保留完全，消毒、灭菌、熟化彻底，适应口味范围广，保存期长和有利于远销的优点。

1378. 鲜牛肉丝及制作工艺

申请号：93115873　　　公告号：1102071　　　申请日：1993.10.27

申请人：陈秀兰

通信地址：(110141)辽宁省沈阳市于洪区东湖街44号津津小吃部

发明人：陈秀兰

法律状态：公开/公告　　　法律变更事项：视撤日：1997.05.07

文摘：这是一种用于人们日常生活中的鲜牛肉丝及制作工艺。它

的配方是:鲜牛肉 62.5％,豆油 15.6％,白糖 7.8％,水 3.1％,芝麻 3.1％,精盐 3.1％,味素 0.6％,花椒 0.5％,葱 2.5％,姜 0.4％,八角 0.6％,桂皮 0.2％;其制作工艺是:按配方剂量取鲜牛肉洗净去掉杂肉,切成 1 000 克后左右 1 块,放在铁锅中加水过肉面部,煮沸 1 小时后至八九分熟,吹风晾干,再切成 2 毫米×2 毫米×5 毫米的肉丝条,再将铁勺放在急火上加热,将油放入勺内,加热至油开,去掉油沫,呈白色后,风晾至室温,再将油加热到 200℃左右,放在慢火上,将牛肉丝放入油中,待牛肉丝中的水分炸至较干而不煳时,用漏勺将牛肉丝捞出;将另一大勺放在慢火上加入水、白糖、精盐、味素、花椒、葱、姜、大料、桂皮,搅拌均匀熬至 3 分钟左右,使其达到红黄色泽时,再放入已炸好的牛肉丝与其混合均匀即可出勺放入容器中,撒上炒熟的芝麻,用风吹晾干至室温,装入印制好商标的食品袋中,包装后为成品。该产品配方独特,制作工艺合理,鲜嫩可口,保质期长,食用方便。

1379. 一种营养液及牛肉片的制作

申请号:93117145　　　公告号:1084365　　　申请日:1993.09.09

申请人:阎文慧、张　锴、江仁铭

通信地址:(100039)北京市海淀区田村前街 22 号

发明人:江仁铭、张　锴

法律状态:公开/公告　　　法律变更事项:视撤日:1997.01.22

文摘:本发明是一种营养液及牛肉片的制作。它是以米酒、精牛肉及牛内脏某些器官为原料。其制作方法是:把牛肉原料清洗、切片或切段后煮制、压榨、分离,再按 2 个步骤操作:其一是把分离后的营养液原汁加调配液、米酒,煮沸后进行过滤、冷却、再过滤、装罐、杀菌、检验;其二是把分离出的熟牛肉原料(熟牛肉片及牛内脏片或段)加调配剂搅拌、装袋、杀菌、检验,即为成品。

1380. 牛瘦肉脱脂及低脂牛排软包装罐头的加工方法

申请号:93117512　　　公告号:1088406　　　申请日:1993.09.15

申请人:柴成存

通信地址：（043300）山西省河津县峻岭村

发明人：柴成存

法律状态：实　审

文摘：本发明是一种牛瘦肉脱脂及低脂牛排软包装罐头的加工方法。它是将牛瘦肉修割除脂后，经浸洗切割成厚度小于 20 毫米，长、宽小于 30 毫米的肉块，进行拍松肌肉纤维组织，加热至 90～150℃，在 500～1 500 转/分的转速下进行离心脱脂，并经腌渍，加调料等加工制得成品。本成品口感酥嫩、膨松有弹性，含脂量低于 5%，是一种具有保健作用的营养食品。

1381. 速冻精制牛肉片

申请号：93118919　　　公告号：1101805　　　申请日：1993.10.19

申请人：刘　平

通信地址：（154002）黑龙江省佳木斯市中山路南段 222 号

发明人：刘　平

法律状态：实　审　　　法律变更事项：视撤日：1997.12.10

文摘：本发明是一种可供人们食用的速冻精制牛肉片。它的主要配方成分是：牛肉 500 克，鸡蛋 25～30 克，豆油 50 克，盐 14 克，枸杞子 25 克，芝麻 19 克，花椒面 2.6 克，糖 2 克，味精 3～3.3 克，葱、姜 4 克，辣椒 10 克，香油 3 克，紫盐 6 克，茴香 5.5 克及丁香、肉蔻、香菜籽、草蔻、白附子、砂仁各 10 克，加入 1 000 克水煮开放入 25 克调料水而构成；然后经过冷藏、速冻而得成品。食用时不需加任何佐料，投入锅内炒 3 分钟即可食用。既简单又方便，并且全部保持了烤肉串的味道鲜美，香嫩可口，又能起到健体强身的作用。

1382. 羊肉干的制作方法

申请号：90102044　　　公告号：1055468　　　申请日：1990.04.13

申请人：王瑞军、古凤芝

通信地址：（100052）北京市宣武区贾家胡同 44 号

发明人：古凤芝、王瑞军

法律状态：公开/公告　　**法律变更事项**：视撤日：1993.09.01

文摘：本发明是一种制作羊肉串风味羊肉干的方法。其制作方法是：选用优质纯瘦肉，经清洗后加工切成 2 厘米×2 厘米×3 厘米左右的长方块，放入盐、味精浸泡，再放入孜然、小茴香、生芝麻搅拌，然后放入鸡蛋、淀粉和番茄酱，在 80～90℃的热油中过油，沥干油后，放入烤箱中调至 100℃左右烘烤，制作成具有羊肉串风味的羊肉干。本发明制作成的羊肉干别具风味，易于存放，经济、卫生，是一种美味食品。

1383. 无膻味羊肝羹的生产方法

申请号：90106446　　**公告号**：1051488　　**申请日**：1990.11.27

申请人：穆宝成

通信地址：(110024) 辽宁省沈阳市铁西区保工街六段 21 里 4 号

发明人：孟宪民、穆宝成

法律状态：授　　权　　**法律变更事项**：因费用终止日：1997.01.08

文摘：本发明是一种无膻味羊肝羹的生产方法。羊肝羹的主要原料为（重量百分比）：羊肝 3.0%～7.0%，豇豆 14.0%～21.0%，蔗糖 50.0%～60.0%，饴糖 1.0%～3.0%，蜂蜜 0.5%～1.5%，琼脂 1.3%～1.8%，乌梅 0.1%～0.5%，黑芝麻 0.5%～1.5%，菊花 0.01%～0.2%，草决明 1.0%～3.0%，枸杞子 0.2%～0.8%；其他为辅助原料及水分。其生产方法为：①羊肝去膻，经过漂洗、水煮处理、粉碎和糖化处理；②中草药的加工，将乌梅和菊花用锅煎熬成药汁，枸杞子发泡后磨成泥状，黑芝麻炒熟磨成泥，草决明熬后磨成泥；③豇豆经选料、发泡制沙、粉碎后制成豆沙浆再脱水；④羊肝羹的制作，先将羊肝进行漂洗、水煮处理，粉碎制成肝泥，按比例加入琼脂，放入反应釜内加热，再加蔗糖、加水继续加热，随后按比例放入豆沙，最后再将按上述方法制好的枸杞子、菊花、乌梅、草决明、黑芝麻以及糖化肝、饴糖、蜂蜜和一定量的水加入反应釜中，在一定的时间和温度下制成羊肝羹。该羊肝羹既没膻味，又非常适宜儿童口味，它不仅使羊肝含有的有机成分合理地补充于人体，而且使中药的滋补和治疗作用得以发挥。

1384. 方便食品——精制羊杂碎的配制方法

申请号：92102370　　　公告号：1076840　　　申请日：1992.03.24

申请人：傅　涛

通信地址：（012000）内蒙古自治区乌盟集宁市肉厂南路14号

发明人：傅　涛

法律状态：实　审　　法律变更事项：视撤日：1995.06.28

文摘：本发明是一种方便食品——精制羊杂碎的配制方法。其配制方法是：将精细选料的羊的心、肝、肺、肠、肚，经过配料、预煮、复煮、切丝、真空封口、高压杀菌、恒温培养工艺配制而成方便食品——精制羊杂碎。在复煮时加入18种调味品，切丝后加入辣椒油、香油、香菜末进行调味。这种食品的特点是风味独特，储藏时间长，便于携带及食用方便等，并具有健脾胃，补中气，明目等作用。

1385. 一种保健明目饮料粉的生产工艺

申请号：92109839　　　公告号：1082326　　　申请日：1992.08.21

申请人：李长发

通信地址：（110002）辽宁省沈阳市和平区延边街6-6号8单元1-1号

发明人：李长发

法律状态：公开/公告

文摘：本发明是一种保健明目饮料粉的生产工艺。其生产方法是：采用精选新鲜羊肝，经清洗后去除血筋，切成薄片，置于由茶叶、醋及白酒组成的浸泡液中，在30～70℃的温度条件下浸泡3～5小时，然后捞出羊肝片，置于清水中煮沸1～3分钟，继而将羊肝片捞出，用70～100℃高温干燥至含湿率小于或等于1％，经干磨机磨成粉状，过100目筛，制成羊肝粉。将上述羊肝粉与奶粉、可可粉及淀粉按下述重量百分比混合：羊肝粉15％～25％，奶粉50％～70％，可可粉3％～4％，余量为淀粉。此混合粉即为保健明目饮料粉。

1386. 速食羊肉片的加工方法

申请号：93101103　　　公告号：1089798　　　申请日：1993.01.14

申请人：李海健

通信地址：(300131)天津市红桥区707研究所

发明人：李海健、刘毅平

法律状态：实　审

文摘：这是一种速食羊肉片的加工方法。它的加工方法是：将精选洗净加工成片状的羊肉在含有食盐、辛香物及防腐剂的汤中涮熟，捞出经脱水、密封、包装后高温灭菌消毒，可保存3个月不变质。食用时，将拆包装后的羊肉片，用沸水浸泡5分钟后即可食用。本发明能工业化批量生产，易于包装存放和旅行携带，且风味独特，口感香怡，既可冲泡食用，又可干食，方便、省时、快捷，是一种美味食品。

1387. 一种快餐涮羊肉的制备方法及其制得的涮羊肉

申请号：94101461　　　公告号：1107311　　　申请日：1994.02.26

申请人：邵丰华

通信地址：(102800)河北省廊坊市金龙道80号

发明人：邵丰华

法律状态：实　审　　　法律变更事项：视撤日：1998.06.17

文摘：本发明为一种制备快餐涮羊肉的方法。其制备方法是：它包括将羊肉切成片，经过在90～110℃的汤液中涮制1～20分钟后取出甩干、烘干等过程。此制备方法科学合理，简单易行，制备出的快餐涮羊肉在保持了传统涮羊肉风味的前提下，具有色香、味美、快捷、方便之特点，且口感舒适，有弹性和嚼力。

1388. 羊肉串的制作方法

申请号：94102444　　　公告号：1108900　　　申请日：1994.03.25

申请人：王　铁

通信地址：(830002)新疆维吾尔自治区乌鲁木齐市建国路46号

新疆自治区气象台

发明人：王庆贤、王　铁、王文贤

法律状态：公开/公告　　法律变更事项：视撤日：1997.11.19

文摘：本发明属于一种肉食加工的方法。其制作方法依次包括将羊肉或羊腰或羊肝或羊肠切块或片，过油或炒制，不经干燥处理，即以孜然为主调料的调料包包装。本发明制作的羊肉串清香滑嫩，保持了孜然调料的原香原味和羊肉串的独有风味。它干净卫生，经济，营养丰富，易于存放，不污染环境。食用者经过简单处理，就可吃到具有浓郁新疆民族风味的羊肉串。

1389. 八珍乳羊及制法

申请号：94102996　　　公告号：1101806　　申请日：1994.03.31

申请人：王晓光

通信地址：(300050)天津市和平区睦南道 13 号

发明人：王晓光

法律状态：公开/公告

文摘：本发明是一种熟肉营养保健药膳食品八珍乳羊以及制备方法。它采取浸泡乳羊，中草药取汁，以药汁预煮乳羊及乳羊再煮等步骤炮制。这种八珍乳羊，是以乳羊为基料，由中草药枸杞子、肉桂、玉果、党参、当归、丁香、竹叶、砂仁的汁液煮成的药膳食品。这是纯天然制品，既有药效，又有营养滋补作用。

1390. 一种新型羊双肠食品及其制备方法

申请号：94105044　　　公告号：1105829　　申请日：1994.05.13

申请人：石福增

通信地址：(100005)北京市东城区东堂子胡同 29 号

发明人：石福增

法律状态：公开/公告　　法律变更事项：驳回日：1998.04.22

文摘：本发明是一种新型羊双肠食品及其制备方法。本羊双肠以鲜羊血、鲜羊脑及鲜羊肠为主要原料，经过严格消毒，加工而成羊双肠生品,再用羊尾骨、葱、鲜姜、大料、咖喱、孜然、杜仲、枸杞子调制成高汤,用高汤将羊双肠煮熟,切成约30毫米的段,再加入芝麻酱、酱豆腐、香油、酱油、醋、味精、辣椒油、香菜末、韭菜末等佐料,即成本品羊双肠。它口感鲜嫩,风味独特,清口不腻,并且滋补气血,健脑,明目,对老年人及手术后体弱者食用最佳。

1391. 一种肾肝补品及其制备方法

申请号:94105343　　公告号:1095903　　申请日:1994.05.21

申请人:刘玉福、周纪信

通信地址:(100053)北京市宣武区牛街枣林斜街8号

发明人:刘玉福

法律状态:授　权

文摘:本发明是一种肾肝补品及其制备方法。它以羊肝、羊肾为主要原料,辅以中药材及辅料:大茴香、陈皮、花椒、甘草、砂仁、精盐、鲜姜、大葱、味精、白酒、枸杞子、云苓、党参,经一定工艺处理,制成小于100目的细粉。这种肾肝补品的原料重量百分比是:鲜羊肝60%～75%,鲜羊肾15%～25%,大茴香0.5%～1.5%,陈皮0.5%～1%,花椒0.5%～1.5%,甘草0.1%～0.8%,砂仁0.3%～0.5%,精盐2%～10%,鲜姜0.3%～1%,大葱0.3%～0.6%,味精0.3%～0.6%,白酒0.5%～2%,枸杞子1%～5%,云苓0.5%～2%,党参0.5%～2%。本制品没有膻味,对人体具有综合调治效果,使肾、肝、脾、胃互补相助,补肾阴,助脾阳,和胃、明目、补血,特别适宜中老年肾肝虚弱、贫血患者、慢性肝炎恢复期病人及齿弱老人服用;婴幼儿服用有利于增强免疫力。

1392. 一种方便食用羊汤料

申请号:95110213　　公告号:1134791　　申请日:1995.05.04

申请人:廖秀义

通信地址:(112000)辽宁省铁岭市毛衫厂(铁岭市银州区七里村)

发明人:廖秀义

法律状态:公开/公告

文摘：本发明是一种以羊肉及下货为主要材料的方便食用羊汤料。它主要针对现有羊汤用料简单，口感不强，难以工业化生产的不足之处。本发明由羊肉及下货、琼脂、胡萝卜、马铃薯、元葱以及大料、花椒、胡椒、味精、桂皮材料混合而成的羊汤料。它通过选料、破碎、高温蒸煮、消毒灭菌处理实现其颗粒状干式或湿式类汤料。本方便食用羊汤料的组分及其重量百分比如下：羊肉及下货75％～87％，琼脂0.2％～0.5％，胡萝卜0.2％～0.5％，马铃薯0.4％～0.8％，元葱0.9％～1.3％，以及大料0.4％～0.6％，花椒0.4％～0.6％，胡椒0.1％～0.2％，味精0.4％～0.6％，桂皮0.4％～0.8％中至少1种（当选用两种以上时，其总含量2％）；余量为水。将上述材料进行混配制成。该料具有方便携带、味道鲜美、保质期长、食用方便的优点。

1393. 一种生产方便盒装涮羊肉的制备方法

申请号：95116789　　　公告号：1147910　　　申请日：1995.10.17
申请人：新吉勒图
通信地址：（014030）内蒙古自治区包头市青山区钢铁大街7号
发明人：新吉勒图
法律状态：公开/公告
文摘：本发明是一种生产方便盒装涮羊肉的制备方法。其原料组分及用量比是：由精选的羊肉20～100份，蟹块5～20份，虾仁5～20份，蒜块5～15份，脱水菜5～25份，辣椒5～10份，葱丝5～10份，姜丝5～10份，山梨酸3～8份，虾油2～5份，辣椒油2～5份，香油2～6份，植物油3～7份，味精2～4份，食盐5～10份配制而成。本制品便于携带，食用方便，风味独特，醇香可口，可长期储存，并含有较高的营养物质，具有健脾胃、壮阳气、理中气等作用。本制品符合国家卫生食品标准，用开水冲泡即可食用，是旅游者和野外作业者的理想食品。

1394. 五香酱牛肉

申请号：88101011　　　公告号：1031930　　　申请日：1988.03.10
申请人：北京市牛羊肉类联合加工厂

通信地址：(100023)北京市丰台区南苑大红门地区南顶

发明人：胡庆喜

法律状态：实　审　　法律变更事项：视撤日：91.07.24

文摘：本发明是一种肉食品的制作方法。这种酱牛肉的制作方法是：先将牛肉解冻后用活水浸泡，再用板刷将肉刷干净，然后剔骨并按部位(前后腿、腰、腱子等)切割重量均等、厚度不超过40毫米的块，将选好的肉块再涮洗1次，即先用一定数量的水和黄酱搅拌后，把酱汁沥出用火煮沸1小时，把浮在上面的酱沫撇净加水煮开。在锅的底部放上垫肉箅子，将选好的肉码在锅内，较老的码在锅底部，嫩的码在上部，点火烧煮，待锅烧开后将各种配料(丁香、砂仁、桂皮、八角、盐)投入锅内，用压锅板压好后添火，锅开4小时左右(头1小时去污物杂质)，其中每隔1小时倒锅1次并随时翻锅，根据耗汤情况加入原肉汤(即老汤)，然后将火调整为文火煨4小时，并每隔1小时翻锅1次。其特点是五香味浓，咸中有香，肥而不腻，瘦而不柴。

1395. 一种制作牛鞭羹的方法

申请号：92110404　　公告号：1069863　　申请日：1992.09.08

申请人：邓先明

通信地址：(466200)河南省项城县水寨镇交环路21号

发明人：邓先明

法律状态：授　权

文摘：本发明是一种制作牛鞭羹的方法。本品采用牛鞭、冰糖、蜂蜜、桂圆、枸杞子等加工而成。本牛鞭羹的成分范围(重量)为：牛鞭15%～25%，冰糖60%～70%，蜂蜜15%～25%，桂圆0.2%～0.5%，枸杞子1%～13%，兔儿丝0.2%～0.6%，人参0.1%～0.4%，海马0.1%～0.3%，天麻0.1%～0.3%，桂花适量，水5%～30%，各组分总和为100%。它含有人体所需的多种维生素、氨基酸和对人体有益的微量元素，有助于温肾壮阳、补益心脾、养心安神、滋补肝肾。它改变了过去传统的食用方法，易于被人体消化吸收。

1396. 牛扒香丝肉的制作方法

申请号：94103523　　　公告号：1115613　　　申请日：1994.04.20

申请人：施占文

通信地址：（132021）吉林省吉林市龙潭区龙华街新华胡同 15-9 号

发明人：施占文、施　畅、施　晶

法律状态：公开/公告

文摘：本发明是一种牛扒香丝肉的生产方法。它是把选取的上等牛肉经洗净、水煮、撕条、油炸、分装、真空封口、高温杀菌而制成，并且在水煮时加入 A 组调料，在撕丝后与 B 组调料混合、油炸，冷却后与 C 组调料相混合。本制品所用调料是指花椒、大料等调味料，牛肉粉、嫩肉粉等为食品添加剂和食盐、味精等 20 余种物质组成。用此方法生产的牛扒香丝肉选料精良，调料品种多，甜中略辣，不腻，不柴，香味浓，余味长，食法简便，是一种新颖的牛肉制作方法。

1397. 牛骨提取液

申请号：94111306　　　公告号：1095904　　　申请日：1994.04.28

申请人：安徽三体保健品公司

通信地址：（233500）安徽省蒙城县蒙蚌路 118 号

发明人：贺光明、李贺堂、王体三

法律状态：公开/公告　　　法律变更事项：视撤日：1997.11.19

文摘：本发明是一种用牛骨为主要原料制成的食用保健品。其主要组分为牛骨有效物质、水，辅以金菇、大枣、莲子、山药、山楂、核桃、蜂蜜、蔗糖，经高温蒸煮、酶解、过滤、提取、混合糖化、蒸发浓缩等工艺而制成。该牛骨提取液依次通过如下主要步骤制作：①干净的牛骨与水按重量比 3：10 置于渍渗罐内，在压力 0.108～0.143 兆帕、温度 121～126℃条件下，加入牛骨与水总重量 1‰的醋酸煮沸 2 小时；②过滤出液，除脂后在液体中加入滤出液总重量 20‰的胃蛋白酶，在 35～38℃常温条件下酶解至 pH 4～6；③过滤后得牛骨提取液。本产品富含钙、锌、铁、蛋白质和各种氨基酸，是少年儿童增智健脑的佳品。

1398. 一种牛肉干的生产方法

申请号：95100698　　　公告号：1132040　　　申请日：1995.03.24

申请人：朱明春

通信地址：（325028）浙江省温州市水心梅1幢407室

发明人：朱明春

法律状态：实　审

文摘：本发明是一种牛肉干的生产方法。这种牛肉干的生产方法是：将符合卫生标准的鲜瘦牛肉去筋、膜、肥脂后萃取血水、污物，经清水过漂，肉块过红，切成条、片等不规格的坯料，再将过漂牛肉的原汤去除泡沫后加入茴香、姜片、酱油、味精、黄酒等辅料煎熬，至浓度增加后再下坯料，文火取汁，直至汁干液净，捞起卤汁之牛肉干入带风扇电炉烘干；将烘干的牛肉干再送入轧松机横竖各轧1～2次，使牛肉干纤维变松起绒毛，即为成品。本发明在保持传统工艺不变的情况下，增加了轧松工艺，其产品具有松软可口、不塞牙的优点。

1399. 一种松茸牦牛肉干及制备的方法

申请号：95111308　　　公告号：1133140　　　申请日：1995.04.08

申请人：东　风

通信地址：（627550）四川省理圹县县府

发明人：东　风

法律状态：公开/公告

文摘：本发明是一种松茸牦牛肉干及制备的方法。本制品包括93.5%～96.5%的牦牛肉，2.5%～3.5%的盐，0.5%～1.5%的鲜松茸汁。其制备方法是：将牦牛肉卤煮、烘烤后加入松茸汁，然后复烘即得成品。松茸汁是由鲜松茸经酸提、煮提、过滤、浓缩而制得的。因松茸具有抗辐射、抗癌、抗衰老、养颜等特殊功效和特殊的芳香，使产品具有独特的营养成分和口感。

1400. 龙须牛肉及其制作方法

申请号：95111359　　公告号：1123627　　申请日：1995.05.15

申请人：高仕才

通信地址：(610072)四川省成都市外西草堂路成都饭店旅游食品开发公司

发明人：高仕才

法律状态：公开/公告

文摘：本发明是一种龙须牛肉及其制作方法。本龙须牛肉以牛肉为主料，辅以食盐、糖、料酒、亚硝酸、食油、调料、五香粉，经腌制、烘干、蒸制、油炸、炒制而成。本发明具有选料精细、制作考究、色型美观、味道正宗，真空包装、携带方便、卫生易存等特点，为高档宴会、家宴、外出旅游、馈赠亲友之理想佳肴。

1401. 方便快餐烩牛肉及其制法

申请号：95118906　　公告号：1149992　　申请日：1995.11.02

申请人：白洲泉

通信地址：(753000)宁夏回族自治区石嘴山市大武口区贺兰山南路科委杨卫东转

发明人：白洲泉

法律状态：公开/公告

文摘：本发明是一种方便快餐烩牛肉。这种方便快餐烩牛肉的制作方法是：①采用真空包装技术在一个袋内定量定比例分袋装有熟制牛肉和蔬菜；②牛肉熟制过程中，牛肉和调料投入为：牛肉与辣椒、干姜、花椒、八角、小茴香、良姜、葱段、胡椒、孜然之比为 91：0.9：0.1：0.1：0.2：0.2：0.27：3.6：0.7：0.5；③牛肉熟制过程中，牛肉与滋补药材的投入为：牛肉与红枣、甘草、枸杞子、党参之比为 94：0.37：0.28：0.09：0.09；④蔬菜的组成为：炸土豆片与木耳、黄花、脱水菜、粉丝、纯牛油、辣椒油、花生油、味精、盐粉、胡椒粉、枸杞子、香油之比为 25：3.1：6.2：31：15.6：1.5：1.5：1.5：1.5：7.8：

1.5∶1.5∶1.5。本制品集牛肉、蔬菜、滋补药材于一体,具有浓郁的西北风味,一个包装袋内分装熟制牛肉和蔬菜,食用时只需将两袋物料混倒入同一容器,用沸水冲泡3～5分钟即可食用,是人们出差和旅游携带的理想食品。

1402. 牛肉方便丸

申请号:96102466   公告号:1140562   申请日:1996.03.06

申请人:王治山

通信地址:(450004)河南省郑州市管城区南五里堡赵堡93号

发明人:王治山

法律状态:公开/公告

文摘:本发明为一种保健型牛肉方便丸、汤味快餐食品。该品由速溶丸子及保健型风味汤料合成,营养丰富,携带食用方便,口感酸辣香甜,风味诱人,百食不厌。沸水浸泡3分钟即成1碗牛肉方便丸子汤。也可生食、红烧、油炸,应急上席酬宾待客。它不仅可快速充饥解渴,而且还具有快速防治各种感冒头痛、腰痛、膀酸、四肢乏力、腿软等多种疾病。该食品生产投资小,见效快,盈利大,市场可观。

1403. 坛子肉及其制作方法

申请号:96117331   公告号:1153613   申请日:1996.12.20

申请人:张建力

通信地址:(056002)河北省邯郸市丛台区城东街北斜巷五金公司家属楼1单元11号

发明人:张建力

法律状态:公开/公告

文摘:本发明是一种坛子肉及其制作方法。它可分为坛子牛肉和坛子猪肉,品种有红烧牛肉、腐乳肉、红烧肉、红烧肘子和红烧排骨。采用下述方法制得:原料(含调料)制备、煮肉、装坛、加汁、笼蒸。这种坛子肉用下述方法(重量比例)制作:生牛肉15,食用植物油0.25,番茄酱1,酱油1,水适量;调料:八角0.01,花椒0.005,草果0.005,草蔻0.01,

白芷 0.005，桂皮 0.005，肉蔻 0.005，荜拨 0.01，良姜 0.005，椒干 0.003，大蒜 0.005，大葱 0.01，味精 0.005，精盐 0.05，砂仁 0.005；操作步骤是：先将生牛肉切成25克重的块状，放入热水锅中漂净血色，去污后捞出沥干水待用。另用一锅注入食用植物油，将番茄酱用油炒出香味，加入酱油，再注入水，然后加入调料熬40～45分钟，至汁液浓缩后，将牛肉块放入锅内汁液中，先用大火烧开，而后改用慢火烧30～35分钟。捞出牛肉按每350克1份装入陶质坛内，用老汤加满至坛口后盖盖儿，然后放入蒸笼内用慢火蒸4～4.5小时，出笼即可。本食品肉形完整，色泽鲜亮，肉质酥烂，口味咸甜，食无腻感。肉坛采用500克包装，食用方便，是家庭或饭店经营方便实用的一种快餐肉食制品。

1404. 一种清真快餐牛羊肉药物保健食品

申请号：95120620　　公告号：1127605　　申请日：1995.12.15

申请人：王正红

通信地址：(054000) 河北省邢台市牛市街59号

发明人：王正红

法律状态：公开/公告

文摘：本发明是一种清真快餐牛羊肉药物保健食品。本清真快餐牛羊肉药物保健食品包括袋装浓汁、真空软袋装老汤药物烧制的片状牛羊肉和/或真空软袋装药物牛羊肉丸子。袋装浓汁是用下列工艺制成的：用植物油70～80克，烧热，加入黄酱140～160克和老汤250～300克，并加入葱、姜、蒜、料酒、味精适量，浓缩出锅后对入香油适量，装入消毒后的铝箔包装袋中。真空软袋装老汤药物烧制的片状牛羊肉是用下列工艺制成的：选瘦牛羊肉块5 000克，水浸10～24小时，去净血水，水中煮熟，用植物油75～100克将黄酱140～160克炒熟，放入适量水烧开，过滤制成酱汁，将酱汁加入锅中，加开水，加肉料，加老汤3 500～4 500克；调料包括：肉桂2～4克，丁香2～4克，白芷2～4克，肉果2～4克，砂仁1～3克，甜甘草1～3克，豆蔻1～3克，山奈2～4克，桂子4～6克，枸杞子45～55克，沙参45～55克，八角8～12克，以及小茴香7～9克，花椒9～11克，姜80～110克，葱120～150克及盐260～300

克。加入牛羊肉,旺火烧开,微火焖透,捞出,冷至室温,切成片状,装入铝箔袋真空包装,在110～120℃下进行高温蒸煮8～10分钟而制成。真空袋装药物牛羊肉丸子是用下列工艺制成的:选瘦牛羊肉500克,用绞肉机绞两遍绞碎,加入粉状的枸杞子4～6克,沙参4～6克,以及姜9～11克,葱14～16克,味精1～3克,淀粉45～55克,香油20～30克,蒜4～6克,鸡蛋2个,加入适量水打成糊状,挤成球状放入油锅中炸至金黄色,捞出,铝箔袋真空封装,在110～120℃下进行高温蒸煮8～10分钟。本保健食品具有食用方便、鲜嫩清香、不膻不腥、口感纯正、一品多味、强体益智的特点,是旅游、外出的方便快餐保健佳品。

(二)香肠、火腿、肉松制作技术

1405. 可食胶原蛋白肠衣的生产方法

申请号:96122235　　　公告号:1154797　　　申请日:1996.12.20

申请人:梧州市蛋白肠衣厂

通信地址:(543002)广西壮族自治区梧州市市郊扶典路1号

发明人:黄炳华、周亚仙

法律状态:公开/公告

文摘:本发明阐述了一种可食肠衣的生产方法。它是将动物内层皮经切碎、酸碱处理、胶原纤维提取、挤压成型、干燥、增塑、熟化、卷绕或套缩等步骤,制得强度高、口径统一、厚薄均匀、食用安全的可食胶原蛋白肠衣。工艺步骤是:将未鞣制的牛、猪内层皮清洗、分割后先用石灰乳腌渍1～2天,洗净;再用稀硫酸浸泡,待皮料变为半透明膨胀状,洗净,送至滚筒压片;然后放到搅拌机中,加入总原料量的1%～5%的纤维素及盐酸和水,控制pH在2.5～3.5,水分含量80%～90%,混和均匀成胶原团,送至冷库贮存1～2天后,将胶原团送到挤压机通过有压缩空气的喷头喷成薄壁管状物,立即由传送带送到烘干机烘干,用固化剂和增塑剂喷洒2～3次,干燥后经机械压扁和卷绕,送至熟化室熟化,最后由卷绕机或套缩机,包装得到成品。

1406. 发酵香肠制作工艺

申请号：90103694　　公告号：1047436　　申请日：1990.05.25
申请人：天津市食品研究所
通信地址：(300381)天津市南开区津淄公路26号
发明人：穆国春、田霭家、赵　丽
法律状态：授　权

文摘：本发明的发酵香肠制作工艺是一种利用微生物的发酵作用制作发酵香肠的工艺方法。利用微生物的发酵作用制作发酵香肠至少包括以下工序：①整理原料：选取精瘦肉并切成小块；②腌制：在精瘦肉中加入食盐(按精瘦肉重量的 2‰～3‰)和亚硝酸钠(小于或等于精瘦肉重量的 0.6‰)，置于温度为 0～5℃的冷却室中腌制 15～24 小时；③斩拌：将腌制后的精瘦肉加配调味料后斩拌均匀并接入菌种；④灌汤：将斩拌均匀并接入菌种的香肠灌入肠衣中；⑤发酵：将灌好的香肠置于发酵室中发酵；⑥烟薰：将发酵后的香肠置于温度为 40～50℃的发烟室中薰制 30～50 分钟；⑦成熟：将烟薰后的香肠水浴或蒸汽浴50～70 分钟，水或蒸气的温度为 75～82℃；⑧冷却：将成熟后的香肠自然冷却。在上述斩拌工序中接入的菌种为乳酸菌。香肠料配方为：精瘦肉(腌制后)80～90 份重，肥膘 10～20 份重，味精 0.2～0.28 份重，淀粉 5～15 份重，白胡椒 0.15～0.21 份重，蔗糖 2～3 份重，乳酸菌0.5～2 份重。上述发酵工序的发酵温度为 30～45℃，发酵时间为 16～24 小时。由于乳酸菌的发酵作用可提高肉类中蛋白质的利用率，因此采用本发明制作的发酵香肠具有较高的生物价，并且有较长的货架期和不同于一般香肠的独特风味，乳酸菌在发酵时还有助色作用，可降低香肠料中化学发色剂的用量。本发明特别适用于制作猪肉、牛肉或猪肉与牛肉混合发酵香肠。

1407. 无硝香肠生产方法

申请号：91108337　　公告号：1098873　　申请日：1991.10.25
申请人：四川省梁平县食品公司

通信地址：(634200) 四川省梁平县梁山镇大众街 16 号

发明人：龚学燕、孙陈流、张鸿飞

法律状态：公开/公告　　法律变更事项：视撤日：1996.07.10

文摘：本发明为一种无硝香肠生产方法。它是将肉经机绞和切后进行配料然后灌入干肠衣内烘烤而成。其特色是：在配料时改变了香肠生产以硝为发色剂的传统工艺，加入 1.5‰～2.5‰ 的发色剂，发色剂由山梨酸、赤藻糖酸钠、维生素 C、葡萄糖等组成，整个烘制流程分为数个阶段，共为 30～40 个小时，烘制温度为 35～75℃，从而使生产出的香肠既降低或消除了香肠中的亚硝酸盐含量，又能保持香肠原有的色香味。这种方法科学、简单、易行。

1408. 一种即食火腿片制作方法

申请号：91109501　　　公告号：1061701　　　申请日：1991.10.05

申请人：浙江省粮油食品进出口公司金华冷冻厂

通信地址：(321000) 浙江省金华市西

发明人：杜桂棣、廖维海

法律状态：实　审　　法律变更事项：视撤日：1997.11.12

文摘：本发明是一种即食火腿片制作方法。它是将火腿分割后用清水浸泡，进行降低盐分的处理，然后煮制，切片，再放入热的渗味汤中渗味，最后晾干，包装。用该方法制作的即食火腿片，打开包装，无需再烧制，即可像鱼片一样食用，又可直接作菜肴。它给人们食用火腿带来了方便，为人们出差、旅游、野外作业提供了一种既营养，又卫生，更味美，且携带方便的食品和菜肴。

1409. 一种肉糜火腿肠及其制作方法

申请号：93121582　　　公告号：1104452　　　申请日：1993.12.31

申请人：侯云山、陈步敏、张曲全、何梦晓

通信地址：(050021) 河北省石家庄市肉联厂

发明人：陈步敏、何梦晓、侯云山、张曲全

法律状态：实　审

文摘：本发明是一种肉糜火腿肠及其制作方法。它的制作方法是：将新鲜猪皮经过软化、绞碎、斩拌后加工成直径为 1.5～2.5 毫米大小的颗粒，再将颗粒加入到肉糜中，经斩拌、填充、杀菌后制成肉糜火腿肠。该火腿肠横切面均匀分散着晶莹透亮的晶粒，宛如冰晶。此肠不仅弹性、品质佳，风味好，而且每吨产品可降低成本 800 元。

1410. 一种夹芯火腿肠

申请号：93114014　　公告号：1102551　　申请日：1993.11.08
申请人：河南省郑州肉类联合加工厂
通信地址：（450053）河南省郑州市南阳路 242 号
发明人：胡玉兴、彭雪苹、武魁宏、杨学业、袁玉超、张建明、张亚林、张正秋、赵剑飞、周　毅、周泽纯
法律状态：公开/公告　　法律变更事项：视撤日：1997.03.19
文摘：这是一种夹芯火腿肠。这种夹芯火腿肠的外层为密封包裹材料；在包裹材料与芯部之间为由猪瘦肉、调味品、辅料混合而成的火腿肠料；火腿肠的芯部采用其他食用原料而制成。本发明的优点不仅在于它保留了传统火腿肠的优点，而且在传统火腿肠的基础上，将其芯部改用其他食用原料制成火腿肠的夹芯，使其成为带夹芯的火腿肠。这样就使得本发明产品的营养更加丰富、齐全，其切面鲜艳、诱人，使其成为色、香、味俱全的餐桌佳品。

1411. 一种香肠技术配方适应各种人口味

申请号：92113638　　公告号：1088407　　申请日：1992.12.25
申请人：何江宁
通信地址：（621000）四川省绵阳市中区绵州南路 356 号
发明人：何江宁
法律状态：公开/公告　　法律变更事项：视撤日：1996.04.03
文摘：本发明是一种适应各种人口味的香肠配方。它的配方是由原料肠衣、猪肉、调料食盐、酱油、白糖、大曲酒、味精、胡椒、花生仁与猪肉混合拌匀灌装肠衣内，晾干或烘干而成。本发明适应各种人的口味，

原料及调料易解决,也容易制作。

1412. 无霉火腿腌制方法

申请号:92105229   公告号:1080485   申请日:1992.06.27

申请人:云南省微生物研究所、云南省宣威县虹桥火腿厂

通信地址:(650091)云南省昆明市环城北路云南大学北院微生物研究所

发明人:段若玲、江东福、吕则富、马萍、钱家康

法律状态:授　权　法律变更事项:因费用终止日:1998.08.19

文摘:本发明是一种无霉火腿腌制方法。无霉火腿腌制的方法是:生猪宰杀后,取下包括臀部的后腿,根据其大小及形状,修整定形;一般先修去肌膜外的脂肪层、结蹄组织,清除溃血,割去边角多余的肥肉和胯皮,修净油皮及粗、细毛,割断血筋,排尽淤血,使修整后的猪后腿大体呈琵琶形或柳叶形,四周平滑整齐,再用食盐揉搓腌制;在腌制发酵工艺过程中,接种了形成火腿特有香味的霍斯特汉逊氏酵母或其相近菌种,或酿酒酵母,或栗酒裂殖酵母等酵母菌种,使其以食盐为载体,借食盐在肉质中的渗透力,快速深入火腿深层肉质中,迅速形成火腿腌制发酵过程中的优势菌群。同时把环境温度和湿度控制在有利于接种的酵母菌的生长繁殖的范围内,使火腿在腌制和发酵阶段都处于一种有利接种的酵母菌的生长繁殖条件,抑制了腌制发酵过程中其他杂菌的生长。它是在传统火腿腌制工艺的基础上,在上盐揉搓过程中接种一种有利于火腿风味形成的、且耐盐的酵母菌,又经创造一种有利于这种酵母菌迅速生长、在火腿发酵过程中形成优势菌群的外部环境。从而促成火腿风味更突出,抑制其他霉菌的生长繁殖,使腌制发酵成熟后的火腿成为无霉火腿。

1413. 火腿精的生产方法

申请号:90100437   公告号:1045914   申请日:1990.01.22

申请人:何松林

通信地址:(321000)浙江省金华市中山路109号

发明人：蔡伟军、何松林

法律状态：授　权　　法律变更事项：视撤日：1994.08.17

文摘：本发明是一种将肉类制品加工成固体汤料的生产方法，特别是把火腿深加工成火腿精的生产方法。该火腿精的生产方法是：以火腿为原料，依次进行火腿表面的预处理，分别分割原料火腿的瘦肉、皮骨和油膘，分别冷轧压榨提取瘦肉原汁、加压烧煮提取皮骨原汁、熬煮提取油膘原汁，混合所提原汁，加入含有酵母粉和β-环糊精的配料，自然发酵，浓缩发酵后的原汁，加入含香辛料的辅料调味，高温杀菌、干燥、粉碎、过筛、包装。本发明提供了一种解决重量大、腿形次的火腿的出路的新方法，提高了火腿深加工的原料利用率，保证了火腿精具有火腿的自然香味。

1414. 一种火腿肠制作方法及其专用工具

申请号：94119623　　　公告号：1125069　　　申请日：1994.12.23

申请人：韩文芝

通信地址：(110300) 辽宁省新民市郊前营子小学

发明人：滕玉坤

法律状态：公开/公告　　法律变更事项：视撤日：1998.05.13

文摘：本发明是一种火腿肠制作方法及其专用工具。该食品火腿肠的组成是：圆柱形肠衣内含有由肉料加热冷却而成的肉柱，肉柱之间由填充物制成的隔分开。它解决了一个肠内肉料风味单一问题，在一个肠衣内含有多个不同肉料制成的肉柱，肉柱之间由填充物制成的隔分开，为使肉柱互不窜味，达到一肠可食到多种肉料、风味的性能，需加如下配料：花椒 0.2%～0.4%，八角 0.3%～0.5%，肉蔻 0.3%～0.6%，味精 0.3%～0.5%。上述佐料选用两种以上，总量不超过2.2%，余量为水。本发明的狗肉汤料不仅味鲜美，而且携带和食用方便，适用于饭店和家庭食用。肉柱与隔，先用上、下底为扇形的空心柱式成型工具，将不同肉料加热，冷却凝固成肉柱，放入肠衣后，在空隙中灌入填充物，再加热、冷却、凝固。

1415. 带环剥带的火腿肠肠衣

申请号：94235678　　申请日：1994.10.28

申请人：范清海

通信地址：(266100) 山东省青岛市禽蛋公司加工厂

发明人：范清海

法律状态：授　　权　　法律变更事项：因费用终止日：1996.12.18

文摘：本发明是一种带环剥带的火腿肠肠衣。这种带环剥带的火腿肠肠衣，包括一普通的肠衣，并在现有肠衣上粘接一环剥带，在现有肠衣上环剥带的两侧各开一细口。本制品被普遍认为，其实用新型的优点是不用任何工具就可以很方便地打开火腿肠的肠衣，便于出差旅游时食用火腿肠。

1416. 主副食快餐肠及生产设备

申请号：95113966　　公告号：1153607　　申请日：1995.12.07

申请人：于贵生

通信地址：(110035) 辽宁省沈阳市皇姑区昆山西路七段前塔五里11号

发明人：于贵生

法律状态：公开/公告

文摘：本发明是一种方便快餐食品和生产这种食品的专用生产设备。这种主副食快餐肠的特点是，外形如香肠，肠衣内分内外两层，外层是米面类主食，内层是鱼、虾、肉、蛋禽、果菜等副食。本发明设计的设备是保证把主副食同时分层灌装在同一的肠衣内，完成主副食快餐肠的制造。如内外层全部用副食品时，可制成双色、双味香肠。

1417. 儿童富钙肉松的制作方法

申请号：91108173　　公告号：1070553　　申请日：1991.09.16

申请人：江苏省黄桥肉联厂

通信地址：(225411) 江苏省泰兴县黄桥镇

发明人：蔡宝璋、王秉栋

法律状态：实　审　　法律变更事项：视撤日：1995.11.22

文摘：本发明是一种儿童富钙肉松的制作方法。本制品在肉松的生产过程中，加糖收膏前先向肉松内加入 0.8%～1.2% 的磷酸氢钙，0.08%～0.12% 的柠檬酸铁铵，0.014%～0.015% 的硫酸锌和 2%～5% 的葡萄糖，以增加肉松的含钙量及磷、铁、锌等微量元素。本品特别适用于儿童生长发育期食用。

1418. 人参肉松的制作方法

申请号：91108264　　　公告号：1073332　　　申请日：1991.12.14

申请人：江苏省黄桥肉联厂

通信地址：(225411) 江苏省泰兴县黄桥镇

发明人：何　俊、朱建武

法律状态：公开/公告　　法律变更事项：视撤日：1995.08.30

文摘：本发明是一种人参肉松的制作方法。人参肉松的制作方法是：将肉煮熟、焖酥充分搭开，撇油后，加酱油、盐、酒，让肉松充分吸收，再加糖收膏、炒松。在加酱油、盐、酒的同时，加有人参水溶液。本制品在肉松的生产过程中，由于加入人参水溶液，增加了肉松的营养、滋补价值，有利于人们的身体健康，特别适用于中、老年人的健身养体。

1419. 香酥型富钙肉松及其制作工艺

申请号：93110567　　　公告号：1076595　　　申请日：1993.02.12

申请人：宋　毅

通信地址：(225411) 江苏省泰兴市黄桥镇迪祥巷 45 号

发明人：宋　毅

法律状态：公开/公告　　法律变更事项：视撤日：1995.10.25

文摘：本发明是一种口感酥脆的富钙肉松及其制作工艺。本香酥型富钙肉松的成分包括纯精肉、白砂糖、曲酒、盐、酱油、其他辅料等；其成分中还包括钙、铁、锌等微量元素。若以 100 千克纯精肉为一个基准重量，那么各种成分相对于纯精肉的重量百分比分别是：白砂糖 8%～

12%，曲酒 0.5%～1%，盐 1%～1.5%，酱油 8%～11%，钙 5%～8%，铁 0.12%～0.2%，锌 0.015%～0.02%，辅料 5%～10%。其特点是在该肉松的成分中适量添加了钙、铁、锌等人体所需的元素。另外，本发明制作工艺省去了传统肉松制作工艺中的撇油过程，而改为焖烧之前的原料分配过程中去净肥膘和肌肉隔膜。这一工艺上的改进，保留了肉松本身的鲜味和蛋白质，提高了产品出率。本发明提供的肉松为蓬松状，肉丝酥脆，进口即化，不缠牙，营养丰富；儿童、孕妇、乳母、老人等特殊人群食用后，有利于其机体对钙等元素的吸收和利用。

1420. 发酵火腿肠及生产方法

申请号：94101679　　公告号：1106232　　申请日：1994.02.06

申请人：洛阳春都集团股份有限公司

通信地址：(471001) 河南省洛阳市道北路 126 号

发明人：李智信、吕庆宾、马学斌、史九根

法律状态：公开/公告　　法律变更事项：视撤日：1997.07.16

文摘：本发明是一种发酵火腿肠及生产方法。本制品不仅具有现有火腿肠和发酵肠的特点，而且其工艺更为合理、简单。它以肉食、淀粉等为主要原料，加有香辛料、发色剂、品质改良剂，并加入菌种，采用 PVDC 薄膜包装。其主要生产工艺为：预制蛋白胶，将原料绞制并形成颗粒状、灌装、发酵、低温杀菌等。本发明的特点是加入有发酵菌种，并采用 PVDC 薄膜灌装。本品具有火腿肠和发酵肠的特点、风味和保存期都达到较为满意的效果。

1421. 药膳香肠

申请号：94110138　　公告号：1108901　　申请日：1994.03.23

申请人：刘兆祥

通信地址：(110031) 辽宁省沈阳市皇姑区湘江街 51 号

发明人：刘兆祥

法律状态：公开/公告　　法律变更事项：视撤日：1997.09.24

文摘：本发明是一种药膳香肠。这种药膳香肠，包括有精肉、淀粉、调味品、中草药和骨头汤。其重量配比如下：精肉与淀粉、调味品、骨头汤、中草药之比为6～7∶1.5～2∶0.1～0.2∶2～3∶0.4～0.5；上述中草药的具体组分（重量比）如下：人参与何首乌、熟地黄、白茯苓、肉苁蓉、枸杞子、山茱肉、当归之比为1～3∶5～10∶5～10∶5～10∶5～20∶20～30∶20～30∶15～20。由于本香肠中含有人参、何首乌、熟地黄、山茱肉、枸杞子等几味中草药，所以它具有补气、生津、滋阴补血、补肾壮阳、乌发黑发、舒展皱纹的优点。

1422. 川味火腿肠

申请号：94113008　　　公告号：1123628　　　申请日：1994.11.30

申请人：成都希望食品有限公司

通信地址：（611439）四川省新津县希望大道中段

发明人：罗冬根

法律状态：公开/公告　　　法律变更事项：视撤日1998.08.05

文摘：本发明是一种川味火腿肠。其主辅料及重量百分比为：主料：鲜瘦肉50%～60%，鲜肥肉15%～20%，淀粉5%～8%，大豆蛋白1%～3%，冰块20%～25%；调味辅料：胡椒0.05%～0.1%，味精0.05%～0.1%，辣椒0.5%～0.8%，花椒0.2%～0.4%，白酒0.3%～0.5%，猪肉香精0.4%～0.6%，腌制盐2.5%～2.8%。其特色是选用精猪肉等主料并加入正宗川味调味辅料制作而成。本产品鲜肉含量高，麻辣鲜香，营养丰富，保鲜时间长，食用方便，克服了现有广味或京味火腿肠味道单一的缺点，满足了消费者不同的需要，其市场销售前景好。

1423. 西式火腿及其制备方法

申请号：94113614　　　公告号：1105828　　　申请日：1994.11.17

申请人：李皓景．

通信地址：（335000）江西省鹰潭市肉类联合加工厂

发明人：李皓景

法律状态：实　审

文摘：本发明是一种西式火腿及其制备方法。该西式火腿的主要原料为油膘低于 10% 的瘦肉。将瘦肉以 100 千克计,西式火腿中还有 20～60 千克纯净水,3.7～7.2 千克的腌制剂,2～10 千克的淀粉,1～4 千克的大豆蛋白粉,0.1～0.3 千克的海藻酸钠,0.2～0.4 千克的乳酸锌,0.1～0.3 千克的味精,0.4～1.5 千克的香辛料等辅料。其制备方法包括原料分割、嫩化、腌制滚揉、配料搅拌、装模预煮、冷却脱模、切片包装、高温灭菌、保温试验、检验装箱入库。本发明的制品风味独特,具有强体益智、增强人体微循环的保健效能,可在常温下安全存放 6～12 个月,方便人们的携带及食用。

1424. 健脑降脂食用肠

申请号:94114936　　公告号:1116909　　申请日:1994.08.18
申请人:马占田
通信地址:(467000)河南省平顶山市矿工中路南 65 号院专利部
发明人:马占田
法律状态:实　审　　法律变更事项:视撤日:1998.11.18
　文摘:本发明为一种健脑降脂食用肠。它包括食用肠组分(A)、麦芽酚组分(B)和二十二碳六烯酸组分(C)。其特点是在组分(A)内用组分(B)代替硝酸钠或亚硝酸钠或亚硝酸钾,并加入组分(C)。它是在现有食用肠基本配方的基础上加入二十二碳六烯酸组分及麦芽酚组分。麦芽酚不仅用以消除二十二碳六烯酸的异味,同时可替代原食用肠内硝酸钠、亚硝酸钠的作用,消除对人体不利的致癌因素。这种健脑降脂食用肠,具有增进智力和记忆力、软化血管、降低血脂、预防肿瘤、延缓衰老的有效物质,适于儿童、青年及中老年人食用。

1425. 新型火腿肠及其包封外衣的易拆式结构

申请号:95109414　　公告号:1128110　　申请日:1995.08.04
申请人:王　闯
通信地址:(450041)河南省郑州市上街区友谊街银行家属院楼
发明人:王　闯、马向阳、王　进
法律状态:实　审

文摘：本发明是一种新型火腿肠及其包封外衣的易拆式结构。这一种新型火腿肠主要由精肉、淀粉、食盐、糖等成分混合熟制而成。其特点是：在其包封外衣的里面的火腿肠料的中间，设有一个不大于火腿肠内容积 1/3 的夹心物，这种夹心物可以为密封好的一个酒囊或一个菜囊；菜囊内可同时装入熟制的食用菌类（金针菇、香菇）、蛋类（鹌鹑）、海产品（海参）、蔬菜类，亦可单一类装入；其夹心物由动物肠衣外包，上、下端采用高温消毒后的卫生纱线系扎封口密封，而火腿肠料、夹心物则由包封外衣密封；在包封外衣的上部或下部的中间，设有一个新型火腿肠包封外衣的易拆式结构，该结构是在包封外衣的内侧，设有一个启封条，封条、外衣是采用热压粘接或压塑在一起的，启封条要稍长出外衣3～5毫米，并在开口端处设有左右两个易拆揭作用的豁口。当手捏启封条的开口端，向启封条的尾端方向稍用力拉时，可将包封外衣截为两段。本发明旨在解决现有火腿肠品种单一、营养单调且其包封外衣在食用时很难撕开的问题。这种新型火腿肠是在已有火腿肠的中部设有一个不大于其火腿肠内容积的1/3的夹心物，其夹心物可为酒囊、可为菜囊。新型火腿肠上设有一个易拆式的外封外衣，即在其外衣的上部或下部的内面上设一个 2～10 毫米宽的横向配置的启封条，启封条与外衣之间是通过热压粘接在一起的。食用时手捏启封条，一撕即把火腿肠外衣分为两段，既方便又卫生。

1426. 无脂香肠

申请号：95121310　　公告号：1133141　　申请日：1995.12.23

申请人：郝玉明

通信地址：(057150) 河北省邯郸市永年县永合会派出所

发明人：郝玉明

法律状态：公开/公告

文摘：本发明是一种无脂香肠。它是由精瘦肉、玉米油、芝麻油、绿豆粉、精盐、调味剂及锌、碘、钙微量元素和水构成。它通过普通的加工工艺制成能长期保存的无脂香肠。该香肠的问世，能预防儿童肥胖症、缺钙症及老年人高血压、高血脂，是女士们健美食用的理想肉食品。

1427. 多营养方便肠

申请号：96109175　　　公告号：1146871　　　申请日：1996.08.15

申请人：高启平

通信地址：(100009)北京市东城区小径厂胡同甲 9 号丁单元 403 号高富英转

发明人：高启平

法律状态：公开/公告

文摘：本发明是一种多营养方便肠。它是由下列成分及其重量百分比组成：米类 20％～80％，肉类（畜、禽、鱼）12％～35％，豆类（干鲜豆、豆制品）8％～30％，干果类（坚果、干水果）3％～25％，蔬菜类（干鲜蔬菜、水生植物、食用菌）10％～45％，蛋类（鲜蛋、蛋制品）5％～38％，骨制品类（骨粉、骨泥、骨髓）0.5％～1.5％，膳食纤维 5％～25％。本发明能够达到方便食品多营养之目的。

1428. 一种西式火腿肠形状的食品及其制作工艺

申请号：96101586　　　公告号：1161160　　　申请日：1996.04.04

申请人：史耀华

通信地址：(471003)河南省洛阳市涧西区 29-13-2-101

发明人：史耀华

法律状态：公开/公告

文摘：本发明是一种西式火腿肠形状的食品及其制作工艺。这种由食品原料和 PVDC(塑料肠衣的化学名称缩写)肠衣构成的西式火腿肠形状的食品，其特点在于：肠衣中包裹的是由含水量约 40％～70％的粒状粮食、粮食的成型制品、硬果仁、干果、果脯、肉丁、菜末、蛋类，或其组合的多种食品原料做成的食品。组成这一食品的原料以能作为主食的食品原料为主，可以是只用上述多种食品原料其中的一种原料，也可以是用其中任意几种原料的不同比例的组合。这些原料的粒度或体积大小以不影响进入本发明西式火腿肠形状食品的各道生产工序为度。对含水量不同的粒状粮食、粮食的成型制品、肉丁、菜末、硬果仁、干果、果脯可按含水量 40%～70%折算。同时加入调味料和添加剂后搅拌均匀，并灌入肠衣中高温成熟与消毒。它能主要作为主食供人们食用，方便实惠。

1429. 一种香肠的制作方法

申请号：88105145　　　公告号：1042051　　　申请日：1988.10.22

申请人：施存德

通信地址：(110042)辽宁省沈阳市大东区万泉机床电器修配厂

发明人：施存德

法律状态：公开/公告　　　法律变更事项：视撤日：1995.04.19

文摘：本发明是一种香肠的制作方法。本香肠的配料包括肉、鸡蛋、淀粉、白糖、盐、食油及佐料。其制作工序是：肉糜→和其他配料拌和成馅→灌制煮制(或煮制前烘烤)→熏制。香肠配料中的主料肉是瘦牛肉，各配料的重量比是：牛肉 68%～83%，鸡蛋 5%～7%，食油2.5%～3.5%，淀粉 4%～7%，白糖 0.8%～3.5%，食盐 2.5%～3%；余量为佐料。肉糜的加工方法是：①将牛肉切成肉片或块；②沥血；③腌制：将肉加盐、糖并掺和添加剂硝酸钠或葡萄糖(硝酸钠用量为牛肉用量的0.04%～0.08%，葡萄糖则为 1%～2.5%)搅拌均匀，之后放置 10～36小时；④绞成肉糜，然后再放置 10～36 小时。本制品制作方法简便易行，所制的香肠无膻味，肉质软嫩，食用味美。

1430. 一种火腿丝及其制作方法

申请号：93118841　　　公告号：1101233　　　申请日：1993.10.08

申请人：倪雪丰、倪雪荪

通信地址：(321000)浙江省金华市明月路 49 号

发明人：倪雪丰、倪雪荪

法律状态：公开/公告　　　法律变更事项：视撤日：1997.12.31

文摘：本发明为一种火腿丝。它是把火腿切成条丝状，采用真空或充氮包装并经杀菌而制成。火腿原料之一系用金华火腿。其制作方法是：先将火腿用热水洗净，晾干，分割成块，切成片，然后切成条丝状，用铝塑复合材料包装袋真空或充氮包装,然后连袋杀菌。该火腿丝不仅食用方便,而且保持了火腿的正宗风味;不仅可即食,而且可做熟制菜肴和快餐食品的佐料。它不易氧化变质造成浪费,因为连同包装袋一起经过高温高压杀菌,所以保质期长。

1431. 一种营养火腿肠及其制作工艺

申请号:96103640　　公告号:1161169　　申请日:1996.04.02

申请人:史耀华

通信地址:(471003)河南省洛阳市涧西区 29-13-2-101

发明人:史耀华

法律状态:公开/公告

文摘:本发明是一种营养火腿肠及其制作工艺。它是由动物瘦肉、油脂、淀粉、植物蛋白、食盐、白糖、香辛料、抗坏血酸、磷酸盐、发色剂及其他添加剂、塑料肠衣等构成的普通猪肉火腿肠或牛肉火腿肠或鸡肉火腿肠或鱼肉火腿肠。其特征在于:在其中含占火腿肠总重量 10%～70%的粒状粮食和粮食的成型制品或其组合。添加的粒状粮食和粮食的成型制品的粒度或体积大小以适合于进入火腿肠生产的各道生产工序为度。其含水量约 50%,对含水量不同的粒状粮食和粮食的成型制品可按含水量 50%折算成不同的添加重量。利用其糖来增强火腿肠中糖的含量,增强人对火腿肠中糖的营养要求。工艺上,把添加的粒状粮食和粮食成型制品或与其他火腿肠料一起搅拌后灌肠,或与其他火腿肠料以夹心、夹层方式灌肠。

1432. 强化营养香肠的配方及其制作方法

申请号:92109870　　公告号:1083675　　申请日:1992.09.05

申请人:常孝之

通信地址:(110042)辽宁省沈阳市大东区津桥路德坞巷 9 号 4-2-1

发明人:常孝之

法律状态:公开/公告

文摘:本发明是一种强化营养食品的配方及其制作方法。它的配方由多种维生素和微量元素构成,其中主要有:维生素 A、维生素 D、维生素 B₁、维生素 E、硫酸钾、碘化钾、氧化锌等。在每 500 克普通香肠原料中可全部或部分配入下述维生素和微量元素或其他维生素及微量元素:维生素 A 5 000～10 000 国际单位,维生素 D 800～1 600 国际单位,维生素 B₁ 5～10 毫克,维生素 B₆ 0.5～1 毫克,维生素 B₁₂ 1～2 微克,维生素 C 50～100 毫克,维生素 E 10～20 毫克,菸酰胺 15～30 毫克,右旋泛酸钙 5～10 毫克,胆碱酒石酸 50～100 毫克,肌醇 50～100 毫克,磷酸氢钙 548～1096 毫克,富马铁 30.4～60.8 毫克,硫酸钾 22.25～44.5 毫克,碘化钾 0.13～0.26 毫克,氧化铜 1.3～2.6 毫克,二氧化锰 1.6～3.2 毫克,氧化锌 0.622～1.44 毫克。本发明制得的香肠除具备原有香肠的营养价值外,还具有多效能的营养补给剂,尤其适于老、幼、妇、弱者食用,具有营养强身、预防疾病和食疗效果。

(三)鲜骨、肉皮、蹄筋加工技术

1433. 动物鲜骨泥的加工方法

申请号:87107390　　　公告号:1033439　　　申请日:1987.12.09

申请人:哈尔滨冷冻厂

通信地址:(150040)黑龙江省哈尔滨市动力区外径路 1 号

发明人:高凤歧

法律状态:授　　权　　法律变更事项:视为放弃日:1993.11.10

文摘:本发明是一种动物鲜骨在肉制品中的应用加工方法。它包括骨的加工和肉制品的配料过程。鲜动物骨经 294.2～392.3 千帕的压力、130～140℃的温度下处理 30～40 分钟后制成糊状,按 1%～30% 的比例配入肉制品中。它是将动物鲜骨先经高温高压处理制成骨泥,尔后将骨泥与其他原料配合制成香肠、午餐肉等肉制品。本制品可增加肉制品的营养价值,提高肉制品的质量,增加肉制品的风味,并降低肉制品的加工成本。

1434. 食用鲜骨泥的热加工方法

申请号：89106820　　公告号：1050310　　申请日：1989.09.19

申请人：山东省泰安市农业科学研究所

通信地址：(271000)山东省泰安市泰安城东

发明人：马守海

法律状态：实　审　　法律变更事项：驳回日：1992.10.21

文摘：本发明是一种食用鲜骨泥的热加工方法。它是用磨碎法生产的。其生产方法是：将鲜骨磨碎前进行高温高压蒸煮，蒸煮时间不少于 50 分钟，水骨(带肉鲜骨)的重量比为 1：2，温度不少于 120℃，压力不小于 98.1 千帕，用以磨碎鲜骨和杀菌消毒。该方法所需设备投资少，适用于大、中、小批量生产，是开发利用骨质资源的好方法。

1435. 畜禽鲜骨加工保健食品方法

申请号：92101963　　公告号：1089108　　申请日：1992.03.26

申请人：邓训安

通信地址：(100080)北京市海淀区成府槐树街 27 号

发明人：陈　勇、邓训安、周凌宏

法律状态：公开/公告　　法律变更事项：视撤日：1995.06.28

文摘：本发明是一种畜、禽鲜骨加工保健食品方法。它是以畜、禽鲜骨为主要原料，其主要工艺流程为：鲜骨精选→消毒→冷冻(−18℃～−23℃)→压割机→绞骨机→磨骨机(至舌头无粗糙感)→骨泥。骨泥经熟化干燥处理、成型、烘烤、干燥、包装，制成饼干型食品。骨泥还可以经浓缩、干燥、乳化处理，辅以其他原材料加工成高钙、高磷蛋白、高胶原蛋白、高维生素、高矿质、低脂肪、低胆固醇的饼干型、汤料型、冲剂型、冲服糊状保健食品。该方法具有产品附加值高、营养价值高、原料易得、适宜于工厂化生产的特点。

1436. 高钙素骨粉制造工艺

申请号：92113520　　公告号：1087793　　申请日：1992.12.05

申请人：陈　勇

通信地址：(102206)北京市昌平沙河镇食品厂

发明人：陈　勇

法律状态：授　权

文摘：本发明是一种高钙素骨粉制造工艺。该高钙素骨粉的制造工艺是：将动物鲜骨 A_0 经过清洗→冷冻→切割→绞割→加冰块搅拌→粗磨→精磨等工艺制成半成品骨糊 A；将半成品骨糊 A 送入第Ⅰ级反应釜中，加入占料骨重 50% 的水，在 90～100℃的温度条件下，维持 10 分钟左右。将釜温冷却至 55～65℃时，加入适量的 Neutrase 0.5 升生物蛋白酶，缓慢搅拌，并维持在 60℃温度左右。30 分钟后，从骨骼中脱离的骨脂 B_0 经釜上部析出，从骨骼中脱下的肉汁 C_0 经釜底过滤出，主糊状物料进入第Ⅱ级反应釜。在第Ⅱ级反应釜中，控制釜温在 60～65℃之间，同时加入适量水，缓慢均匀搅拌，5 分钟左右后，加入食用稀酸，控制 pH 值 4～6，加入适量的 Papain 生物蛋白酶，均匀搅拌 60 分钟左右，分离出液体 D_1，残渣送入 2 个串联的第Ⅲ级反应釜、第Ⅳ级反应釜中。在第Ⅲ级反应釜中加入适量水，控制釜温在 65℃左右，加入食用稀酸，使物料 pH 小于或等于 2 时，保持 45 分钟，分离出液体 D_2，剩余残渣进入第Ⅳ级反应釜中，在与第Ⅲ级反应釜相同条件下，重复第Ⅲ级反应釜的反应，使剩余残渣完全溶解为液体 D_3。通过 4 个反应釜进行生物活化反应得到产物 D_1、D_2、D_3 送入均质机中，加入填配料 E 及适量食用碱，进行均质混合及中和剩余的食用酸，得到完全活化的高钙素骨参粉 F_0。高钙素骨参粉经干燥、研磨、杀菌等后处理工艺得到高钙素骨参粉 F。本制品能使骨骼组织获得丰富的营养成分，特别是能使骨质中的胶原蛋白、磷蛋白及羟磷酸钙全部活化溶解，从而被人体充分吸收，增强人体健康。

1437. 骨精粉

申请号：93111913　　　公告号：1097952　　　申请日：1993.07.26

申请人：成都海鸿食品有限公司

通信地址：(610021)四川省成都市一环路南一段望江楼宾馆 4 楼

发明人：朱　亮

法律状态：实　审　　法律变更事项：视撤日：1998.08.12

文摘：本发明是一种骨精粉。它是以骨超微细粉为主要成分，加有少量的菠菜超微细粉和芦笋超微细粉。其组分和用量（重量百分比）可为：骨超微细粉 85%～90%，菠菜超微细粉 5%～10%，芦笋超微细粉 5%～10%。本发明能够将骨头，尤其是骨髓中所含丰富的营养成分加以利用，供人体充分吸收，能够为人体补充钙、铁等微量元素，特别适用于婴幼儿、青少年以及老年人食用，可以增智力、健体质。

1438. 骨乳液及其制取方法和用途

申请号：94100648　　公告号：1105538　　申请日：1994.01.20

申请人：邹永宏

通信地址：（710077）陕西省西安市莲湖区桃园四坊 346 楼 19 号

发明人：邹永宏

法律状态：授　权

文摘：本发明是一种骨乳液系列产品及其从动物骨中，尤其是从牛骨中提取骨乳液系列产品的方法。它基本上是由蛋白质、脂肪、钙、磷和水所组成，还含有碳水化合物、膳食纤维、维生素 A、维生素 D 及铁、锌、铜、镁、锰、钾、磷、硒等微量元素。它用动物骨为原料，经破碎、清洗，于 100～124℃ 的温度下反复煮浸而成。这种骨乳液为乳白色，基本上由 2.32%～4.8%（重量百分数，下同）的蛋白质，0.48%～1.8% 的脂肪，0.0016%～0.012% 的钙，0.0006%～0.018% 的磷和水所组成。本发明的骨乳液系列产品中钙含量高，可以作为汤料、饮料、食品原料、配料、添加剂，也可作为精细化工产品，尤其是化妆品的添加剂。

1439. 动物鲜骨酱罐头食品及其加工方法

申请号：94101739　　公告号：1094912　　申请日：1994.02.07

申请人：孟建生

通信地址：（030203）山西省太原市古交镇城底选煤厂多经公司

发明人：晋海燕、孟建生

法律状态：公开/公告

文摘：本发明是一种动物鲜骨酱罐头加工方法。它是将鲜骨清洗、破碎、加水而磨成的骨泥，加入香辛料、调味料、增稠剂、乳糖等，搅拌、预煮制成骨酱。其配料比例（重量百分比）为：动物鲜骨 30%～60%，水 40%～60%，香辛料 0.8%～2%，调味料 7%～15%，增稠剂 0.2%～1.8%，乳糖 0.5%～3%及维生素 D 5%～6%。本制品加工简单、配料科学，鲜骨中的骨髓、胶蛋白等水溶性营养物质没流失，骨酱中含有钙、铁、蛋白质等，具有浓郁的鲜骨风味。配料中加入乳糖等，能够促使钙吸收，配用多种天然香辛料，能够中和、补偿不同动物骨质的特性，是妊娠、哺乳期妇女、婴幼儿、老年人直接佐餐食用的方便食品。

1440. 食用骨制品制作方法及其设施

申请号：94113001　　公告号：1118665　　申请日：1994.11.28

申请人：程克永

通信地址：（610081）四川省成都市青龙镇欢喜庵 2-1 号

发明人：程克永

法律状态：公开/公告　　法律变更事项：视撤日：1998.05.13

文摘：本发明是一种食用骨制品制作方法及其设施。食用骨制品制作方法及其设施如下：将鲜骨破碎成骨块，入蒸汽自压调控锅熬煮，勺出浮油、加食醋，蒸汽自压调控在 0.01～0.4 兆帕作低稳压、强稳压、微稳压熬煮，熟骨块、浮油、熬骨汁水经碾、磨，过滤蒸发得浓骨汁、浓骨浆、骨油、骨泥。骨泥加对浓骨汁、浓骨浆、骨油、调味品得骨酱；骨酱加对食油、添加料得骨糊。浓骨汁，浓骨浆、骨泥烘干制骨粉，制成多品种，多档次食用骨制品。用标定型多功能灶、小流浆球磨机、热水箱配现有技术设备组成标定生产线。用简便多功能灶配现有多功能磨浆机和多个桶组成简便生产线。已有蒸汽供应的，用蒸汽自压调控锅组成组配生产线。其特点是：骨块入标定型、简易型多功能灶的自供蒸汽自压调控锅，射流蒸汽搅动熬煮，勺出浮油，按骨硬度加骨重 2%～7%食醋，蒸汽自压调控在 0.06～0.16 兆帕低稳压，0.22～0.4 兆帕强稳压，0.01～0.05 兆帕微稳压熬煮，熟骨块取出，再勺出浮油，熬骨汁水用

250 目滤网过滤得骨汁。浮油用 100 目滤网过滤得含水骨油,入热水箱上箱浅盘烘箱蒸发得浓骨汁。骨油,熟骨块入轮碾机、多功能磨浆机碾、磨成 0.5 毫米以下粗骨浆,入小流浆球磨机磨细,经 150 目以上滤网过滤得骨浆,骨浆蒸发得浓骨浆,渣为骨泥。骨泥对浓骨浆、浓骨汁、2%~6%骨油及调味品得骨酱,骨酱增对 3%~8%骨油、食油、添加料得骨糊,装罐。入多功能灶的烘箱、热水箱上箱的浅盘加热排气,工作台压盖封罐,入多功能灶自供蒸汽自压调控锅蒸压杀菌;浓骨汁、浓骨浆装盘入多功能灶的烘箱烘干、粉碎,得速溶骨粉、半溶性骨粉,骨泥掺 3%~9%骨油或食油,入烘箱烘干、粉碎得骨粉,软包装袋,入锅蒸压杀菌。含油蒸汽导入热水箱回收用于熬骨,有利于简化产蒸汽、控压输气、熬煮、烘干、过滤、蒸压杀菌工序的设备和设质控点,有利于向外供开热水、蒸汽、干热风、烟热综合利用。标定生产线有利于作多种加工,兼产肉、鱼罐头,转产茶晶粉、中药汁、晶粉等多种产品。一种简便生产线适合移动生产;另一种简便生产线适合作立即投产,过渡生产。本法生产的骨品掺入食品、菜肴,能优化其营养结构,提高其档次、价值。多功能灶兼有蒸汽锅炉、蒸汽自压调控蒸煮锅、蒸压灭菌桶、烘干等功能,同步作业,互不影响;兼输出蒸汽、开热水、干热风、烟热利用。标定生产线适应兼产肉、鱼罐头。

1441. 骨奶饮料及其制备方法

申请号:94113023　　公告号:1124114　　申请日:1994.12.07

申请人:许启明、岳银清、刘延双

通信地址:(630063)四川省重庆市江北区建北 3 村 28 号

发明人:许启明、岳银清、刘延双

法律状态:实　审

文摘:本发明是一种骨奶饮料及其制备方法。这种骨奶饮料是把动物骨清洗、破碎、高压蒸煮、液渣分离;骨液经加热、分离油汁、高压蒸煮、冷却,再次高压蒸煮、过滤,得到纯骨液。将纯骨液与骨素晶、奶粉、蜂蜜、糖蜜素、浑浊剂、可可粉、香兰素、食用香精、山梨酸钾、白糖按一定比例配加,搅拌、加热、灭菌,得骨奶饮料。本骨奶饮料的组分是:纯骨液 45%～60%,骨素晶 10%～12%,奶粉 13.5%～16.2%,蜂蜜 6%～7.2%,糖蜜素 0.2%～0.24%,浑浊剂 4.85%～5.82%,可可粉 5%～6%,香兰素 0.2%～0.24%,食用香精 0.15%～0.18%,山梨酸钾 0.1%～0.12%和适量白糖组成。这种简便的方法制得的饮料是以纯骨液为主要成分的饮料,口感好,营养丰富,能满足人体的综合需要。

1442. 鲜骨火腿肠滋补保健食品及其生产方法

申请号:95101311　　公告号:1127607　　申请日:1995.01.27

申请人:王转京

通信地址:(102100)北京市延庆县东外大街 62 号

发明人:王转京

法律状态:公开/公告

文摘:本发明是一种鲜骨火腿肠滋补保健食品及其生产方法。鲜骨火腿肠滋补保健食品是由下列方法制复合而成:①骨制品加工:取生全鲜骨类,经切碎、绞碎、磨糜做成细度通过 200 孔/厘米^2 筛子的微米鲜骨蛋白糜,其水分小于或等于 65%,其他成分大于或等于 35%。②复合(按配米 100 千克):取鲜骨蛋白糜 50～70 千克,鲜碎肉 10～15 千克,蛋白粉 8～15 千克,淀粉 10～20 千克,红曲粉 0.5～2 千克,香味剂 0.4～1 千克,食盐 0.5～2 千克,维生素 E 0.5～1 千克,放入搅拌机内,搅拌均匀。装入真空袋中封闭,在 100～125℃双套层蒸汽炉内,烤制 80～120 分钟,取出,冷却,检验,成品。该食品营养全面,蛋白质含量高,常量元素、微量元素平衡,具有食用与滋补身体相结合的效果,消化率高,口感细腻,味道鲜美,是最理想的鲜骨火腿肠滋补保健食品,成本低廉,便于制备。

1443. 动物鲜骨泥的制作方法及其应用

申请号:95106150　　公告号:1136411　　申请日:1995.05.22

申请人:陈　重

通信地址:(518049)广东省深圳市上梅林工业区深圳九新药业有限公司

发明人:陈　重、杨铁耀

法律状态:公开/公告

文摘:本发明是一种动物鲜骨泥的制作方法。其制作工艺按顺序包括下列步骤:选择鲜骨→洗净→投入粉碎机粉碎→骨颗粒加液→研磨成骨泥→混合其他原料→制成食品。上述的骨颗粒加液是指骨颗粒和溶液按重量比为1:0.1~2,骨泥微粒直径约为1微米。用该发明制成各种营养食品如香肠、午餐肉等,经动物实验结果表明,含动物鲜骨泥的食品可增加动物的食欲,促进动物生长发育。

1444. 骨髓营养粉

申请号:96116938　　公告号:1153020　　申请日:1996.05.22

申请人:王安民

通信地址:(236002)安徽省阜阳市解放北路112号

发明人:王安民

法律状态:公开/公告

文摘:这是一种骨髓营养粉,是用动物骨骼加工成的保健品。这种骨髓营养粉是由动物骨骼加工而成。其制作方法是:取无病新鲜的牛、猪、羊的骨骼为原料,经温水冲洗、粗切、高温高压蒸煮、过滤、脱脂、过滤、浓缩、喷粉,再经紫外线消毒灭菌和密封包装。本制品营养丰富,是促进胎儿和儿童发育、中老年抗衰益寿的纯天然营养保健品。

1445. 鲜骨奶豆粉及其生产方法

申请号:96120689　　公告号:1161167　　申请日:1996.11.21

申请人:李卫平

通信地址:(050000)河北省石家庄市工人街20号

发明人:李卫平

法律状态:公开/公告

文摘:本发明是一种鲜骨奶豆粉(又称钙泉功能粉)及其生产方法。它是针对我国人民普遍缺钙和膳食不平衡而导致多种疾病等问题所设计的一种营养保健食品。其特点是选用鲜畜骨和优质大豆为主要原料,利用微波干燥、杀菌技术和超微粉碎技术,首先制得鲜骨髓粉、全大豆粉,加入其他辅料混合均质而成,生产工艺简便。本发明的优点是营养丰富,含钙、镁量高、营养配比均衡合理,易为人体吸收,口感好,具有补钙壮骨、防病强身、提高免疫力等功效。

1446. 全骨食品及骨肉混合食品的生产方法

申请号:90103176　　　公告号:1048649　　　申请日:1990.06.25

申请人:林茂德

通信地址:(550001)贵州省贵阳市倒岩路1号

发明人:林茂德

法律状态:实　审　　　法律变更事项:驳回日:1992.05.27

文摘:本发明是一种含骨补钙保健食品的生产技术——全骨食品及骨肉混合食品的生产方法。全骨食品及骨肉混合食品的生产方法是:以健康新鲜的畜禽骨头为原料,清洗破碎后加入50%~70%的清水,在压力为98.1~294.2千帕,温度为120~145℃的条件下蒸煮2~4小时;撤压后进行配料,配好的浆料保持在60~80℃之间进行粗磨;经粗磨的料浆再进行细磨,细磨所得骨酱可再用胶体磨等设备进行均质处理,可制得全骨食品。若再配以肉类、蔬菜及其他调味品,则可制得味道鲜美的骨肉混合食品。采用本发明的生产方法,能全部利用畜禽骨头的营养成分。所制成的食品营养丰富,易于消化吸收,补钙作用尤为突出,特别适于急需补钙的儿童、青少年和老人食用,并可以用作食品添加剂和营养增强剂生产糕点、面包、果酱等等。

1447. 孕妇营养液及其制备方法

申请号:94118785　　　公告号:1124110　　　申请日:1994.12.07

申请人:北京爱丽生殖医学科技开发公司

通信地址:(100081)北京市海淀区大慧寺12号

发明人:李文君、叶卫平、刘铁钢

法律状态:公开/公告

文摘:本发明是一种孕妇营养液及其制备方法。这种孕妇营养液是从动物骨、血、肉中提取含有活性的微量元素(钙、铁、水解蛋白),配以适量的锌和维生素而制成。其配方组成为:每100毫升中含有钙300~700毫克,铁6.0~10毫克,锌1.0~1.8毫克,水解蛋白大于2.0克,维生素 B_1 2毫克,维生素 B_2 2毫克,维生素P 20毫克,维生素C 100毫克,维生素 B_6 3毫克,维生素 B_{12} 5微克,维生素D 25微克,维生素A 1.0毫克,维生素E 10毫克,叶酸2毫克。本制品不含任何化学添加剂,易于孕妇吸收,无副作用,不含任何性激素,能很好地改善和提高孕妇的营养状况,减少非遗传性的先天畸型和智能低下儿童的产生,确保胎儿的正常发育,有利于提高人口素质。

1448. 排骨包子

申请号:96110150　　公告号:1147914　　申请日:1996.07.09

申请人:吴元禄

通信地址:(230001)安徽省合肥市芜湖路49号医药采购站

发明人:吴元禄

法律状态:公开/公告

文摘:本发明是一种排骨包子。它的原料是面粉和馅料。馅料的组方是:肋排骨肉1 300~1 700克,食盐8~13克,五香粉3~5克,姜末25~35克,葱末17~25克,酱油17~22克,味精4~7克,食油25~35克,食糖8~13克。本排骨包子口感独特鲜美,高温蒸后骨汁浸入包皮,富有钙质,为营养丰富的食品。

1449. 食用明胶的生产方法

申请号:88104966　　公告号:1040309　　申请日:1988.08.16

申请人:王润成、李怀然

通信地址:(050000)河北省石家庄市高柱小区51-4-201号

发明人:李怀然、王润成

法律状态:实　审　　法律变更事项:视撤日:1992.12.16

文摘:本发明是一种从动物骨和皮中或者从骨胶和皮胶中制取食用明胶的生产方法。这种用于从动物骨或皮中制取食用明胶的生产方法是经过选料、破碎、脱脂、串胶、清胶和干燥;其生产特点是在 18～25℃,pH 值 5.5～6.5 条件下,用 43%～65% 的乙醇萃取明胶蛋白,经浓缩后回收乙醇。本生产方法代替复杂的前处理过程,使生产周期缩短了 65 天,节约了酸、碱和大量的水,成品率提高 15% 以上。

1450. 一种肉骨脯的制作方法及其产品

申请号:94108742　　　公告号:1115615　　　申请日:1994.07.29

申请人:李英杰

通信地址:(100027)北京市朝阳区新源街 25 楼 1-502

发明人:李英杰

法律状态:实　审　　　法律变更事项:视撤日:1998.08.12

文摘:本发明是一种肉骨脯的制作方法及其产品。它是把新鲜肉骨头经过清洗、粉碎、煮沸、酸化脱钙、脱水、配料、挤压切片、烘烤和高温烘烤等工序制成香酥的肉骨脯;再放在绞馅机中绞碎成颗粒状,经过烘烤膨化形成肉骨茸;再挤压成长条形,可制成肉骨条;若配以咖喱、丁香等调料,可制成风味独特的食品。采用本方法制成的制品可充分利用其含有的碳酸钙、磷酸钙、骨蛋白,以及氨基酸,适合于老年人、儿童和病人食用。

1451. 一种猪骨全粉的生产方法

申请号:89107829　　　公告号:1050127　　　申请日:1989.09.15

申请人:浙江金华肉类联合加工厂

通信地址:(321000)浙江省金华市河盘桥路 51 号

发明人:王大厚、夏琅桂

法律状态:授　权　　　法律变更事项:因费用终止日:1996.10.30

文摘:本发明是一种食品添加剂猪骨全粉的生产方法。本猪骨全粉的生产方法是:用新鲜或冷冻的猪胴骨、肩胛骨和坐骨为原料,经破碎、高压蒸煮、液渣分离,分离出的骨渣经烘干、粉碎、过筛、消毒灭菌制成骨粉,液渣分离出的骨液,经油汁分离除去浮油,剩下的骨汁经喷雾干燥制成骨汁粉,将骨粉与骨汁粉以一定比例混合制成骨全粉。为了提高猪胴骨等下脚料的利用价值,充分利用现有食品资源来满足人体营养需要,骨全粉是一种优良的食品添加剂,特别适于作儿童饼干、糕点的营养添加剂。

1452. 一种猪骨肉的生产方法

申请号:89108384　　　公告号:1046663　　　申请日:1989.11.03

申请人:浙江金华肉类联合加工厂

通信地址:(321000)浙江省金华市河盘桥路 51 号

发明人:王大厚、夏琅桂

法律状态:实　审　　　法律变更事项:驳回日:1993.10.13

文摘:本发明是一种猪骨肉的生产方法。这种猪骨肉的生产方法是:采用经检疫的新鲜的猪尾骨、大排骨为原料,经冷冻、切条、粗碎和绞碎,然后将绞碎的骨粒与相当于骨粒重的 30%～35%的食用冰片混合,再将混有食用冰片的骨粒经粗磨、细磨和精磨,制成细度为 160 微米的猪骨肉,再经速冻,成为猪骨肉成品。用本法制成的猪骨肉,营养丰富,可作为灌肠、香肠、肉丸及面食肉馅的添加物,亦可用于制作富含钙、磷的营养食品。

1453. 荷叶排骨及其制作方法

申请号:94105709　　　公告号:1113712　　　申请日:1994.05.24

申请人:王选立

通信地址:(710302)陕西省西安市户县余下朝阳餐厅

发明人:王选立

法律状态:公开/公告

文摘:本发明是一种荷叶排骨肉制食品及其制作方法。制作荷叶排骨的主料、辅料均为常见易得的原料。荷叶排骨的主料、辅料及其配比为:每 100 千克新鲜排骨主料,加入辅料荷叶 100～200 张,桂圆精 3～5 千克,红砂糖 9～13 千克,食用油 10～15 千克,盐适量。烹饪好的排骨用荷叶包裹,既取其清香,又用作包装。其制作方法工序少,易实施,并采用抽真空铝箔不透光袋包装,不仅食用起来味道清香、鲜甜,骨松肉烂,口感良好,而且制作简单,保鲜期长,可大批量工业化生产。

1454. 用猪骨头生产保健食品的方法

申请号:90103645　　公告号:1056627　　申请日:1990.05.18

申请人:薛喜堂

通信地址:(222300)江苏省东海县食品厂

发明人:薛喜堂

法律状态:公开/公告　　法律变更事项:视撤日:1994.02.02

文摘:本发明是利用猪骨头为原料,生产可健身壮骨的保健食品。它的制作方法是:将新鲜的骨头用水洗净,放入高压锅内用蒸汽或明火加温、升温到 120～125℃,保持恒温 2.5 小时左右,将骨头软化,打开锅盖,把骨头取出,被蒸煮软化的骨头用指头一捏即碎;也可采用粉碎机或其他设备进行粉碎加工,将加工精细的骨粉浆放入容器内进行调料、调味,然后采用烘烤或油炸的方法把调配好的骨粉浆加工成不同形状、不同风味的保健食品。

1455. 龙骨旅游肠制作方法

申请号:90109525　　公告号:1050818　　申请日:1990.12.01

申请人:北京市熟肉制品加工厂

通信地址:(100075)北京市丰台区永定门外南顶路 232 号

发明人:海大禹、李士祥、张洪燕

法律状态:实　审　　法律变更事项:视撤日:1993.04.14

文摘:本发明是一种龙骨旅游肠的制作方法。龙骨旅游肠的制作方法是:对配好瘦肉与肥肉比例的猪肉原料经过腌制后进行绞肉,在绞好的肉中加入事先配制好的调味料进行斩拌而制成肉馅;将斩拌好的肉馅经过灌制而灌入肠衣内;灌制时,灌入肠衣内的肉馅为肠衣容量的50%,待下道工序使用,将生猪排骨原料经加工整理后加入事先配制好的调味料进行搅拌,搅拌后进行腌制。其方法是将腌制好的排骨插入待用的灌有肉馅的肠衣中,对灌有肉馅并插入排骨的肠衣进行扎口而制成生的龙骨旅游肠,然后对生的龙骨旅游肠进行初蒸、烘制、熏制、蒸制、冷却的加工处理后再进行小包装,即成龙骨旅游肠成品。本发明解决了由排骨与肉馅结合为一体而制作龙骨旅游肠的技术问题。它可专用于肉制品加工,并可在各熟肉制品加工厂推广应用。

1456. 儿童保健食品增食壮骨乐

申请号:92104771　　公告号:1074097　　申请日:1992.06.20

申请人:徐志国、丁寿章

通信地址:(630010)四川省重庆市市中区代家巷 13 号 503 号

发明人:藏萃文、丁寿章、金先庆、徐志国、张宜富

法律状态:实　审　　法律变更事项:视撤日:1995.06.14

文摘:本发明是一种儿童营养保健食品的制作方法。儿童营养保健食品增食壮骨乐的制作方法是:将健康生猪的肝脏切成片,放水中加入生姜、精盐等佐料煮沸半小时后烘干,磨制成猪肝粉;将鸡蛋壳烘至表面微黄后磨制成鸡蛋壳粉;将海带洗净泥沙后用清水浸泡 24 小时,切片后烘干磨制成海带粉;将猪肝粉、鸡蛋壳粉、海带粉按一定比例配方后混合,使富含维生素 A、铁、钙、锌、磷、碘等元素的天然食品加入适量调味料,消毒密封后用塑料包装,制成 5 克左右 1 袋的儿童营养保健食品增食壮骨乐。每袋增食壮骨乐经测其营养成分,能满足儿童维生素 A、碘的日常生理需要量,解决儿童维生素 A 和碘缺乏的问题,能补充儿童一般膳食中铁、钙、磷、锌的含量不足,降低贫血、佝偻病的发病率。

1457. 骨肉圆及其制作方法

申请号:94116747　　公告号:1112399　　申请日:1994.10.11

申请人:李智生

通信地址:(524001)广东省湛江市霞山人民南路 39 号霞山粤骏实业公司

发明人:李智生

法律状态:公开/公告　　法律变更事项:视撤日:1998.08.12

文摘:本发明是一种"骨肉圆"及其制作方法。骨肉圆的制作方法是:由骨浆、肉浆及海洋生物蛋白钙粉、维生素 D 以及调味料组成。其

特点是将动物新鲜骨头清洗干净后,切成小碎块,加入适量的水,以一28℃低温速冻成冰块,再经破碎后,磨成 80 目颗粒浆状体;第二次再磨成 650～1000 目超微细颗粒骨浆,备用;再将 100 千克新鲜猪肉或牛肉冲洗干净,绞成肉浆,加入 10 千克骨浆,0.5 千克海洋生物蛋白钙粉,8 毫克维生素 D 及若干调味料,混匀,制成骨肉圆,经速冻杀菌便可投入市场。本发明配方科学、易制作,成品可作人们日常餐桌菜肴或饺子馅,含钙量较其他食物大,而且容易被人体吸收,是一种最理想的平衡人体每天所需的钙代谢食品,对儿童、孕妇、老人更加适宜。

1458. 一种肉皮方便食品及其制备方法

申请号:96114213　　公告号:1156001　　申请日:1996.12.20

申请人:竹学军

通信地址:(465200)河南省固始县红苏路 12 号

发明人:高永亮、竹学军、王清括

法律状态:公开/公告

文摘:本发明为一种肉皮(例如猪、牛)方便食品及其制备方法。肉皮方便食品的制备方法如下述:①预处理:取新鲜肉皮,去杂物、去污、清洗干净后,放入清水中浸泡 3～5 天,然后取出浸泡的肉皮,刮除残留的脂肪、污物;②水煮及再处理:将预处理后的肉皮放入洁净容器中,加入清水适量,加热至 80～90℃,保温煮 9～12 分钟,取出放入冷水中浸泡 3～5 天,取出刮油脂 1 次;③片削、切丝:将经过水煮处理后的肉皮片削成 6～8 层,每层 0.6～0.8 毫米,然后,再切成宽 1 毫米细丝(皮丝);④烘干:将切好的皮丝放入烘箱内烘干,烘烤温度小于或等于 30℃,烘干后的皮丝含水率 10%～12%;⑤油炸:将干皮丝放入油锅内炸制,油温 150～280℃,炸制时间 5～15 秒,至皮丝呈姜黄色蓬松状时捞出,沥净油;⑥碱煮:将上述沥净油的油炸皮丝放入洁净容器中,加清水,水面淹没皮丝,再加入食用碱至 pH 9,加热至沸腾并不时翻动 5～10 分钟;⑦漂洗:捞出经碱煮后的皮丝,放入冷水中反复漂洗,除去表面油层和碱分,使 pH 等于 7;⑧甩干:将漂洗干净的皮丝甩干,沥去明水,使皮丝含水率小于或等于 75%;⑨烘干、包装:将甩干后的皮丝放入烘箱内,保持温度小于或等于 30℃,烘干后的皮丝含水率小于或等于 11％,得到本发明的肉皮方便食品"干皮丝"。也可用上述方便食品作各种烹饪的原料,烹饪出各种美味佳肴,供人们享用,通过美食实现美容。

1459. 一种牛或羊鞭干的生产方法

申请号:90108792　　公告号:1050672　　申请日:1990.10.27

申请人:司秋娟、陈松林

通信地址:(810000)青海省西宁市七一路 224 号国防工办家属院

发明人:陈松林、司秋娟

法律状态:授　　权　　法律变更事项:因费用终止日,1997.12.10

文摘:这是一种牛(羊)鞭干生产工艺。它可分为清洗、高温沸煮、冷却与洗涤、切条、干燥、包装成袋等 6 个步骤。具体的生产工艺包括以下工序:①清洗:用 10～50℃清水洗涤鲜牛(羊)鞭,除去外层皮及射精管,除净尿道管内皮层;②高温沸煮:将洗净的牛(羊)鞭在 51～203 千帕气压(表压)下,沸煮 15～40 分钟;③冷却与洗涤:将沸煮后的牛(羊)鞭冷却,并用清水洗去外层粘液;④切条(片):将牛(羊)鞭切成条状或片状;⑤干燥:将牛(羊)鞭条或片进行自然干燥或用加热设备干燥,使其含水量低于 5％。经过上述工艺流程处理后的牛(羊)鞭干可长期贮存,不易虫蛀,不易变质变味,而且易重发,无论采用油发、水发都可使牛(羊)鞭干膨松柔软,便于烹调食用。这种高级营养健身食品不仅适合于普通家庭食用,也可成为高级宾馆饭店的美味佳肴。

1460. 速食肉皮冻及其制法

申请号:93109221　　公告号:1098265　　申请日:1993.08.05

申请人:蒋爱民

通信地址:(712100)陕西省咸阳市杨陵区西北农业大学

发明人:蒋爱民

法律状态:公开/公告

文摘:本发明是一种速食肉皮冻及其制法。它是先将猪肉皮经酸碱处理,再经斩拌、膨化、干燥、粉碎处理后,制成速食肉皮冻系列产品。速食肉皮冻的制备方法包括如下步骤:①将脱脂的猪肉皮用食用酸浸泡使之松软后,再用食用碱中和至中性;②将步骤①的松软猪肉皮置于斩拌机内斩拌成浆,包装后可得肉皮冻膏;③将步骤②中的浆状物加入膨化剂经膨化干燥处理,再粉碎、过筛后得粒状肉皮冻晶和粉状皮冻粉。该产品经沸水溶化,冷凝后即可食用。本发明的速食肉皮冻生产无需高温长时熬煮,制法简单,省时省事,有利于工厂化生产。

1461. 油炸猪肉皮系列即食食品及其生产方法

申请号:91103354　公告号:1059085　申请日:1991.05.17

申请人:胡善珏

通信地址:(650041)云南省昆明市东风东路2号10栋1单元12号

发明人:胡善珏、施宜浙

法律状态:公开/公告　法律变更事项:视撤日:1994.06.29

文摘:本发明是一种以猪肉皮为原料加工而成的系列即食食品。这种油炸猪肉皮即食食品的生产方法包括以下7道工序:①选料;②沸煮;③切割;④干燥;⑤油炸:在温度为150～240℃的植物油中炸1～5分钟;⑥调味或再制:加料调味或浸泡汤汁,干燥后外加特殊调料;⑦包装:以硬质或软质材料密封包装。本食品不易变味。这类食品富含蛋白质和多种维生素,有滋润皮肤、软化血管等保健作用。油炸猪肉皮系列食品为片状或丝状,可做零食或菜肴。

1462. 猪皮营养条的生产方法

申请号:95101536　公告号:1130036　申请日:1995.03.01

申请人:王建福

通信地址:(100071)北京市丰台区新村二里5号楼3号

发明人:王建福

法律状态:公开/公告

文摘:本发明是一种猪皮营养条的生产方法。猪皮营养条的生产方法包括以下9道工序:①猪皮粉的制作:第一,清洗;第二,煮熟,煮

30 分钟;第三,烘干,时间 15 分钟;第四,粉碎。②熟面粉的制作。③拌料。④压片,厚度为 1～1.5 毫米的面带。⑤切条,体积为 50 毫米×5 毫米×3 毫米。⑥烘干,时间 15 分钟。⑦膨化,时间为 20 分钟。⑧喷调料。⑨包装。本发明的特点是把猪肉皮经工业化生产,制成猪皮粉末与其他配料一起生产出香脆可口、营养丰富的食品。

1463. 猪皮膨化条的生产方法

申请号:95101537　　公告号:1130037　　申请日:1995.03.01

申请人:王建福

通信地址:(100071)北京市丰台区新村二里 5 号楼 3 号

发明人:王建福

法律状态:公开/公告

文摘:本发明是一种猪皮膨化条的生产方法。猪皮膨化条的生产方法包括以下 7 道工序:①清洗;②煮熟,煮 30 分钟;③切条,规格为 50 毫米×5 毫米×3 毫米;④烘干,时间为 15 分钟;⑤膨化,时间为 20 分钟;⑥加调味料;⑦包装,分别制成 3 种风味的猪皮膨化条。本发明提供的生产方法可使猪皮进行工业化生产,猪皮不需制成粉末,直接膨化后与配料混合即可制成营养价值高的食品。

1464. 皮冻粉

申请号:95103143　　公告号:1112810　　申请日:1995.03.23

申请人:徐锦章

通信地址:(710043)陕西省西安市西影路 8 号省微生物所

发明人:徐锦章

法律状态:公开/公告

文摘:本发明是一种以鲜猪皮为原料制成的皮冻粉的制作方法。该皮冻粉的制作方法是:将鲜猪皮刮洗干净,置于锅内与水熬煮至肉皮融化,最终使溶液浓度达到 30%～60%,再经脱水干燥后成粉。本制品在食用时只需按一定比例加水加热溶化,冷却凝固成皮冻,食用方便、卫生,软硬易掌握,且制作容易,成本低,家庭内即可制作。其产品携带运输方便,能够长期存放。制作中的内在质量容易规范化,解决了长期以来人们难以解决的问题。

1465. 肉皮食品加工法

申请号:92102907　　　公告号:1077608　　　申请日:1992.04.23

申请人:柯桂华

通信地址:(310013)浙江省杭州市浙大求是村56幢6号

发明人:柯桂华

法律状态:公开/公告

文摘:本发明是一种肉皮食品的加工方法。其加工方法是:①把洗净的鲜肉皮煮熟;②将熟肉皮高度粉碎成微细颗粒;③把高度粉碎后的食品进行消毒、包装,即为成品。

1466."捆蹄"配方及其生产工艺

申请号:95112791　　　公告号:1140031　　　申请日:1995.11.28

申请人:江苏高沟集团捆蹄厂

通信地址:(223400)江苏省涟水县高沟镇

发明人:张如清、汪育成、高　波、邵秀华

法律状态:公开/公告

文摘:本发明是一种"高沟捆蹄"的配方及生产工艺。它是用猪蹄膀肉为主要原料,配以各种佐料用肠衣包裹,经高压蒸煮和灭菌的熟食制品。"高沟捆蹄"的腌制配方为:以100千克猪蹄膀瘦肉计算:腌制时加入食盐2.6千克,糖1.1千克,三聚磷酸钠0.2千克,硝酸钠60克,亚硝酸钠15克,抗坏血酸0.02千克。本制品具有色泽酱红、香味浓郁、松软可口,荤而不腻,嚼后生津,咸甜适中等特点,加之捆蹄含有丰富的胶原蛋白、维生素、肌纤维和多种名贵中草药,具有改善人体细胞营养状况,促进新陈代谢,益精补血,滋润肌肤、光泽毛发等多种功能,深受广大消费者欢迎。

1467. 人造蹄筋的制作方法

申请号：87108094　　　公告号：1019761　　　申请日：1987.11.30

申请人：王师俊

通信地址：（20001）上海市武夷路253弄4号401室

发明人：王师俊

法律状态：公开/公告　　　法律变更事项：视撤日：1991.09.04

文摘：本发明是一种人造蹄筋的制作方法。人造蹄筋的制作方法包括：①以动物骨头作原料；②去除油脂和附着物处理；③去除无机盐处理使骨料软化；④将软化骨料切成一定形状并经干燥处理；⑤将骨料成形干燥，进行油发和水发处理。用本发明制成的人造蹄筋在化学成分上与天然的相同，营养价值和滋补作用也相同，从外形、海绵体、口味以及咬嚼劲与天然的更相同。而且原料来源广、原料价格低，制作方法又简单，不需很多设备费用，易于推广生产。本发明制成的人造蹄筋的价格可比天然蹄筋低一半以上。

1468. 泡发牛、羊、猪筋生产工艺

申请号：92110271　　　公告号：1083320　　　申请日：1992.08.29

申请人：陈松林、司秋娟

通信地址：（810000）青海省西宁市西大街66号青海省政府研究室

发明人：陈松林、司秋娟

法律状态：公开/公告

文摘：本发明是一种泡发牛、羊、猪筋的生产工艺。该生产工艺包括清洗、一次浸泡、高温反应、二次浸泡、干燥、包装等工序。本发明制品的突出的特点是经该生产工艺处理后的牛、羊、猪筋只需用水泡发2～3小时，牛、羊、猪筋就会迅速膨胀，效果极佳，易于烹饪食用。而且经该生产工艺处理后的牛、羊、猪筋可长期储存，不易虫蛀，不易变质变味。

1469. 一种猪蹄罐头及生产方法

申请号：93115439　　　公告号：1094911　　　申请日：1993.12.23

申请人：国营富顺县食品厂

通信地址：(643208)四川省富顺县牛佛镇

发明人：刘　杰、刘　杰(与前一发明人同名)卢文喜、罗　娴、阮开富、朱贻平

法律状态：实　审

文摘：本发明是一种猪蹄罐头及生产方法。该罐头包括罐体及装于罐体内经烘制而成的猪蹄及烘制后的原汤汁。其生产方法是：将除尽猪毛的蹄子一剖为二后清洗干净，再堆码于锅内并按比例加入糖、食盐、味精、花椒、八角、山柰等调料及由多种中药组成的混合香辛料、水等一同烘制后装听、封口及灭菌、恒温处理而制成。猪蹄罐头特色是罐内的猪蹄为经烘制而成的带骨猪蹄，而汁水为烘制后滤除粗辅料的原汤汁。这种罐头风味独特，色泽好，既保留了川味，又调和了南北风味，加之中药混合香辛料的加入，较大地提高了烘蹄的营养成分。

1470. 牛鞭三茎口服液的制备工艺

申请号：94101735　　　公告号：1100601　　　申请日：1994.02.04

申请人：刘子勤

通信地址：(430051)湖北省武汉市汉阳七里庙代李湾特1号外运

发明人：刘子勤

法律状态：公开/公告　　　法律变更事项：视撤日：1997.07.23

文摘：本发明是一种牛鞭三茎口服液的制备工艺，以牛鞭、狗茎、马茎、驴茎为主，鹿茸、蛤蚧、淫羊藿、蛇床子、续断为辅，再配以山药、大枣、甘草、何首乌、远志、莲子、蜂蜜、冰糖，分别熬制后配制而成。牛鞭三茎口服液组分的重量百分比如下：主要助阳原料：牛鞭、狗茎、马茎、驴茎 20％～28％；辅助助阳原料：鹿茸、蛤蚧、淫羊藿、蛇床子、巴戟25％～30％；其他辅助原料：山药、大枣、甘草 14％～20％，枸杞子10％～14％，何首乌 1％～2％，远志 2％～3％，莲子 6％～8％，蜂蜜3％～5％，冰糖 4％～5％。具体配制工艺如下：①配牛鞭、三茎半成品：第一，将经精选、冷冻后的牛鞭、三茎先用 18～30℃温水解冻，再用碱水清洗消毒后，用食醋或 50 度以上的白酒拌匀，放置半小时后反复搓

洗,清水冲洗,以去除腥臭味;第二,将清洗净的牛鞭、三茎放入蒸汽锅中在100～110℃的沸水中煮半小时,捞出冷冻,清除外层油质、包膜及脏物,干净后分切成1厘米厚的均匀段落,再放入胶体磨机内研磨成肉浆;第三,将肉浆放入高温锅内在90～100℃的热水中煮熬30～60分钟,至熬成液体状,用泵引出,先在自动过滤器内过滤,再经离心沉淀得半成品待用;②辅助原料半成品配制:第一,取鹿茸、蛤蚧、莲子、巴戟天先用消毒过的冷水浸泡1～2小时,然后加体积为4～4.5:1的水在100～105℃温度下煎熬45～60分钟,过滤、离心沉淀得半成品;第二,取淫羊藿、蛇床子、续断、甘草、山药、大枣、枸杞子、何首乌、远志,先用体积为4～4.5:1的冷水浸泡1小时,再在100℃温度下煎熬45分钟,过滤、离心沉淀得半成品;③将以上半成品合并,加入蜂蜜、冰糖混合熬炼至沸,离心沉淀,冷却至25℃,检验、装瓶,再置于杀菌锅内在122～125℃以下消毒杀菌30～45分钟,排汽,缓慢降至45℃后,再送至恒温室,于35～38℃温度下恒温1周,检验,包装。这种牛鞭三茎口服液的原料营养成分全面,保健效果明显,工艺科学合理,能提取出原料中的有用成分。本口服液口感好,营养丰富,经测试每100毫升含氨基酸500毫克,并含各种维生素和其他微量元素。本口服液有温肾壮阳、养肝明目、养血安神、补血滋阴、润肺、强筋骨、定咳喘之功效。

1471. 一种(以牛鼻、牛鞭、牛尾、牛肉为原料)牛肉汤的制作方法

申请号:94103063　　公告号:1095234　　申请日:1994.03.08

申请人:陈汀泗

通信地址:(630030)四川省重庆市第一中学校(沙坪坝区)

发明人:陈汀泗

法律状态:公开/公告　　法律变更事项:视撤日:1998.04.22

文摘:本发明是一种以牛鼻、牛鞭、牛尾、牛肉为主要原料,经特殊加工工艺而制成的一种集营养、滋补、保健为一体的食品制作方法。牛肉汤的制作方法是:以牛鼻、牛鞭、牛尾、牛肉为主要原料,以牛骨、鸡架等为辅助原料,经原料洗净处理、烧煮、混合调味、添加中药材、计量、消毒、分装而制成。

1472. 胶原弹性蛋白粉丝及其制作方法

申请号：93115786　　公告号：1099580　　申请日：1993.09.03

申请人：吴振武

通信地址：(110014)辽宁省沈阳市沈河区文艺路春河巷 11-1 号

发明人：吴振武

法律状态：实　审

文摘：本发明是一种胶原弹性蛋白粉丝及其制作方法。它是一种用鲜猪肉皮制成的肉皮粉丝。它含蛋白质比猪肉高 5 倍以上，其蛋白质成分主要是胶原蛋白和弹性蛋白，是理想的保健食品。制作胶原弹性蛋白粉丝的方法包括清洗、煮沸、去毛、脱脂、用绞馅挤条机绞切成小块，并挤压成粉丝状，再经水浸、晾干、灭菌后包装。

1473. 香鱼肚制作工艺

申请号：90100186　　公告号：1053533　　申请日：1990.01.19

申请人：于之海、于之江

通信地址：(300092)天津市红桥区北门外侯家后前街胡家大院 4 号

发明人：于之海、于之江

法律状态：公开/公告　　法律变更事项：视撤日：1993.06.02

文摘：本发明是将猪肉皮加工处理成香鱼肚制品的一种工艺方法。它将猪肉皮经净皮、煮熟，并使其干燥后进行膨化处理，即可制出与真鱼肚相媲美的香鱼肚制品。本制品工艺简单，易于掌握，适于工业化生产，为猪肉皮解决了难以解决的矛盾，经济效益明显，成品使用灵活方便，易于携带和保存，随取随用，使物美价廉的香鱼肚制品进入千家万户成为可能。

(四)野味肉食制作技术

1474. 狗肉火腿肠及其制作方法

申请号：90105230　　公告号：1044208　　申请日：1990.02.17

申请人：杨秀莉、柏绿山

通信地址：(2660000) 山东省青岛市河南路 24 号

发明人：柏绿山、杨秀莉

法律状态：实　审　　法律变更事项：视撤日：1994.08.17

文摘：本发明是一种狗肉火腿肠及其制作方法。狗肉火腿肠是选用高营养价值的狗肉为主要原料和一些辅助料经过科学配比后，经选肉、腌肉、配料、搅拌、灌肠、预熏烤、蒸煮、烘烤的方法制作而成的高营养狗肉火腿肠。本制品是一种味道鲜美可口、营养价值高的肉食品。

1475. 狗肉汤料

申请号：95111872　　公告号：1125068　　申请日：1995.07.14

申请人：佟克禄

通信地址：(110026) 辽宁省沈阳市铁西区云峰北街沈阳机床一厂

发明人：佟克禄

法律状态：公开/公告

文摘：本发明是属于一种快餐食品——狗肉汤料。狗肉汤料是由主料、营养滋补剂和佐料配制而成。其原料与佐料重量百分比是：①主料为狗肉 78%～89%，狗鞭 0.2%～0.5%，狗油 2%～4%，白菜 1.2%～2%，红辣椒 0.8%～1.6%；②营养滋补剂为鳖汤 1%～3%；③佐料包括黄酱 1%～1.5%，香白子 0.1%～0.3%，陈皮 0.3%～0.8%，花椒 0.2%～0.4%，八角 0.3%～0.5%，肉蔻 0.3%～0.6%，味精 0.3～0.5%，葱 0.1%～0.3%，姜 0.15%～0.2%。上述佐料选取两种以上，总量不超过 2.2%，余量为水。

1476. 阿胶速溶茶的制作方法及其设备

申请号：92103871　　公告号：1079121　　申请日：1992.05.23

申请人：李曙白

通信地址：(310013) 浙江省杭州市求是村 11 幢 207 室

发明人：李曙白

法律状态：公开/公告　　法律变更事项：视撤日：1997.06.18

文摘：阿胶速溶茶制作方法及其设备。阿胶速溶茶的制作工艺流程是：驴皮→漂洗→水煎→过滤→浓缩→冷凝→切块→干燥→低温粉碎→混合→成品包装。本发明的特点是干燥采用涂膜风干及微波干燥技术，干燥后进行低温粉碎，粉碎控温至 $10 \sim -90℃$，将粉碎得的物料粉末与辅料混合后送入成品包装。该生产设备除用传统工艺设备外，需增加低温粉碎机组。这种阿胶速溶茶品质优良，性能稳定，粒质均匀，流动性、防潮性和溶解性均良好；生产周期短、能耗低、生产设备投资省。

1477. 阿胶饮宝及其制备方法

申请号：94100136　　　公告号：1092656　　　申请日：1994.01.14

申请人：山东东阿阿胶(集团)股份有限公司

通信地址：(252201)山东省东阿县阿胶街 78 号

发明人：刘明岩、章　安

法律状态：实　审　　　法律变更事项：视撤日：1997.06.18

文摘：本发明是一种含阿胶的阿胶饮宝速溶冲剂及其制备方法。该冲剂含有阿胶粉、奶粉、蔗糖、植脂末、可可粉。其重量百分比为：阿胶粉 $15\% \sim 40\%$，蔗糖 $30\% \sim 60\%$，植脂末 $5\% \sim 25\%$，奶粉 $5\% \sim 25\%$，可可粉 $5\% \sim 25\%$。它既克服了阿胶的不良味道，又提高了产品的营养滋补价值。本制品具有补气益血、润肤养颜的医疗保健作用。

1478. 虫草阿胶营养液

申请号：94100270　　　公告号：1095902　　　申请日：1994.01.09

申请人：河南省漯河市第一制药厂

通信地址：(462300)河南省郾城县东关

发明人：李　庚、罗红亮、徐辉、张秀芬

法律状态：公开/公告　　　法律变更事项：视撤日：1997.11.19

文摘：本发明是一种新资源保健营养品——虫草阿胶营养液。这种新资源保健营养品虫草阿胶营养液是利用虫草菌粉和阿胶，加植物甜味剂蔗糖及水，混合配制而成。该营养液的组分含量配比范围为：虫草菌粉 $5\% \sim 15\%$，阿胶 $5\% \sim 15\%$，蔗糖 $1\% \sim 10\%$，蒸馏水加至全量。本品含有多种营养成分,既有食品的营养价值,亦有药品的药理作用,具有滋补保健,延年益寿,养颜护肤,健脑增智,促进人体新陈代谢,增强人体免疫力,恢复提高性功能等作用。该营养品具食用、药用双重功能,可起到单服虫草王口服液和阿胶口服液兼而有之的作用和效果。

1479. 鹿粉胶囊

申请号:94111258　　公告号:1107669　　申请日:1994.03.03

申请人:江苏火炬国际科技合作公司

通信地址:(210008)江苏省南京市北京东路39号

发明人:倪　正

法律状态:公开/公告　　法律变更事项:视撤日:1997.07.16

文摘:本发明是一种鹿粉胶囊,是灌装有鹿肉粉的口服胶囊。它采用新鲜鹿肉进行剔骨、剔除脂肪等前期处理,洗净后绞成肉糜,将肉糜干燥除水,磨成80目细粉,灌装胶囊得成品。本品含有丰富的蛋白质和微量元素,氨基酸总量达70%以上,是一种天然高级营养滋补品,经常服用,具有强身防病的作用。本品服用方便,鹿肉粉易被人体吸收,从而使鹿肉的营养价值得以充分利用。

1480. 运用超低温冷冻干燥技术生产全鹿粉

申请号:94117672　　公告号:1122209　　申请日:1994.11.01

申请人:李　宁

通信地址:(215002)江苏省苏州市凤凰街16号

发明人:李　宁

法律状态:公开/公告

文摘:本发明是一种用低温冷冻干燥技术生产的全鹿粉。它运用该技术将全鹿或全鹿粉碎物置入冷冻干燥机内冻干,再用机械将冻干物加工成粉状。以保全其营养成分,使食用者获得更多的营养。

1481. 鹿鞭乌骨香脆鸡及其制作方法

申请号:97101638　　公告号:1159298　　申请日:1997.02.08

申请人：宁卫国、林保江、李效安

通信地址：(236000)安徽省阜阳市颍西顺昌西路 7 号

发明人：宁卫国、林保江、李效安

法律状态：公开/公告

文摘：本发明是一种鹿鞭乌骨香脆鸡的制作方法。它是选择生长期为 90 天的健康乌鸡，用针刺大脑法宰杀，配以鹿肾、狗肾、生晒参、枸杞子、肉苁蓉、菟丝子、良姜、大茴香、小茴香、肉桂、丁香、花椒等 26 味中药材经加工炮制、烧煮而成。上述中药材的配方如下：乌骨鸡 10 只，鹿肾 30～35 克，狗肾 30～35 克，生晒参 25～30 克，枸杞子 160～180 克，肉苁蓉 80～100 克，菟丝子 160～180 克，良姜 10～12 克，小茴香 15～20 克，大茴香 10～12 克，肉桂 8～10 克，丁香 10～12 克，花椒 8～10 克，肉豆蔻 18～20 克，山茶 8～10 克，草果 8～10 克，白芷 8～10 克，陈皮 5～10 克，香菇 45～50 克，生姜 100～120 克，葱白 100～130 克，白糖 70～80 克，食盐 160～180 克，黄酒 70～80 克，老抽 20～30 克，砂仁 5～10 克，辛夷 3～5 克。本制品具有强身健体、美容养颜、延缓衰老、益神增智、防病治病、延年益寿的人体保健功能。由于宰杀方法巧妙，保留了乌鸡原有的营养成分，食用味道鲜美，肉质脆嫩，香味浓郁，回味绵长，实为居家理想的保健佳品。

1482. 烤兔肉的制作方法

申请号：96115296　　　公告号：1150532　　　申请日：1996.05.10

申请人：高　波

通信地址：(110003)辽宁省沈阳市和平区十一纬路 15 号

发明人：高　波

法律状态：公开/公告

文摘：本发明是一种烤兔肉的制作方法。烤兔肉的制作工序为：①屠体整修：宰杀、剥皮和内脏出膛后的兔体，用清水冲洗掉屠体上的血迹污物，除去残余的内脏、腺体、脂肪和浮毛，冲洗干净后，沥干水分；②腌制：取适量的盐、糖、香料、硝、花椒粉充分调合后涂擦在沥干水分的兔体表面，然后一层压一层排放在腌制池中，最后洒上适量料酒和姜粒,封闭 6～8 小时;③烘烤:腌制后的兔肉取出后放入烘房中熏烤,烘房温度恒定在 80～85℃,15～25 分钟后取出;④涂香:取适量芝麻和糖先炒一下,再加入甜面酱、味精、胡椒粉、酒和香料,用酱油将上述调料调成糊状,均匀涂抹在经过 1 次烘烤的兔体内、外表面;⑤再熏烤:把涂香后的兔肉放入烘房,再次熏烤,温度控制在 80～85℃恒定,15～25 分钟后取出;⑥煮制:经过 2 次烤制的兔肉取出后,加入适量冰糖、姜、香料、花椒等调料煮 30 分钟,严格控制温度在 100℃,煮即为成品。本食品原料考究,工艺严格。采用本工艺方法制出的兔肉食品,色泽红润,口味独特,营养丰富,特别是具有高蛋白、低胆固醇和富含磷脂的特点,老少皆宜,有益健康。

1483. 海龙肉干

申请号:93115438　　　公告号:1104056　　　申请日:1993.12.27

申请人:乐山市科发实业总公司

通信地址:(614000)四川省乐山市柏杨路 30 号

发明人:李存知、周邦荣

法律状态:公开/公告　　　法律变更事项:视撤日:1997.05.07

文摘:本发明是一种野生动物肉方便食品——海龙肉干。它是以狸獭料肉为主料,配以食盐、味素、植物油等 10 多种原、辅料加工而制成。本制品具有肉质细嫩、入口化渣、低脂肪高蛋白,营养丰富食用方便等特点。

1484. 新环药用保健食品

申请号:93104656　　　公告号:1088060　　　申请日:1993.04.19

申请人:王衡生

通信地址:(421513)湖南省常宁县松柏镇法律服务所

发明人:王衡生

法律状态:公开/公告　　　法律变更事项:视撤日:1998.06.17

文摘:本发明是一种新环药用保健食品。本保健食品的制作必须是新鲜的老鼠肉,加入当归 30 克,党参 30 克,黄芪 30 克,桂枝 20 克,炼地（熟地）50 克，牛膝 15 克，鸡血藤 30 克。各味中药不能超量，加水经高温煮沸在 1 个小时以上（至少 1 个小时），杀菌、包装即为成品。

1485. 山野味饺子

申请号：96115244　　　公告号：1163071　　　申请日：1996.04.19

申请人：马泽勋

通信地址：（110002）辽宁省沈阳市和平区二纬路 9 号三善居酒店

发明人：马泽勋、阎宏伟、曾　光、马为民

法律状态：实　审

文摘：本发明是一种用山野味作馅包制的饺子。山野味饺子馅的配方是：野菜、山鸡肉、精猪肉、八味香调料、鸡精、动物油。以 500 克山鸡肉馅饺子为例，山鸡肉 50 克，精猪肉 25 克，山菜 150 克，白面 150 克，高汤 65 克，调料 60 克。先将山鸡肉、精猪肉制成碎肉，用调料喂制 3 小时以上，然后加入切碎的野菜、八味香调料、鸡精和动物油搅拌均匀制成待用馅，用白面制成的皮包裹即成。用本发明加工制成的各种山野味饺子，具有味道清香、鲜而不腻、滋补身体的特殊功效，属于绿色食品，为中华食品中又一具有特色的佳肴。

（五）动物脏器综合利用技术

1486. 动物内脏综合利用加工方法

申请号：88105439　　　公告号：1040130　　　申请日：1988.08.07

申请人：胡集云

通信地址：（200061）上海市甘泉一路 205 号 203 室

发明人：程传贤

法律状态：公开/公告　　　法律变更事项：视撤日：1991.12.18

文摘：本发明是一种动物内脏经加工后剩下的渣、液的综合利用加工工艺。其综合加工方法是：将剩液分离成浓盐水和含盐量低的液体。前者用于重复腌制加工，后者作为稀释液加入剩渣内用于剩渣的脱盐。剩渣脱盐后的渣直接粉碎制成饲料；剩渣脱盐后的剩液再次分离成浓盐水和含盐量低的液体,分别重复用于腌制加工和重复作为稀释液使用。本发明的特点是:上述剩液不含碱时,直接脱盐分离成浓盐水和含盐量低的液体;上述剩渣内加入作为稀释液的上述液体,经脱水去盐后干燥粉碎。

1487. 自溶动物下脚料制备营养液的方法

申请号:92114649　　**公告号:**1077609　　**申请日:**1992.11.30

申请人:鲜升文

通信地址:(635300)四川省巴中县巴洲镇红碑湾路4号

发明人:鲜升文

法律状态:公开/公告　　**法律变更事项:**视撤日:1996.09.11

文摘:本发明是一种用于将动物屠宰下脚料进行整体自溶后,制备供人类服用的营养液的方法。它将动物下脚料(肝、肺、脾、胰、脑脊髓、眼、血液、蹄甲、废毛发)中所含有的高分子有机物,进行整体快速自溶后,分解成自然状态的低分子有机物质制成营养液,以开发下脚料的新用途。它以肝、脾、白细胞内所含有的品种多样的水解酶类为酶源,通过合理选择原料配方、卫生标准、pH 值范围和反应时间,利用废毛发的残留量和肝、脾的固有色素的释放情况作为天然指示系统,经过采料与贮藏、原料的粗加工、配料、稀释、自溶、去组胺、封存等 7 个工艺过程,制备保健性能独特的营养液、饮料原料和营养添加剂的原料。

1488. 一种益智健脑食品及其生产方法

申请号:93101295　　**公告号:**1078359　　**申请日:**1993.01.20

申请人:中德联合研究院

通信地址:(330047)江西省南昌市南京东路17号

发明人:陈子林、范青生、熊勇华、杨荣鉴、赵　莉

法律状态:实　审　　**法律变更事项:**视撤日:1996.04.24

文摘:本发明是一种益智健脑食品及其生产方法。该食品含有天门冬氨酸、苏氨酸、蛋氨酸等 20 种氨基酸,且氨基酸总量高达 0.3～0.5克/100 毫升。益智健脑食品中的氨基酸含量如下:天门冬氨酸50～

55,苏氨酸45~50,丝氨酸40~45,谷氨酸70~75,脯氨酸25~30,甘氨酸50~55,丙氨酸63~68,缬氨酸73~78,蛋氨酸35~40,异亮氨酸50~55,苯氨酸35~40,亮氨酸83~88,酪氨酸31~35,苯丙氨酸72~76,组氨酸32~37,赖氨酸70~75,精氨酸82~87,色氨酸15~20,以上单位均为毫克/100毫升;微量元素的含量如下:铁3.0~3.5毫克/升,锌8~8.5毫克/升,铜0.5~1毫克/升,钙30~35毫克/升,钴、镉微量;另外,该品还含有脂肪酸。它采用动物脑洗净、去膜、匀浆、加酶水解而成,可加入牛磺酸、维生素等进一步制成固体食品。本发明使脑提取物形成工业化生产,使之得到更广泛的应用。所得到的产品可以通过血脑屏障,提高脑的耗氧量,增加脑的功能,消除大脑疲劳。

1489."保肝养血冲剂"的制作方法

申请号:94101698　　公告号:1106231　　申请日:1994.02.02

申请人:王清云

通信地址:(630061)四川省重庆市南岸区弹子石东坪村238号

发明人:王清云

法律状态:公开/公告　　法律变更事项:视撤日:1997.07.16

文摘:本发明是一种"保肝养血冲剂"的制作方法。"保肝养血冲剂"的制作方法是:将动物的肝脏、血浆等内脏进行打浆、过滤,并高温消毒后与植物(蔬菜及水果)的液汁合成而成的一种全能营养冲剂(或片剂)。动物的内脏含有极其丰富的蛋白质、氨基酸及铁、磷、钙、锌等多种人体所需要的各种元素。而蔬菜及水果中又含有丰富的各种维生素。人们在日常生活中所需要的维生素主要来源于各类蔬菜(及水果)。鉴于上述分析,本发明将动物性营养和植物性营养合二为一,制成"保肝养血冲剂"(或片剂),使其既具有动物所富有的铁、磷、钙、锌等人体所需要的元素,又具有植物所含有的多种维生素。为人们的健康需要提供了一种全能的营养饮品。

1490.胎睾营养肉丸

申请号:94113307　　公告号:1125533　　申请日:1994.12.30

申请人：程　骥

通信地址：(410000)湖南省长沙市中山西路三贵街 8 号 3 楼西

发明人：程　骥

法律状态：公开/公告　　法律变更事项：视撤日：1998.05.13

文摘：本发明是一种胎睾营养肉丸。胎睾营养肉丸主要组分及制作方法为：人或动物胎盘 250 克，动物睾丸 250 克，肥瘦各半的肉浆 500 克，佐料适量。按上述配比把胎盘和睾丸烘干后磨研成粉末，再与肉浆拌和后加上适当佐料，捏成生的胎睾肉丸子，再经蒸、煮、炸等烹饪方法煮熟即为本发明的胎睾营养肉丸子。

动物胎盘和动物睾丸是传统医学的大补品。把胎盘和动物睾丸烘干磨细后与猪、羊、鸡的肉浆混合并加入适当佐料制成生的胎睾肉丸子，即成为补品。它富有营养，对脾肺气虚、神疲乏力、支气管哮喘等有极好的辅助治疗作用。

1491. 动物鲜肝凉食品

申请号：95100152　　公告号：1127090　　申请日：1995.01.20

申请人：杨　毅

通信地址：(710068)陕西省西安市南门外振兴路 31 号西安市科

发明人：杨　君、杨　毅

法律状态：公开/公告

文摘：本发明是一种由动物鲜肝制作成的凉食品。动物鲜肝凉食品的配方组成为：鲜肝浆 49～51 千克，橘皮（干）2.5～3 千克，白糖和香精。这些成分是为提高食用口感，适应工业化生产而选用的。其工艺方法是将鲜肝洗净、切块、打烂出浆，过滤制得鲜肝浆，琼脂在水中浸泡软化。原料配备，干橘皮分份，糊精用水化开过滤、调味、包装。用上述工艺制出的鲜肝舒、鲜肝奶、肝冻、鲜肝糊、肝纱尼、肝冰淋产品，适用于男女老少，食用方便，强体健身。

1492. 复合动植物罐头的加工方法

申请号：91100100　　公告号：1063206　　申请日：1991.01.11

申请人：西南农业大学、重庆潼南肉类联合加工厂

通信地址：(630716) 四川省重庆市北碚区天生路 216 号

发明人：何世龙、李洪军、张荣强

法律状态：实　审　　法律更变事项：视撤日：1993.12.29

文摘：本发明是一种复合动植物罐头的加工方法。它将肉糜与所选用的蔬菜泥、食用明胶与魔芋凝胶混合物，在抽真空条件下搅拌成有机整体，使加工的罐头营养成分丰富，且随加入的蔬菜品种不同，可加工出不同品种、不同风味的复合动植物罐头来满足消费者的选购要求。复合动植物罐头的加工方法是：①在食用明胶与魔芋凝胶混合物制备中，将食用明胶与魔芋精粉同时加入到一定量水中，连续搅拌 15～20 分钟后静置 6～8 小时，制成 9%～14% 食用明胶与 3%～4% 魔芋凝胶混合液；②在蔬菜泥的制备中，将洗净的蔬菜按配比要求选配后加入 5% 的水(占肉重计)放入打浆机或斩拌机中制成菜泥；③在肉糜的制备中，将分级切块腌制好的肉条(肥瘦比为 2.5～3.0：7.5～7.0)放入斩拌机，并加入占肉重 1.5 克/千克白胡椒、0.4 克/千克玉果粉、1 克/千克焦磷酸钠、10% 淀粉、5% 去腥黄豆粉，连续斩拌 1.5～2 分钟；④按肉重计取制备好的食用明胶与魔芋凝胶混合物 15%～25%，蔬菜泥 15%～30% 以及制备好的肉糜同时倒入搅拌机中，在真空度为 0.05～0.075 兆帕条件下，连续搅拌 2～3 分钟，使其混合均匀；⑤将搅拌好的复合物按常规方法装罐、密封、杀菌、冷却、检验。用本方法加工的罐头成型好，可随意烹调加工，口感细嫩滑利。

1493. 速冻调味肉串的生产方法

申请号：91106289　　公告号：1072070　　申请日：1991.11.09

申请人：梅宏志

通信地址：(110044) 辽宁省沈阳市大东区北大营街 6 号

发明人：梅宏志

法律状态：公开/公告　　法律更变事项：视撤日：1994.12.21

文摘：本发明是一种速冻调味肉串的生产方法，即一种方便食品的加工方法。用该种方法加工肉串的关键是将鲜肉加工成块，放入配制的

调料中搅拌,经腌制后取出加工成串,再进行速冻。采用上述方法制作肉串,可进行批量生产,可以大量储存,食用方便,卫生。速冻调味肉串可适用于鸡肉、羊肉、牛肉、猪肉等多种肉类。

1494. 龙凤罐头加工工艺

申请号:91106910　　公告号:1063202　　申请日:1991.01.19

申请人:索连江

通信地址:(210015)江苏省南京市下关区四平路 34-12 号

发明人:索连江

法律状态:公开/公告　　法律变更事项:视撤日:1994.02.16

文摘:本发明是一种以蛇肉与鸡肉为原料加工而成的龙凤罐头。龙凤罐头的加工工艺是:将表面处理干净的蛇肉、鸡肉预煮 5 分钟,取出后剁块,按蛇肉与鸡肉之比(重量)为 1:2,装入马口铁罐头筒内;另将适量的食用香辛料加入水中煮沸加料酒、淀粉制成汤料一并加入马口铁罐头筒内,其中固型物(蛇肉、鸡肉)占 50%,汤料占 50%。采用本法制作的龙凤罐头还有很高的药用治疗价值。

1495. 鲜肉增香去异味处理剂及其制作方法

申请号:95110411　　公告号:1133136　　申请日:1995.04.10

申请人:原国臣

通信地址:(266032)山东省青岛市宁化路 17 号丙 70 户

发明人:原国臣

法律状态:公开/公告

文摘:本发明是一种鲜肉增香去异味处理剂。它包括增香去异味剂和水及其制作方法。增香去异味剂是由花椒、白胡椒、茴香、荜拨、香附、桂皮和黄芪所组成。他们的重量百分数分别是 10%~15%,10%~15%,10%~15%,18%~22%,4%~6%,5%~7% 和 25%~27%,增香去异味剂与水的比例为 1:20~40。使用本发明的处理剂处理鲜肉能充分去掉肉的异味发挥出肉本来的纯正香味,使用方便,不受温度的影响;不仅不妨害人体健康,而且对人体健康有益。

1496. 畜禽肉的发酵、脱脂及生产短链脂肪的方法

申请号：95116141　　公告号：1148477　　申请日：1995.10.20

申请人：傅责中

通信地址：（550025）贵州省贵阳市花溪区贵州民族学院

发明人：傅责中

法律状态：公开/公告

文摘：本发明是一种畜禽肉的发酵、脱脂及生产短链脂肪的方法。畜禽肉的发酵、脱脂及短链脂肪的生产是将畜禽肉经 3 级发酵处理，再进行脱脂处理。其生产方法如下：①一级发酵处理：选用菌种：天然根瘤菌类菌体；原料：肉类；培养基：大豆浆；将根瘤菌类菌体清洗、消毒、粉碎后，用无菌水制成菌种悬液，按 1：10 的比例将菌种悬液接种在灭菌大豆浆培养液中，在 pH 5、30～40℃的条件下发酵 2 小时，制成一级菌种；如此再反复做两次，制成三级菌种；将肉类高温高压灭菌变性处理待用；投入等量 1～2 倍的三级菌种到处理后的肉类中，在 pH 5、40℃条件下发酵 2 小时；投入 5% 的白糖汁，在 pH 5.8、40℃条件下发酵半小时。② 二级发酵处理：用畜、禽胃肠腺分泌物制取菌酶混合菌种悬液，将悬液按 1：10 的比例注入灭菌大豆浆培养液中，在 pH 5.8、温度 37～40℃的条件下发酵 2 小时，制成一级菌种；如此再反复做 2 次，制成三级菌种；将上述三级菌种注入 1～2 等量的肉类一级发酵物中，然后加入 10% 生大豆浆，每千克加入 10 毫克维生素 B_6，在 pH 5.8、温度 40℃条件下发酵 1～2 小时；加入生葡萄甜酒，在 pH 6、40～50℃条件下再发酵半小时。③三级发酵处理：将畜、禽胰脏机械粉碎后，用过滤法直接制取胰脂肪酶和胰蛋白酶的混合悬液；在二级发酵物内注入 2%～5% 的混合悬液，加入 1%～2.5% 禽卵黄，及每千克 5～10 毫克维生素 C，在 pH 5～7.5、温度 40～50℃条件下发酵半小时，最后经灭菌、分离、去渣、过滤，回收氨基酸即得脱脂肉类及短链脂肪。

生产上述产品采用天然的根瘤类菌体及畜禽胃肠腺菌酶混合体，不需提纯菌种和酶，从而大大降低生产成本，且能保持肉类的原有风味及有益成分。本发明具有工艺流程短、设备简单、原料及能源消耗低等

优点,而且对肉类的有益成分无破坏,保持其原有的色、香、味,从而大大提高了脱脂肉类的食用效果;同时还可生产短链脂肪。本发明可广泛用于食品加工业及化工产品、医药用品中。

1497. 烹调肉类食品用调味品及其制法

申请号:95118364　　公告号:1132038　　申请日:1995.11.23

申请人:吕大谷

通信地址:(100010)北京市东城区东罗圈胡同11号

发明人:吕大谷

法律状态:实　审

文摘:本发明是一种烹调肉类食品用调味品及其制备方法。其制备方法是:除选用葱、干姜、花椒、八角等常用调料外,还辅加肉桂、茴香、砂仁、甘草等多种中药材,经去杂、清洗、干燥、粉碎、过筛、浸提、过滤,与乙醇溶液配置而成的调味液。上述的固体原料的重量百分比如下:葱32%～36%,干姜10%～14%,花椒0.4%～0.5%,八角2.2%～2.6%,小茴香4%～5%,胡椒1.5%～1.7%,肉桂3.2%～4.0%,白芷12%～13%,丁香0.4%～0.5%,砂仁1.5%～1.7%,肉蔻0.5%～0.7%,白蔻0.5%～0.7%,山萘0.8%～1.0%,荜拨2.0%～2.5%,桉香叶3%～3.5%,孜然4.0%～5.0%,辣椒0.5%～0.7%,木香2.0%～2.5%,陈皮2.0%～2.5%,草蔻3.0%～3.5%,甘草1.0%～1.5%,良姜4.0%～5.0%。用上述方法烹调的肉食品无腥膻等异味,爽而不腻,更兼有多种药用功能,强身健体,是烹调肉类食品之佳品。

1498. 富含CTP水溶液的生产工艺

申请号:95116139　　公告号:1128800　　申请日:1995.10.20

申请人:傅责中

通信地址:(550025)贵州省贵阳市花溪区贵州民族学院

发明人:傅责中

法律状态:实　审

文摘:本发明是一种含有高能量营养物和能促进人体生理代谢的

富含 CTP 水溶液的生产工艺。它是将畜类瘦肉(或肝脏)经 4 级发酵,再经过滤、灭菌处理而得。富含 CTP 水溶液的生产工艺如下:① 一级发酵处理:选畜类瘦肉(或肝脏)为原料,天然根瘤菌类菌体,灭菌大豆浆;将根瘤菌类菌体清洗、消毒、粉碎后,制成悬液,按 1∶10 的比例将悬液注入大豆浆培养液中,在 pH 5 及 30～40℃ 的条件下发酵 2 小时,制成一级菌种;如此再反复做两次,制成三级菌种;将畜类瘦肉磨成肉浆,高温高压作灭菌及蛋白质变性处理;然后将等量三级菌种注入到等量肉浆中,在 pH 5 及 40℃ 条件下发酵 2 小时;再将发酵物高温高压加热 15 分钟,杀灭全部微生物;② 二级发酵处理:制备畜、禽胃肠腺菌酶混合 3 级菌种(方法与制备上述三级菌种相同);按生大豆浆 1∶熟豌豆浆 3∶熟天门冬浆 2 的比例混合制成培养基,倾注入一级发酵物中;再将混合三级菌种按 0.5∶1 的比例注入肉浆一级发酵物中;按每千克加入 10 毫克维生素 B_6、2 毫克维生素 B_2,在 pH 5.8 及温度 40℃ 条件下发酵 1 小时;③ 三级发酵处理:用生大豆浆与生豌豆浆、生天门冬浆制成混合培养基;将混合培养基、生瘦肉浆、天门冬浆及二级发酵物按 (1+3)∶1∶1∶18 的比例混合,并按每千克的量加入 2 毫克维生素 B_2、10% 的高浓度大肠杆菌菌液、0.9% 的黄芪浆,在 pH 6 及 37～40℃ 的条件下发酵 1 小时,然后加入 10% 富含 PRPP 水溶液、109 富含尿嘧啶、胞嘧啶水溶液,再加入 0.9% 的黄芪浆,并按每千克量加入 8 毫克维生素 B_2,在 pH 6 及 40℃ 条件下再发酵半小时;④ 四级发酵处理:按三级发酵物中熟瘦肉浆 50% 量加入生瘦肉浆,再按 10% 高浓度大肠杆菌、1% 畜禽胃肠腺菌酶混合菌种加入混合发酵物中,再按三级发酵物每千克量加入 10 毫克维生素 B_6、0.9% 黄芪浆,在 pH 6 及 37℃ 条件下发酵 1 小时,再升温至 45～50℃ 发酵半小时;然后高温高压加热 20 分钟,再加入 5% 的熟葡萄甜酒,将 pH 值调整为 5,搅拌均匀;最后将冷却的四级发酵物过滤去渣,即得成品。本发明具有工艺简单,设备投资少,原料及能源消耗低等优点。由于采用了天然多菌种和酶联合分阶段连贯式发酵的独特工艺,不需要提纯菌种和酶,大幅度地减少了中间产物的生产环节,从而使生产成本大大降低,价格也相应大幅度降低,经济效益和社会效益极其显著。

1499. 动物性原料熟制的调味、加味方法

申请号：89100567　　　公告号：1035422　　　申请日：1989.01.28

申请人：太原市烹饪技术研究所

通信地址：（030002）山西省太原市解放路 32 号

发明人：翟跃中、王宏寿

法律状态：公开/公告

文摘：本发明是一种动物性原料（包括鸡、鸡块、乳猪、兔、虾和鱼等）熟制的调味、加味方法。它是将预先加工成液态或可含有固体粉末、颗粒的液态混合物调味品或营养成分通过外力注入到原料肌体内部。它比传统方法简便，缩短了入味时间，且入味效果好，使原料成品的内外部味道一致，且可使菜肴主料与配料溶为一体。同时，也可在原料内部增加水分、油分及各种所需营养成分，以强化手段达到合理营养。

1500. 动物性原料一体多味的调味方法

申请号：89102051　　　公告号：1036692　　　申请日：1989.04.07

申请人：太原市烹饪技术研究所

通信地址：（030002）山西省太原市解放路 32 号

发明人：翟跃中、王宏寿

法律状态：授　权

文摘：这是一种动物性原料熟制的一体多味的调味、加味方法。这一方法是将预先加工成液态或可含有固体粉末，颗粒状的液态混合物的不同味别的调味品，分部位地分别注入到原料的肌体内。采用此法熟制出的成品可以有多种味别，经济实惠，给人们带来极大的方便。

1501. 球壳形胶原蛋白膜——胶原蛋白（小）肚及其制作方法

申请号：94113816　　　公告号：1122665　　　申请日：1994.11.09

申请人：陈志强

通信地址：（543002）广西壮族自治区梧州市下三云路 75 号

发明人：陈志强

法律状态：公开/公告　　法律变更事项：视撤日：1998.08.05

文摘：本发明是一种肉食制品加工所用材料及其制作方法，即是一种球壳形的表面平滑的胶原蛋白膜——胶原蛋白(小)肚。本品采用动物皮张中胶原蛋白作原料，成品呈半透明，呈色容易，可作为仿动物内脏，如仿猪、牛、羊肚和膀胱的代用品，用于灌制品及烟薰制品生产中，其使用方法与猪、牛、羊肚或膀胱使用方法相近。

1502. 以免疫法制取免疫食品及其方法

申请号：95113356　　公告号：1128627　　申请日：1995.12.06

申请人：李　微

通信地址：(200031)上海市康平路160号

发明人：李　微

法律状态：公开/公告

文摘：本发明是一种在动物身上以免疫法制取免疫食品及其方法。它是用注射或静脉滴注或基因移植或DNA嫁接的方法将抗原植入动物体，抗原激活动物体的过继免疫系统，不断刺激使动物产生强大的抗体，使其乳制品、血制品和内脏、肉制品含有抗病毒免疫球蛋白、T淋巴细胞、B淋巴细胞及其淋巴因子和巨噬细胞因子。以免疫法制取免疫食品的方法的特点是将抗原或病毒或细菌或细胞植入动物体。本发明的优点是能利用动物体的强壮体魄，不断产生具有抗病毒免疫球蛋白的乳制品及血制品和内脏、肉制品。

(六)家禽制品加工技术

1503. 家禽制品的加工方法

申请号：89101717　　公告号：1045915　　申请日：1989.04.01

申请人：徐俊扬

通信地址：(100026)北京市朝阳区团结湖水碓子东里29-1-201室

发明人：徐俊扬

法律状态：实　审　　法律变更事项：视撤日：1992.08.19

文摘：本发明是一种家禽制品的加工方法。本家禽制品的加工方法包括宰杀、腌制、快速煮烫、辅料配制、老汤的形成和保持、卤制、成品包装等7个过程。其特点在于快速煮烫、辅料的配制和老汤的形成的过程。本制品配方合理，工艺精巧，将传统的安徽卤鸭的配方和工艺完善并提供给社会。用本方法制作的卤鸭大部分脂肪已被提取，肥瘦适宜。佐料中含有多种名贵中药材，经卤制后，味及全身，色香味独特，并具有清火作用。这种卤鸭食用、携带极为方便，是一种良好的旅游食品。

1504. 一种禽类和带骨肉的加工方法

申请号：90100019　　公告号：1052991　　申请日：1990.01.06

申请人：北京市西城区崇德机械厂

通信地址：(100031) 北京市西城区西绒线胡同 33 号

发明人：金辉林

法律状态：授　　权　　法律变更事项：因费用终止日：1996.02.21

文摘：本发明是一种禽类和带骨肉的加工方法。它的加工方法是：①清洗：首先将待加工禽类或带骨肉去毛，开膛，洗净；②制调味汁：将所有的调味料放在一起加水煎煮，直至得到浓缩的调味汁液；③注入调味汁：使用注射器将调味汁液直接注入禽类或带骨肉的各个部位之中；④浸泡：将注射后余下的调味汁液加盐和水稀释，然后将上述的禽类或带骨肉放入其中浸泡；⑤上色：用蜂蜜水或饴糖水，并加入一些调味品，煮沸后浇淋上述禽类或带骨肉的表皮；⑥烘烤或煎炸：将按上述方法加工的禽类或带骨肉进行烘烤或煎炸。按本发明的方法加工禽类和带骨肉，入味快，肉质鲜嫩，加工周期短，适合大量生产。

1505. 家禽骨汁的提取方法

申请号：94110271　　公告号：1113713　　申请日：1994.05.20

申请人：赫乃军

通信地址：(110011) 辽宁省沈阳市沈河区朝阳街 131 号

发明人：赫乃军

法律状态：公开/公告

文摘：本发明是一种从家禽骨中提取骨汁的方法。这种家禽骨汁的提取方法是：①将骨头破碎，露出骨的断面；②将碎骨放在锅水中长时间蒸煮；③将熟骨放在压汁机下压汁；④取上述两部分的骨汁入袋。本制品经检测，在上述骨汁中各成分的含量非常丰富。

本发明与现有技术相比，具有的优点是：①它可以使骨汁成为商品，使用和食用非常方便；②它不但可放在汤里，还可放在饺子馅、包子馅里等。

1506. 一种家禽类食品的腌制工艺及其腌浸液配方

申请号：95104850　　　公告号：1135289　　　申请日：1995.05.10

申请人：阎炳刚

通信地址：(317400) 浙江省黄岩西城新村 5-35 号

发明人：阎炳刚

法律状态：公开/公告

文摘：本发明为一种家禽类食品的加工工艺及其腌浸液配方。本家禽类食品的腌制工艺包括：屠宰和清洗肉体，将其腌浸在腌浸液中，腌浸温度为 0～20℃，腌浸时间为 5～48 小时；取出后用冷风风干，其冷风温度为 15℃，冷风相对湿度为 25％～55％，风干时间 5～20 天。然后，再经真空包装即可。通过上述配方能常年腌制出质量好、营养价值高、口味独特、保存期较长的家禽类腌制品。

1507. 先天性皱雏类保健食品

申请号：95115675　　　公告号：1127091　　　申请日：1995.10.18

申请人：漯河市科发电子生化研究所

通信地址：(462000) 河南省漯河市五一路梅苑宾馆 615 号

发明人：田谷华、卞春波、刘本清、马淑英、卞俊华、王　苡、孙方定、刘艳丽、白熙顺

法律状态：公开/公告

文摘：本发明是一种先天性皱雏类保健食品。它系采用先天性生物家禽、飞禽皱雏类肉为主料，加之多种天然精良草药配制成的煮料、

汤料等辅料。先天性皱雏类保健食品是采用皱雏作主料,以食盐、良姜、人参、大茴香、小茴香、花椒、枸杞果、豆蔻、砂仁、桂皮、川贝、草果、田七等作煮料;以食盐、良姜、人参、大茴香、小茴香、花椒、砂仁、豆蔻、大葱精、海藻酸钠等为汤料,加工配制而成。本制品具有先天性、全天然的特点,营养成分丰富,内含蛋白质、纤维素和铁、锌、钙、铜、钾、镁、碘等微量元素以及 18 种氨基酸,并具有高蛋白、高纤维素、低脂肪、低糖的优点,食用性强,不仅是餐桌上的稀有佳肴,还是治疗一些常见病的良药。本品罐装、盒装、袋装均宜,食用携带方便,也是馈赠亲友的佳品。

1508. 一种宫廷风味烤鸡的制作方法

申请号:86103995　　公告号:1019465　　申请日:1986.06.13

申请人:唐国兴

通信地址:(100044)北京市西直门外娘娘庙胡同 85 号

发明人:唐国兴

法律状态:授　权

文摘:本发明是一种宫廷风味烤鸡的制作方法。宫庭风味烤鸡在制作前要对鸡进行预处理,包括选用 1 100 克左右体壮而鲜嫩的公鸡,宰杀、煺毛、开膛、清洗和成型;然后将清理整型后的鸡放入盛有唐家祖传之陈年醪汤和配有中草药的锅内,脱脂除腥煮熟后,用微火煮 90～210 分钟;再将煮好的鸡表皮涂以蜂蜜,放入烤炉烘烤 3～10 分钟,即成本制品。本烤鸡呈橘红色,外焦里嫩,香酥可口,食之不腻。对人体具有开脾健胃、生津养血、壮阳补肾、强筋壮骨之疗效。经该工艺制作后的烤鸡在常温通风情况下,存放 1 周不腐不馊,具有一定的灭菌防腐作用。

1509. 一种油炸鸡的制作方法

申请号:89108667　　公告号:1043611　　申请日:1989.11.18

申请人:袁苗禾、刘石达

通信地址:(056002)河北省邯郸市和平路 488 号

发明人:刘石达、袁苗禾

法律状态：授　权　　法律变更事项：因费用终止日：1997.01.01

文摘：本发明为中华田园鸡的制作工艺，即是制作油炸鸡的一种新方法。田园鸡的制作方法是由分割、洗净、甩干、腌渍、挂衣和油炸工序组成。其特点是腌渍应用调味粉，油炸是在高压锅中进行。本油炸鸡的制作关键主要解决次序、时间、火候、配料问题。该油炸鸡具有外酥里嫩、鲜香爽口、冷热咸宜、食用快捷便当、舒适卫生的快餐特点。

1510. 一种快餐鸡的制作方法

申请号：90100390　　公告号：1053736　　申请日：1990.02.03

申请人：北京海味餐厅

通信地址：(100031)北京市宣武门十字路口西侧

发明人：储大同、邓炳根、顾斐斐、姜廷良、李春岚、刘仪初、王孝涛、吴步初、袁学怀、张淑芳

法律状态：公开/公告　　法律变更事项：视撤日：1993.06.02

文摘：本发明是一种快餐鸡的制作方法。制作快餐鸡的方法是：在制作前选用生长期在52～56天之内的肉鸡，并进行预处理，包括宰杀、煺毛、开膛、清洗和切取鸡腿、翅，然后进行腌、炸，将清理整形过的鸡腿、翅与用中草药和芳香植物等合成的"华味鸡调味粉"掺和搅拌均匀放入容器里腌制8～10小时，再将腌好的鸡腿、翅放入设有对油自动滤清、能控温、定时的高压炸锅内炸制4～7分钟，捞出控油即为成品。采用上述方法制作的快餐鸡营养成分损失少，对人体无有害物质。

1511. 童子鸡粉料加工工艺

申请号：90105960　　公告号：1061137　　申请日：1990.11.06

申请人：徐以达

通信地址：(210024)江苏省南京市北京西路17号

发明人：冷文华、史有富、徐以达

法律状态：公开/公告　　法律变更事项：视撤日：1993.10.13

文摘：本发明是一种采用食用石蜡脱毛的童子鸡粉料加工工艺。采用食用石蜡脱毛的童子鸡粉料加工工艺，是当雏鸡在32～35℃条件

下入雏 27～33 天后宰杀脱毛,在 0℃条件下加水进行粉碎、磨细,磨碎物通过 100 目,在胶体磨中成胶状物,再加入调料在 70±2℃条件下用泵送入真空喷粉机,然后在无菌条件下,用压缩包装或散装,在 0℃条件下进入市场出售。该童子鸡粉料可作为汤料。

1512. 叫化子鸡的制作

申请号:90108495　　公告号:1060585　　申请日:1990.10.05

申请人:杭州市食品工业研究所

通信地址:(310002)浙江省杭州市中山中路 117 号

发明人:张欣华

法律状态:实　审　　法律变更事项:视撤日:1996.03.27

文摘:本发明是一种叫化子鸡的制作。叫化子鸡的制作方法是:将宰杀好的肉用鸡进行浸渍处理,经填料、包扎,用微波加热装置进行煨烤。本制法克服了传统叫化子鸡煨烤工艺利用热辐射及传导的方式所造成的加工时间长、受热不匀的缺点。本发明采用微波快速煨烤制作工艺,配以鸡体浸渍处理,使得内外一致均匀受热,由原来需加热 4～5 小时改进为仅需 10 分钟左右即可完成整个熟制过程,既快速省时,且原汁原味,使鸡肉更为香浓、鲜嫩,保持和发扬了传统风味。

1513. 礼品纸包鸡制作方法

申请号:90108929　　公告号:1052028　　申请日:1990.11.12

申请人:田光启

通信地址:(300070)天津市和平区气象台路新河里 38 号 202

发明人:田光启

法律状态:授　权　　法律变更事项:视为放弃日:1995.12.27

文摘:本发明是一种风味食品天津礼品纸包鸡制作方法。这种礼品纸包禽类制作方法,除了包括选禽、宰杀、清整等一般处理外,它是由腌制、炖、蒸、涂汁包扎、油炸几道工序组成。上述的腌制工序为首先在大容器内配好含料酒、姜、葱、精盐及高汤适量的腌汤,将禽只没人,常温腌 5 小时以上;上述炖的工序即将腌好的禽只及原汤加温至汤沸后改文火,时间为 5 小时;上述的蒸工序即将炖过的禽只滗去汤水,且除去葱、姜,后上笼蒸 1 小时;上述的涂汁包扎工序为将蒸过的禽只外表涂上一层黄油再涂上调味浆汁,用透明油纸包扎好,最后为油炸工序,控制油温炸至上色即成。

本制作方法综合了中国传统风味及西餐纸包菜肴的优点和特点。其优越性在于:①形式新颖,纸包透明直观、色泽鲜亮;②鸡肉入味鲜美,肉质酥烂;③保温保洁,可作礼品携带;④由于炸鸡时,油与鸡隔离,所以避免了致癌物质的产生,在食品卫生方面较传统制作大有进步。

1514. 一种关东香鸡的制作方法

申请号:91106013　　　公告号:1056044　　　申请日:1991.01.23

申请人:黄振凯

通信地址:(110023)辽宁省沈阳市铁西区齐贤街四段 8 里 10 号

发明人:黄振凯

法律状态:实 审　　法律变更事项:视撤日:1994.02.02

文摘:本发明是一种关东香鸡的制作方法。关东香鸡的制作方法是:①在宰杀前 5~10 天内用食用香料溶液喂活鸡,然后进行宰杀、煺毛、开膛、清洗、造型;②造型后浸入熬制好的香汤中 2 小时,取出蘸涂蜂蜜后进行烹炸;③将烹炸后的鸡放入具有一定量熏料的熏炉中熏制20~25 分钟;④将熏鸡放入老汤中封闭锅后加热,在微压下煮沸20~25 分钟,开启锅盖分两次补加调味配料,分别恒温煮制 40 分钟和 30分钟后,将鸡取出;⑤煮制后的鸡放入封闭的温度在 5~25℃浸汤中,在 70.9 千帕压力下浸泡 100~120 分钟,取出即为成品香鸡。采用本发明所制作的香鸡具有色泽鲜艳、表里味道一致、滑嫩爽口、多味醇香、肉熟脱骨等特点。

1515. 营养香鸡的生产方法

申请号:91106022　　　公告号:1052596　　　申请日:1991.01.25

申请人:黄振泽

通信地址：（110031）辽宁省沈阳市皇姑区长江街二段3里2号

发明人：黄振泽

法律状态：授　权

文摘：本发明为一种食品的加工方法，特别是一种高蛋白、低脂肪营养香鸡的制备工艺。这种营养香鸡的生产工艺是：选用同期饲养的纯种幼龄肉食鸡，精心宰屠，制成净膛鸡，作型后采用透味工艺和分期投入调料工艺，制成营养香鸡。其具体作法是：①将净膛鸡作型后，用刀背拍松鸡胸脯、大腿厚肉之处，浸入调料为蜂蜜、牛奶、水的混合液中；②浸液后晾干放入160～170℃油温的豆油中烹炸，炸后再次用钉钯在拍松的鸡胸脯、大腿厚肉之处打孔；③再将打孔处理的鸡背朝上浸入佐料汤中旺火烧滚45分钟，然后小火煮65分钟；④将鸡取出，佐料汤装入特制的卤桶中，当温度为60～70℃时，加入佐料配成营养液，再次放入鸡，焖卤4～6小时；⑤焖卤后晾干，摘除鸡尾腔上囊，即为成品。该生产工艺在营养专家的指导下，经反复研究，采用卫生部门许可进入食品的中药材，经科学配方而成。制成的香鸡味道可口，浓淡相宜，表里如一，可明显增加香鸡的营养成分。

1516. 葱油鸡肉条的加工方法

申请号：91106440　　公告号：1058703　　申请日：1991.06.05

申请人：山东省临沂市肉类制品厂

通信地址：（276012）山东省临沂市肉类制品厂（临沂市解放路西段）

发明人：董勤学、范士国、金学民、王敬贤、王献君

法律状态：公开/公告　　法律变更事项：视撤日：1995.02.15

文摘：这是一种葱油鸡肉条的加工方法。葱油鸡肉条的加工方法是：以鸡胸肉为主料，以葱白、精盐、白砂糖、酒、味精、胡椒等调味品为辅料。其加工工艺过程为：①选料及原料整理；②预煮；③撕条；④煮制；⑤调料腌制；⑥膨化；⑦烘烤；⑧包装。本发明技术工艺简单，设备投资少，为人们提供了一种高档的鸡肉食品品种。

1517. 八珍烤鸡的制备方法

申请号：92100054　　　公告号：1062452　　　申请日：1992.01.11

申请人：赵全区

通信地址：(100733) 北京市朝阳区金台西路 2 号

发明人：赵全区

法律状态：公开/公告　　　法律变更事项：视撤日：1995.04.26

文摘：本发明是一种八珍烤鸡的制备方法。烤鸡的制备方法是：①选料是采用新鲜肉鸡而不用冻鸡；②在浸泡过程中配入红参、黄芪、灵芝、枸杞子、天麻、丁香、砂仁、肉豆蔻；佐料是茴香、花椒、桂皮、生姜、陈皮、黄酒；③填料是放入香菇、生姜和涂敷食盐及味精；④整型时用温开水和蜂蜜水冲洗；⑤在烘烤时的温度为 260～300℃，烘烤后不擦香油或色素，即可制出具有滋补保健、色香味齐备的八珍烤鸡。这种鸡与传统的不加八味中药的烧鸡或扒鸡的风味大不相同。

1518. 芪鸡美味营养粉加工方法

申请号：92105669　　　公告号：1070554　　　申请日：1992.07.08

申请人：钟显亮

通信地址：(123000) 辽宁省阜新矿业学院

发明人：冯菊坤、钟显华、钟显亮、钟　音

法律状态：公开/公告　　　法律变更事项：视撤日：1995.08.23

文摘：本发明是一种芪鸡美味营养粉加工方法，即把全鸡深加工成粉剂。芪鸡美味营养粉粉剂中包含鸡的全部有益成分、补气中药黄芪和调料。它营养全面、美味可口，具补气益中功效；可冲泡即食和作为糕点、饮食料的原料或添加调味品，是家庭常备、老幼咸宜的保健食品。

1519. 即食佐餐鸡粉的加工工艺

申请号：92107268　　　公告号：1074346　　　申请日：1992.01.13

申请人：江苏省食品发酵研究所

通信地址：(210024) 江苏省南京市北京西路 72 号

发明人：尹　捷

法律状态：公开/公告　　法律变更事项：视撤日：1995.05.03

文摘：本发明是一种即食佐餐鸡粉的加工工艺。该加工工艺是采用去毛、去内脏后的童子鸡或加入部分鸡蛋壳为原料，通过磨糊、喷雾干燥制成。它是将去毛、去内脏后的童子鸡（包括鸡骨和鸡肉）在$100\sim120℃$条件下，加入去腥调料去腥，再将童子鸡绞碎、机械细化，在$50\sim80℃$条件下，加入添加剂、喷雾干燥，再加入调味调料，使童子鸡粉熟化成酥状颗粒。

1520. 一种快餐炸鸡及其加工方法

申请号：92108637　　　公告号：1087239　　　申请日：1992.11.18

申请人：上海梅林食品(集团)公司

通信地址：(200002)上海市四川中路33号

发明人：黄玉兴、唐正中

法律状态：公开/公告　　法律变更事项：视撤日：1996.03.06

文摘：本发明是一种快餐炸鸡及其加工方法。它是由分割成块状的鸡经加工而成。其加工方法为：根据配方制备好腌制液，加入分割成块状的原料鸡，经机械混合及抛肉后，在低温下经延时腌制再拌粉最后经高温加压油炸。本品外层呈金黄色，皮层香脆，内层肉质鲜嫩，内外层风味一致。

1521. 板鸡制作方法

申请号：92108674　　　公告号：1070807　　　申请日：1992.07.21

申请人：景德镇市种禽场

通信地址：(333000)江西省景德镇市丁家洲

发明人：刘浩元、詹周荣

法律状态：授　权　　法律变更事项：因费用终止日：1997.09.10

文摘：本发明是一种板鸡的制作工艺，属于食品腌制方法。板鸡及其制作工艺尚属空白。本发明采用特制的卤料加盐后进行腌制鸡，且经过反复4次缸腌和整型工艺，获得一种制作风味独特，低脂肪、高蛋白、健脾开胃的新颖食品工艺方案。其中卤料采用了17种香料加水煮沸30分钟再加酒、盐、糖，再用卤料进行第一次腌制，起卸后进行晾晒又反复3次回缸压榨整型完成。本工艺独特，制作严格，但以此制成的板鸡风味独特，食后令人回味无穷，而且携带食用卫生方便，市场前景深远。

1522. 一种坛子焖鸡的加工方法

申请号：92109382　　　公告号：1082839　　　申请日：1992.08.18
申请人：刘广庆
通信地址：（453000）河南省新乡市卫河公园东门口
发明人：刘广庆

法律状态：公开/公告　　　法律变更事项：视撤日：1997.07.16
文摘：本发明是一种坛子焖鸡的加工方法。坛子焖鸡的加工方法包括、杀鸡、去毛、去内脏、洗净、沥水、油炸等过程。其特点是：油炸后的鸡，加入保健中草药、天然植物调料和盐入坛焖制。其药料配比按每千克鸡重（洗净并沥水后），药用量如下：人参1～2克，五味子0.6～0.8克，沉香0.1～0.5克，枸杞子1～2克，砂仁1～1.2克，杜仲2～3克，白芷0.1～0.5克，柴胡0.1～0.5克，荆芥0.1～0.5克，益母草0.5～1克，香薷0.5～1克，益智仁3～4克，木香1～1.5克，山柰1～2克，辛夷1～2克，青皮1～2克，大麦芽1～2克，神曲3～4克，党参0.5～1克，熟地1～2克，川芎1～2克，白枝4～5克，肉蔻3～4克，草蔻2～3克，荜拨3～4克；以下5种可选择加入：菜兰0.5～1克，佩兰0.4～0.5克，香叶0.1～0.5克，安息香3～4克，几里香0.5～1克；天然植物调料用量：花椒0.8～1克，丁香2～2.5克，良姜3～5克，桂皮1～3克，八角0.8～1克，陈皮3～5克，山楂1～2克，干姜1～2克，桂子1～1.5克，小茴香1～2克；无机料：食盐10～20克。先将药料及天然植物调料除桂皮外混合，装入纱布口袋内，将袋放在坛子内下部的蒸屉上，然后把鸡码在纱袋上的坛内，桂皮放在鸡层间即可，加入水或原汤，以埋住鸡为准，然后大火将其烧开，加入盐，随之用文火焖制1～4小时，即可出坛。用上述方法加工的坛子焖鸡，色鲜味美，香酥离骨，风味独特。食之开胃活血,身心倍爽,有滋肾壮阳、益气补虚、强身健体之功效。

1523. 力士鸡软包装罐头的加工方法

申请号:92111119　　公告号:1085054　　申请日:1992.10.05

申请人:柴成存

通信地址:(043300)山西省河津县峻岭村

发明人:柴成存

法律状态:公开/公告　　法律变更事项:视撤日:1996.08.14

文摘:本发明是一种包括整形,腌渍,油炸,杀菌,速冻等工序的力士鸡软包装罐头的加工方法。力士鸡软包装罐头的加工方法是:腌渍时,香料混合盐用量为鸡肉重量的 1%～2%,腌渍时间为 12 小时,温度为 0～5℃;腌渍后进行第一次油炸,油温 140～160℃,时间 4～8 分钟,油炸后沥油冷却,在鸡肉里外涂 1 层增筋糊料,用料量为油炸后鸡肉重量的 10%～15%;然后进行第二次油炸,油温 140～170℃,时间 3～5 分钟;装袋后进行高温杀菌,温度 121℃,时间 10～15 分钟;杀菌后在 5～10℃下速冻,使产品中心温度达到 0℃为止。采用上述方法获得的产品,具有肉紧而筋道、耐嚼而不坚韧、脱骨而不软烂,外观色泽棕白透亮,香味浓郁,咸淡适口。

1524. 铝箔真空包装葫芦鸡

申请号:93105892　　公告号:1095905　　申请日:1993.05.31

申请人:尚建军

通信地址:(710005)陕西省西安市南坊巷 2 号楼 4 单元 8 号

发明人:雷鹏斌、尚建军、文　俊

法律状态:实　审　　法律变更事项:视撤日:1998.05.20

文摘:本发明是一种铝箔真空包装葫芦鸡。主料是活鸡与 20 多种配料加工而成。制作铝箔真空包装葫芦鸡的配方和加工过程是:①其备料按下列重量比配料:主料白条鸡 45 000～55 000,调料冰糖 450～550,加饭酒 450～550,食盐 700～800,草果 20～25,老抽王 1 450～

1 550,花椒 45～55,丁香 8～12,砂仁 23～28,蔻仁 18～22,白芷 8～12,良姜 20～30,桂皮 20～30,山楂 8～12,大茴香 45～55,小茴香 13～17,豆蔻 8～12,五味子 8～12,山奈 18～22,草鞭 18～22,沙姜 8～12,干姜 45～55,清油 14 500～15 500,高汤 29 500～30 500,葱 190～210。

②制作铝箔真空包装葫芦鸡的生产工艺过程是:第一,卤汁的配制:按上述重量比将高汤加入容器内再加食盐、冰糖、加饭酒、老抽王,其他香料装袋投入葱段加入容器中,上火加热,烧开备用;第二,半成品的加工:将毛鸡宰杀去毛及内脏,洗净去爪,放沸水中初熟,捞出漂凉,放入卤汁中上笼旺火蒸制,捞出放入八成热油锅内炸至金黄色捞出;第三,将盐与花椒炒后装防潮小袋封口;第四,成品鸡加工:将炸好的鸡及椒盐袋放入铝箔袋中用真空包装机抽真空并充入惰性气体、封口。本制品以卤汁的配制,椒盐袋的封口使该鸡可较长时间在袋内封存,不变质,吃时仍是色泽金黄,皮酥肉嫩。

1525. 参茸杞砂锅鸡的制作方法

申请号:93106310   公告号:1088061   申请日:1993.05.30

申请人:杨兰学

通信地址:(056001)河北省邯郸市自动化仪表厂单身楼

发明人:杨兰学

法律状态:公开/公告   法律变更事项:视撤日:1997.07.23

文摘:一种参茸杞砂锅鸡的制作方法。制作参茸杞砂锅鸡的方法如下:选用无病的活鸡,经宰杀、煺毛、开膛、清洗、造型,其特色在于,以成型白条鸡与老汤 2:1 的重量比,先将砂锅中配入定量汤料的老汤烧沸,然后置入白条鸡,随即用急火加热至沸腾,后改为文火加热,卤制 3～4 小时出锅,成品包装出售。它的特点是采用特制砂锅和科学配制的老汤及汤料。砂锅鸡风味独特,颜色金黄,味美而纯正,爽口不腻,回味悠长。本制品不仅可日常食用,还有治病、健身、增寿之功效。

1526. 参珍扒鸡

申请号:93106581   公告号:1082353   申请日:1993.06.05

申请人：张旭东

通信地址：(125105)辽宁省兴城县四家屯乡四家村兴城市旅游区食品罐头厂

发明人：张旭东

法律状态：公开/公告

文摘：本发明是一种参珍扒鸡。制作参珍扒鸡的原料包括：鸡块、人参、香菇、调料、植物油、水；其原料配比以鸡块为准：鸡块 600～700 重量份，人参 1 800～2 200 重量份，香菇 2 800～3 200 重量份，调料 8 640～9 040 重量份，植物油 50 000～100 000 重量份，水 6 000～7 500 重量份。按照本发明所生产的参珍扒鸡由于原料中加入了人参等中药补品，所以对人体有保健作用，它还适于各中、小鸡类加工生产。

1527. 鸡肉脯及其制作方法

申请号：93111791   公告号：1102309   申请日：1993.11.05

申请人：靖江县四美食品厂

通信地址：(214535)江苏省靖江市红光镇

发明人：卢金秋、孙金春、夏金龙、肖金何

法律状态：实　审　　法律变更事项：视撤日：1998.01.14

文摘：本发明是一种鸡肉脯及其制作方法。制作鸡肉脯的方法是：把 70％～78％的鸡脯肉切片后先加入少量的酒、醋、白大川去腥；再加入 11％～19％的糖，2％～3％的盐，2％～7％的组织蛋白，2％～5％的麻油和少量的咖喱粉、味精，进行搅拌，使佐料入味；然后把鸡肉片进行成型、采用烘房烘干，再用远红外烤熟机进行烤熟。烘干的温度最好控制在 60～70℃，时间为 5～6 小时，烤熟温度最好控制在 180～200℃，时间为 1～2 分钟。

1528. 飞龙鸡的配方和制作方法

申请号：93112611   公告号：1104870   申请日：1993.11.18

申请人：夏宝荣

通信地址：(200080)上海市虹口区四川北路 1545 弄 31 号

发明人：夏宝荣

法律状态：实　审　　法律变更事项：驳回日：1998.04.22

文摘：本发明是一种保健食品鸡——飞龙鸡的配方和制作方法。飞龙鸡的配方和制作方法是：100千克肉用鸡配中药为：鹿茸6克、淮山药20克、砂仁20克、茴香50克、白芷15克、甘草20克、西洋参50克、枸杞子50克、丁香20克、桂枝15克、山楂50克和陈皮30克；再将鸡和中药一起放入盛有水的大锅中加入料酒、姜和2 000克蛤蜊原汁，旺火0.5小时烧开，文火煮1.5小时取出，一个个吊起放入烤箱中烤，不少于5分钟，然后将烤后的鸡放入准备好的卤汁中浸，不少于2分钟，即成飞龙鸡。

1529. 九制蜜酿鸡及其加工方法

申请号：93118061　　公告号：1101516　　申请日：1993.10.12

申请人：魏连春

通信地址：（102600）北京市大兴县卫生局中医门诊部

发明人：魏连春

法律状态：公开/公告　　法律变更事项：视撤日：1997.02.12

文摘：本发明是一种九制蜜酿鸡。这种九制蜜酿鸡选用下列药物制备而成。每千克鸡用药量为：人参1.5～2克，五味子1.5～2克，黄芪1.5～2克，白术2.5～3克，山药4.5～5克，蜂蜜60～70克。本发明集药物功效和食品美味为一身。食用本发明制作的鸡肉，既有营养价值，又有药物的健身强体、延年益寿的功效。

1530. 一种火烧泥香鸡的制作方法

申请号：94100920　　公告号：1105830　　申请日：1994.01.29

申请人：刘忠山

通信地址：（158200）黑龙江省鸡东县银丰乡红胜村2组

发明人：刘忠山

法律状态：公开/公告　　法律变更事项：视撤日：1997.07.16

文摘：本发明是一种新奇特的"火烧泥香鸡"的制作方法。这种"火烧泥香鸡"是由土、鸡、薯组成的,在制作前对土、鸡、薯进行预处理。选用优质黄土或白浆土,再选用生长期在 42~56 天之内的肉鸡,然后再选用优质新鲜的甘薯或马铃薯。包括把 5 种中药(山楂、陈皮、豆蔻、公丁、食盐)加水所煎取的芳香药液加入适量的开水与土搅拌均匀为芳香泥。先把鸡宰杀、煺毛、开膛、清洗,在鸡大腿和小腿关节部分一分为二,除去小腿,修理整齐,用布擦去其表面的水分放入容器里,撒上特制的"东北味鸡调味粉"掺和搅拌均匀,在 0~10℃条件下腌制 8~10 小时取出,再将甘薯或马铃薯放入腌好的鸡腹里,封口、裹泥、烧烤而成。

1531. 一种保健熏鸡

申请号:94108703　　公告号:1114871　　申请日:1994.07.14

申请人:周立柱、刘海宁

通信地址:(150086)黑龙江省哈尔滨市南岗区保健路 227 号

发明人:周立柱、刘海宁

法律状态:实　审　　法律变更事项:视撤日:1997.11.12

文摘:本发明是一种保健熏鸡。它的制作方法是:其配料为人参、大枣、鲜冬菇、枸杞子、银耳。取人参 5~25 克、大枣 2~4 克、鲜冬菇 12 克、枸杞子 5 克、银耳 15 克,选当年的健壮的活公鸡进行预处理,即宰杀、煺毛、开膛、清洗和成型;将上述配料加清水 2 500 毫升,加白糖 100 克,将准备好的鸡放入其中,上火焖煮 20 分钟后,将鸡取出沥干水分再熏约 3~5 分钟,即为具有滋补保健又有独特风味的熏鸡。

1532. 熏鸡架的制备工艺

申请号:94110274　　公告号:1113714　　申请日:1994.05.21

申请人:刘　雅

通信地址:(110013)辽宁省沈阳市沈河区北三经街 5 号

发明人:刘克海、刘　雅

法律状态:公开/公告

文摘:本发明是一种熏鸡架的熏制工艺方法。其制备工艺是:①将洗净的鸡架放入锅内加佐料,同时置放由肉桂、白蔻、大茴香、陈皮、砂仁、肉蔻、小茴香、红蔻、草果、草蔻等中草药构成的香料,水煮 38～42 分钟起锅,经 2～3 分钟的熏制而成;②由中草药配制的香料用量是:肉桂 15～25 份、白蔻 8～15 份、大茴香 15～25 份、陈皮 15～25 份、砂仁 8～13 份、肉蔻 15～23 份、小茴香 36～44 份、红蔻 14～24 份、草果 7～14 份、草蔻 11～18 份。采用本发明的工艺方法熏制的鸡架,不但甘爽适口,香味醇厚,而且色泽纯正,营养丰富,老少皆宜,回味无穷。其熏制工艺简单易行,便于普及推广。

1533. 一种香鸡食品及其制作方法

申请号:94116919   公告号:1120405   申请日:1994.10.14

申请人:仲　路、白眉良、王景春

通信地址:(450002)河南省郑州市经七路 33 号院 2 号楼 7 号

发明人:仲　路、白眉良、王景春、武　验、刘晓宾

法律状态:实　审

文摘:本发明是一种香鸡食品及其制作方法。制作香鸡食品的方法是:将白条鸡上色、油炸,在佐料中煮制。白条鸡经蜂蜜上色,在油温 150～160℃ 植物油中翻炸;然后每 50 千克鸡放入含有良姜 85～105 克,肉桂 85～105 克,月桂 20～35 克,八角 30～45 克,山奈 5～15 克,砂仁 15～25 克,豆蔻 10～25 克,草果 20～35 克,白芷 75～90 克,陈皮 30～45 克,丁香 5～15 克,食盐 2 800～3 100 克佐料水中煮制而成。该香鸡肉质酥烂,色香味具佳,风味独特。

1534. 一种坛子烧焖鸡的配方与制作方法

申请号:95101661   公告号:1129079   申请日:1995.02.17

申请人:魏永超

通信地址:(455000)河南省安阳市政府大院安阳四方公司

发明人:魏永超

法律状态:公开/公告

文摘:本发明是一种坛子烧焖鸡的配方与制作工艺。其配方包括:鸡、八角、白芷、花椒、砂仁、肉桂、干姜、陈皮、杞果、大枣、熟盐、老汤等;

其制作方法为:选料→宰杀→开膛→冲洗→油炸→下佐料→焖煮→成品。制作坛子烧焖鸡的配方如下:按100只鸡,每只1000~1500克,配以下佐料:八角120克,白芷200克,花椒40克,砂仁40克,肉桂100克,苹果75克,良姜200克,小茴香100克,丁香30克,豆蔻50克,干姜150克,白蔻40克,荜拨70克,桂枝30克,桂皮150克,甘草30克,陈皮150克,山柰200克,党参50克,广木香20克,辛夷花40克,杞果70克,黑豆100克,大枣100克,灵香草35克,熟盐2 000克,白稀700克,老汤10 000克。

1535. 一种药膳食疗凤补鸡及制作方法

申请号:95101868　　公告号:1111107　　申请日:1995.02.28

申请人:常更新

通信地址:(466200)河南省项城市官会镇路营行政村

发明人:常更新

法律状态:公开/公告

文摘:本发明是一种药膳食疗凤补鸡及制作方法。制作药膳食疗凤补鸡是由鸡、盐、人参、鹿茸、枸杞子、海龙、桂圆、枳壳、冬虫草、草蔻、锁阳、田大云、肉蔻、辛夷花、板蓝根、黄芪、白术、麦冬、党参、广木香、薄荷、艾叶、藿香、白蔻、砂仁、白菊、青果、丁香、荜拨、良姜、桂皮、草果、陈皮、小茴香、甘草、胡椒、白芷、山柰、桂花、大茴香、白芍、骨苏、花椒、桂枝、葱籽和水等成分组成。它的成分(重量)范围为:鸡30%~50%,盐2%~2.5%,人参0.02%~0.05%,鹿茸0.01%~0.05%,枸杞子0.02%~0.06%,海龙0.02%~0.05%,桂圆0.02%~0.06%,枳壳0.02%~0.06%,冬虫草0.01%~0.05%,草蔻0.01%~0.05%,锁阳0.02%~0.05%,田大云0.01%~0.05%,肉蔻0.02%~0.06%,辛夷花0.02%~0.06%,板蓝根0.01%~0.05%,黄芪0.01%~0.05%,白术0.01%~0.05%,麦冬0.02%~0.06%,党参0.03%~0.06%,广木香0.01%~0.05%,薄荷0.01%~0.05%,艾叶0.01%~0.0%,藿香0.01%~0.05%,白蔻0.02%~0.06%,砂仁0.01%~0.05%,白菊0.02%~0.06%,青果0.02%~0.06%,丁香0.01%~0.05%,荜拨

0.01%～0.05%,良姜 0.03%～0.07%,桂皮 0.02%～0.07%,草果 0.02%～0.07%,陈皮 0.04%～0.07%,小茴香 0.02%～0.07%,甘草 0.02%～0.06%,胡椒 0.01%～0.05%,白芷 0.01%～0.06%,山奈 0.03%～0.06%,桂花 0.02%～0.07%,大茴香 0.03%～0.07%,白芍 0.03%～0.07%,骨苏 0.03%～0.07%,花椒 0.03%～0.07%,桂枝 0.02%～0.06%,葱籽 0.02%～0.06%,水 30%～50%。该凤补鸡是药膳的一种,是食用兼治疗的新型食品。它是由 43 种名贵中药材合配煎制而成,其鸡既具原有的肉香味道,又浸润着名贵中药的芳香。所以该鸡味道芳香爽口,酥松质软,不仅可供正常人食用,尤其是能对多种疾病、虚损体弱者进行食疗滋补。

1536. 美容神鸡

申请号:95102366　　　公告号:1133687　　　申请日:1995.03.22

申请人:李加宝

通信地址:(235000)安徽省淮北市淮海路 42 号市科委部永转

发明人:李加宝、周　琦、唐朝晖、张宾、赵忠全、支翠侠

法律状态:公开/公告

文摘:本发明是一种采用传统烧鸡加工工艺加工而成的美容神鸡。美容神鸡的加工制作方法是在烧鸡加工过程中腹内置有中药药袋,其中药药袋内包括下列药物:玉竹、白芨、辛夷、冬瓜子、藁本、白僵蚕、蜂蜜、黑豆芽、党参、杜仲、百合、桂圆。本制品是根据药食同源理论加工而成,本发明美容神鸡既具有烧鸡传统的可口性,又兼具治疗黑点、消除面部皱纹、保持皮肤丰满等美容养颜的功效。

1537. 一种药膳虫草鸡的加工方法

申请号:95105328　　　公告号:1116061　　　申请日:1995.05.24

申请人:李　江

通信地址:(100085)北京市海淀区清河东滨河路兴华公司

发明人:李　江

法律状态:公开/公告

文摘：本发明是属于一种药膳虫草鸡的加工方法。药膳虫草鸡的加工方法是以一种药食两用真菌蛹虫草代替名贵真菌类中药冬虫夏草和各类鸡配伍加工而成的药膳虫草鸡。其特点是用蛹虫草全草或子座和各类鸡配伍加工而成的药膳蛹虫草鸡。由于冬虫夏草价格高，蛹虫草可人工培育，成本低，而有效成分则和冬虫夏草相近，用蛹虫草加工虫草鸡是代替冬虫夏草鸡的有效途径。并且疗效广谱，色、香、味俱佳，冷餐热食均可，更可加工制罐，批量生产。

1538. 鸡肉火腿肠

申请号：95112066　　　公告号：1147912　　　申请日：1995. 10. 18

申请人：梅宏志

通信地址：(110041) 辽宁省沈阳市大东区北大营街 6 号

发明人：梅宏志

法律状态：公开/公告

文摘：本发明是一种以鸡肉为主要原料制成的火腿肠。制作鸡肉火腿肠所采用的配料为鲜鸡肉 50～60 份，淀粉 20～30 份，混合粉 1.2～2 份，食盐 1.2～2 份，红曲粉 0.3～0.4 份，味精 0.25～0.3 份，白胡椒粉 0.1～0.15 份，橘皮粉 0.1～0.15 份，八角粉 0.1～0.15 份，小茴香粉 0.04～0.05 份。本发明与常见的猪肉肠相比，口味鲜嫩可口，营养丰富，其脂肪的含量低，蛋白质的含量高，比较适合于高血压患者及肥胖者食用，很受人们的欢迎。

1539. 一种坛子鸡的加工方法及其加工设备

申请号：95119513　　　公告号：1151841　　　申请日：1995. 12. 14

申请人：刘宪慧、张君梅

通信地址：(100025) 北京市朝阳区慈云寺中学

发明人：刘宪慧

法律状态：公开/公告

文摘：本发明是一种坛子鸡的加工方法及其加工设备。这种鸡色泽红润、香味浓郁、风味独特，并具有补气益肾、强身健体的药用功能。加工坛子鸡的调料的组分配方如下:花椒 30～70 克,桂皮 20～40 克,大茴香 50～80 克,小茴香 20～50 克,当归 5～8 克,党参 2～5 克,枸杞子 5～12 克,肉蔻 40～60 克,砂仁 40～60 克,草果 35～65 克,丁香 25～35 克,黄芪 10～20 克,盐 500～700 克。坛子鸡的制备过程是:将鸡净膛洗净,裹以蜂蜜水过油上色,放入坛内,坛内加入多味调料及名贵中草药。坛中放入水,水位控制在没过鸡即可,将坛子内的加热管通电使坛子加温至 100℃,坛内的汤煮沸状态保持 0.5 小时将其断电,保温 1.5 小时并维持 95℃以上温度,恒温 5～8 小时并维持在 90℃以上温度,待自然冷却后将鸡捞出即为制品。上述的加工设备是在坛底留一凹孔,凹孔底部固定并盘放有电热管,坛口有密封保温盖,坛子外有 1 层保温外套,外套与坛子间的夹层内充有保温材料层。

1540. 利用肉鸡腔体制作的保健食品及其制作方法

申请号:96100788　　公告号:1156000　　申请日:1996.02.01

申请人:刘福昌、彭振远

通信地址:(113006)辽宁省抚顺市宁远街 26 号 2-301 室

发明人:刘福昌、彭振远

法律状态:公开/公告

文摘:本发明是一种利用鸡腔体制作的保健食品及其制作方法。其制作方法包括原料清洗、块料轧切、斩拌、灌装、灭菌、检验和包装等步骤。制作肉鸡腔体的主要配料包括鸡腔体 65～75 千克,2 号猪肉 15～25 千克,肉皮 8～12 千克,海带 4～6 千克,香菇 0.8～1.2 千克,糖 0.8～1.2 千克,淀粉 8～12 千克,水 10～20 千克,调味料 4.0～4.2 千克,中药 1.0～1.2 千克;其中所述的中药包括甘草 0.5～0.7 千克,枸杞子 0.46～0.5 千克。本发明的保健食品不仅充分利用了鸡腔体中所含的丰富的营养成分,而且具有一定的药理功能,特别适合于作为儿童及老年人的营养食品,并且提高了肉鸡的综合加工利用价值。

1541. 五香透骨扒鸡

申请号:96115694　　公告号:1159893　　申请日:1996.03.19

申请人：曹元喜

通信地址：(255038)山东省淄博市张店共青团东路 31 号甲 1 号

发明人：曹元喜

法律状态：公开/公告

文摘：本发明是一种五香透骨扒鸡。它的加工方法包括整鸡、配料、佐料、食盐、水及植物油；尤其采用鲜活童子鸡，加入配料砂仁、丁香、肉桂、玉果、松子、陈皮和佐料、食盐、植物油经造型、油炸、加温焖煮加工而制成。由于改变了传统扒鸡的配方，加入了许多名贵的中药材，所以本发明具有色泽鲜艳、香酥可口、开脾健胃、强筋壮骨、食之不腻、生津养血、保存期长的优点。

1542. 明参鸡罐头及生产方法

申请号：96117501　　　公告号：1160504　　　申请日：1996.03.22

申请人：国营富顺县食品厂

通信地址：(643208)四川省富顺县牛佛镇

发明人：罗蜀岗、卢文喜、张运辉、朱贻平、阮开富

法律状态：公开/公告

文摘：本发明是属于一种药膳类肉食品——明参鸡罐头及生产方法。制作明参鸡罐头，包括罐体及装于罐体内的块状鸡肉；在罐体内还装有明参、芡实、苡仁、莲米、当归、枸杞子、银耳、调味品和汤汁。该罐头根据中医理论，采用块状鸡肉与明参、苡仁、当归等多种滋补性中药密闭混合烹制而成。此明参鸡罐头既保持了传统药膳的风味、特色，对人体具有养阴、补气、补血养血、补肾、除湿健脾，促进人体新陈代谢，增强免疫功能的作用，又具有食用方便、保存期长等特点。它克服了传统药膳即烹即食、制作费时且又会造成易挥发的有效成分在制作过程中随蒸汽散失，影响滋补功效及保存困难等弊病。

1543. 明参全鸡罐头及生产方法

申请号：96117502　　　公告号：1160505　　　申请日：1996.03.22

申请人：国营富顺县食品厂

通信地址：（643208）四川省富顺县牛佛镇

发明人：罗蜀岗、卢文喜、张运辉、朱贻平、阮开富

法律状态：公开/公告

文摘：本发明是属于一种药膳类肉食品罐头及生产方法。加工明参全鸡罐头，包括罐体和装于罐体内的整体鸡，其特色在于罐体内还装有明参、芡实、苡仁、莲米、当归、银耳、枸杞子、调味品及汤汁。该罐头根据中医理论，采用整体肉鸡或乌骨鸡与明参、苡仁、当归等多种滋补性中药密闭混合烹制而成。这种明参全鸡罐头既保持了传统药膳的风味、特色，对人体具有养阴、补气、养血、补血、补肾、除湿健脾，促进人体新陈代谢，增强免疫功能；又具有易于保存、食用方便等特点，克服了传统药膳即烹即食、制作费时又易造成部分有效成分在制作过程中挥发损失，影响滋补功效，以及保存困难等弊病。

1544. 乌鸡营养晶及其制作方法

申请号：93103755　　公告号：1094245　　申请日：1993.04.19

申请人：刘文智

通信地址：（710300）陕西省户县县委研究室

发明人：刘文智

法律状态：公开/公告

文摘：本发明是一种乌鸡营养晶及其制作方法。本制品以乌骨鸡和元肉、枸杞子、莲子等可食性中药为主要成分，经过煎煮、过滤、浓缩及造粒等工艺制成。该乌鸡营养晶的原料构成为：取 800～1 200 克宰杀好的乌骨鸡 1 只，再辅以可食性中药元肉 25～40 克，枸杞子 25～40 克，茯苓 15～25 克，酸枣仁 15～30 克，莲子 25～40 克，山药 40～60 克，薏苡仁 25～40 克，大枣 20～50 克，甘草 10～20 克。本食品富有人体所需的多种氨基酸、维生素和微量元素，能滋补肝肾，益气养血，开胃健脾，调经固精，养阴清热。对体虚乏力、四肢困倦、营养不良、性欲减退及妇科诸病具有特殊滋补保健效果，是一种将乌骨鸡和中药经过深加工的理想营养滋补保健佳品。

1545. 虫草乌鸡精的生产方法

申请号：93108025 公告号：1084710 申请日：1993.06.28
申请人：中德联合研究院
通信地址：(330047)江西省南昌市南京东路17号
发明人：魏　华、谢俊杰、杨荣鉴、张桂珍、佘世望
法律状态：实　审
文摘：本发明提供了一种虫草乌鸡精的生产方法。它是由虫草菌提取液、蜂蜜、黄酒和乌骨鸡汁混合制备而成。其重量百分配比为乌骨鸡汁(以1：1计)80％～90％,虫草提取液(以1：1计)5％～12％,蜂蜜1％～3％,黄酒3％～5％。其中虫草菌的提取先用乙醇提取,再用水提取;乌骨鸡汁的加工为鸡肉先用枯草杆菌中性蛋白酶在弱碱性条件下水解,再用曲霉肽酶在弱酸性条件下进一步水解成各个氨基酸。本发明与现有技术相比,具有如下优点:以乌骨鸡代替普通鸡,可提高营养滋补效果;乌鸡加工和虫草加工均采用新工艺,有效成分得率高。

1546. 增智乌鸡宝及其制备方法

申请号：94105728 公告号：1113710 申请日：1994.05.26
申请人：刘　环、傅建中、付　远
通信地址：(100101)北京市德外祁家豁子华严北里2号院4楼2-101
发明人：傅建中、付　远、刘　环
法律状态：公开/公告
文摘：本发明是一种增智乌鸡宝及其制备方法。选取药食用珍禽乌骨鸡等纯天然动植物食品为原料,其成分及其重量百分比是:乌骨鸡粉25％～45％,蛋粉25％～45％,麦胚粉15％～25％,调味品5％～8％,其中调味品为碘盐和花椒,碘盐与花椒的比例为1：4～5,尔后将以上原料比例混匀,经高温灭菌、灌装成胶囊而成。本产品实验证明,食后可减少疾病,保持健康,增益智力。

1547. 乌骨香鸡配方及制作工艺

申请号：94112468　　　公告号：1117364　　　申请日：1994.08.26
申请人：吉林省巨龙保健食品有限公司
通信地址：(130032)吉林省长春市二道河子区开封街83号
发明人：滕　达
法律状态：公开/公告　　法律变更事项：视撤日：1998.05.13

文摘：本发明是一种乌骨香鸡配方及制作工艺。乌骨香鸡配方及制作工艺是：将乌骨鸡屠宰净膛清洗→整形入锅→一次调味→二次调味→出锅冷却→检验包装等工艺过程。将上述屠宰的乌鸡净膛清洗，是指将主料乌鸡经宰杀、脱毛、去内脏成光体乌鸡，经多次清洗达到完全洁净状态；整形入锅，是指将洁净乌鸡肉形进行整形加工，使乌鸡左右翅膀第二关节脱臼并向背心方向翻转，再将鸡头向左或右搭放在乌鸡体后背上，使鸡嘴朝向鸡体的左侧或右侧，达到乌鸡整体侧卧式放入锅内(锅内水温度40℃左右)；一次调味，是指将加热器温度升高放入黄芪、当归、桑螵蛸、枸杞子、肉桂、砂仁、花椒、肉蔻、大茴香、生姜，加热30分钟后出锅冷却5分钟；二次调味，放入加热器内后再将白芷、陈皮、山药加入加热器内再继续加热5分钟，使乌鸡肉体熟度达到70%，停火焖5分钟打开加热器让鸡肉体自然降温至60℃时再加入香菇、老酱油、陈米醋进行第二次加热，加热时间在煮沸25分钟时打开加热器再放入丁香、藿香和味精再煮沸3分钟停火，焖2分钟，使乌鸡整体熟度达到80%，使用竹筷能顺利插入鸡体内各个部位，骨关节能顺利拉开为熟；出锅冷却，打开加热器，取出成熟乌鸡，单层放入容器内，同时刷上1层鸡精油；验等包装，经自然冷却5分钟后，乘热装入锡纸复合膜和装入各种保健配方汤料，在200℃温度下高压灭菌30分钟停火，打开灭菌器，趁热进行真空包装，经60分钟自然冷却，温度达到20～30℃，即为本乌骨香鸡。本制品的特点是在乌鸡屠宰清膛洗净入锅后加入多种中草药经冷却后包装，这种鸡还可配制多种汤料食用。本发明具有既可食用又能当药膳应用，对人体有保健及治疗作用。

1548. 酥骨乌鸡及其制作工艺

申请号：96102765　　公告号：1133688　　申请日：1996.03.28

申请人：北京秀丰肉类食品加工厂

通信地址：（101200）北京市平谷县滨河工业区

发明人：赵金成

法律状态：公开/公告

文摘：本发明是一种禽类制品——酥骨乌鸡及其制作工艺。酥骨乌鸡的制作及加工工艺是由乌鸡并配以调味中药煮熟成整熟鸡，即将乌鸡屠宰、清洗、整形入锅、调味、出锅冷却、高温灭菌及真空包装。其制作工艺为：①屠宰时将鸡窒息而死，使血留于鸡体内；②在味制前按雌、雄分类，以调料和调味中药对煮前鸡进行低温味制；③真空封装后进行高温高压处理，除灭菌外，使鸡骨疏松而达可与鸡肉同食；④操作间采用具有杀菌装置和恒湿装置，操作器皿在使用前后实行消毒。本发明的特点是屠宰时将鸡窒息而死，使血留于鸡体内，在熟制后进行高温高压处理，使鸡骨疏松而可与鸡肉同食，达到最大的药膳作用，免除现有技术鸡骨被弃的浪费。制作酥骨乌鸡时，根据雄、雌乌鸡各有不同疗效，在生产过程中即进行分类制作和包装，供不同需求者选择。本发明在熟制前进行中药味制，使中药充分入味。本食品在制作过程中实行严格的消毒，保证使用者的安全。

1549. 乌骨鸡罐头及其制作方法

申请号：96115611　　公告号：1136409　　申请日：1996.01.02

申请人：赵焕起、任现君

通信地址：（266300）山东省胶州市扬州路西段青岛日升能源设备开发公司

发明人：赵焕起、任现君

法律状态：公开/公告

文摘：本发明是一种乌骨鸡罐头及其制作方法。制作乌骨鸡罐头的方法是：首先进行动物皮胶预制，然后单罐配方、单罐加热。这种乌骨鸡罐头包括如下组分：乌骨鸡、甘草、枸杞子、动物皮胶、桂圆、红枣、山楂、栗子仁、调味品。乌骨鸡罐头的含量是：①整只乌骨鸡 600～800 克；②炙甘草 9～11 克；③枸杞子 9～11 克；④由黑驴皮、猪皮等量制成的浓度为 4％～6％的动物皮胶 600～800 克；⑤桂圆干 3～5 颗；⑥大红枣 5～7 颗；⑦山楂 5～7 颗；⑧栗子仁 3～5 颗；⑨调味品的重量占全罐头净重的 0.4％～0.6％。本乌骨鸡罐头味美无毒，能滋补身体、调血养颜护发。本发明的制作具有工艺流程短、过程控制简单、见效快、风险性小的优点。乌骨鸡罐头是保健食品中的佳品。

1550. 可溶性乌鸡调味胶袋、胶囊及其制作方法

申请号：96117225　　　公告号：1155994　　　申请日：1996.12.20

申请人：樊其书

通信地址：(236000) 安徽省阜阳市颍河东路 16 号

发明人：樊其书

法律状态：公开/公告

文摘：本发明为一种可溶性乌鸡调味胶袋、胶囊的制作方法。可溶性乌鸡调味胶袋、胶囊，是由乌鸡、葱、姜、水、优质食用明胶等组成。其组成比例为：乌鸡 15～20 份，葱 1～2 份，姜 0.5～1 份，水 30～35 份，优质食用明胶适量。本制品的胶袋与胶囊集滋补与包装为一体，不但可用于包装，而且还是可食用的营养补品。该产品的问世，彻底改变了陈旧的塑料袋包装的旧方式，开辟了食品行业的新途径。

1551. 一种风味火鸡的制作方法

申请号：90106475　　　公告号：1062271　　　申请日：1990.12.14

申请人：王智慧

通信地址：(110015) 辽宁省沈阳市东陵区南塔街 82 号

发明人：王智慧

法律状态：实　审　　　法律变更事项：视撤日：1995.11.22

文摘：本发明是一种风味火鸡的制作方法。风味火鸡的制作方法包括对火鸡进行的预处理成白条火鸡，即宰杀、煺毛、开膛、清洗和成

型,然后进行煮、烤或炸或熏或涮。其加工方法是：①将下述的中药和辅料投入到 100～150 千克的沸水中微火轻煮 6～12 小时,制成原汤；②将火鸡放入配制好的原汤中,用微火煮 3～30 分钟制成粗料；③将粗料改刀后,通过食用油及辅料涂抹式味制,进行烤或炸或熏程序至熟为止。上述所投入的中药量(克)为：人参 10～30,白芷 1～5,桂皮 1～3,茴香 3～9,肉桂 10～15,山柰 1～5,高良姜 5～15,肉蔻 3～5,白豆蔻 2～5,陈皮 5～8,砂仁 1～3。上述所投入的辅料量(克)为：老酒 500～1 000,白糖 2 000～4 000,八角 20～50,葱 500～1 000,盐 5 000～8 000,陈醋 300～500,花椒 10～30,姜 20～80,芝麻酱少许。本制品除保持了火鸡原有风味外,还具有外焦里嫩、食之不腻的特点,并有开脾键胃、生津养血、壮阳补肾、乌发明目、强筋壮骨之疗效。

1552. 一种五子山鸡保健食品

申请号：94114143　公告号：1121397　申请日：1994.10.25

申请人：杨立志

通信地址：(252000)山东省聊城地区高新技术开发总公司内

发明人：杨立志

法律状态：公开/公告

文摘：本发明是一种五子山鸡保健食品。它是以山鸡肉为主料,配以桑椹、枸杞子、砂仁、黑芝麻、山柰、丁香、肉蔻、茴香、陈皮、白芷等,采用德州扒鸡生产工艺制作而成。该保健食品的组成为(重量百分比)：桑椹 0.5%～2%,丁香 0.1%～1.2%,红枣 0.5%～2%；肉蔻 0.1%～1.5%,枸杞子 0.3%～4%；茴香 0.1%～2%,砂仁 0.1%～0.9%,陈皮 0.5%～1.5%,黑芝麻 0.5%～2%,蜂蜜 0.3%～2.5%,味精 0.1%～1.2%,花椒 0.3%～2%,山柰 0.1%～1.2%,白芷 0.05%～0.5%,白糖 0.5%～2%,其余为山鸡肉。目前市场上出售的山鸡肉均采用蒸煮或油炸,添加八角、肉蔻、陈皮、丁香等。这种配方不仅味道差,而且营养效果低。利用本发明制作的五子山鸡保健食品,具有补肾壮阳、益精明目、益智养颜、抗衰延年的功效,是一种理想的保健美容品。

1553. 人参酱鸭

申请号:93104317　　公告号:1078114　　申请日:1993.04.20

申请人:钟吉芬

通信地址:(631120)四川省重庆市江北县城喻航路 3 巷 1 号

发明人:钟吉芬

法律状态:公开/公告　　法律变更事项:视撤日:1996.07.17

文摘:本发明是一种人参酱鸭。它的制作方法是用加佐料、蒸熟和上色等制成的风味全鸭。人参酱鸭是由上乘人参、枣、枸杞子、党参、黄芪、酱、冰糖、胡椒、老姜等 20 多种辅料组成配方,并按本发明的制作方法而精制成造型美观、色香味俱全的风味滋补全鸭。本制品具有形状美观、毛孔隆起、表面干燥而紧、呈金黄色稍带微红的外观,以及芳香浓厚、回甜、酥脆、化渣的口感品质。

1554. 枸杞香鸭

申请号:93105178　　公告号:1094246　　申请日:1993.04.27

申请人:国营安徽省宿州市符离集烧鸡厂宿县夹沟香稻科技开发公司

通信地址:(234101)安徽省宿州市符离集交中路 4 号

发明人:翟广明、冯　伟、胡玉山、李银峰、欧阳士安、王树新、武钦书、余德杰、张常青

法律状态:授　权

文摘:本发明是一种枸杞香鸭。制作枸杞香鸭的方法是:将鲜鸭先进行卤制加工,然后于腹腔内填装药物,真空包装后经高温处理而得。其卤汤汁与填料的加工制作方法是:①卤制所需之卤汤汁是在水中加入辛荑、砂仁、陈皮、白芷、桂皮、花椒、小茴香、元茴、食盐以及糖、葱和姜;②填料由香米或香糯米、枸杞子、莲子、百合、豌豆、板栗等构成。本发明原料易得,加工方便,色、香、味俱佳,且有清热祛火、补中益气、疏肝通肺、滋阴壮阳的药膳功能。

1555. 低盐嫩化盐水鸭制作工艺

申请号：93115116　　公告号：1091609　　申请日：1993.12.02

申请人：南京鸡鸭加工厂

通信地址：(210011) 江苏省南京市下关区三汊河大街 107 号

发明人：葛群生

法律状态：公开/公告

文摘：本发明是一种低盐嫩化盐水鸭制作工艺。制作低盐嫩化盐水鸭包括下列工艺步骤：①原料准备；②开扣；③腌制；④复卤；⑤煮制；⑥预冷；⑦内包装；⑧灭菌；⑨冷却；⑩外包装、装箱；⑪冷冻贮藏；⑫发货、运输、销售。在腌制步骤③中，采用复合盐(90%精制食盐，$3.5\%\sim6.5\%$ 山梨酸钾，$3.5\%\sim6.5\%$ 焦磷酸钠混合而成)抹腌鸭体，每百只鸭子复合盐用量为 $8\sim10$ 千克，腌制时间为 $2\sim4$ 小时。在复卤步骤④中，夏、秋季复卤时间为 $1.3\sim1.7$ 小时，冬、春季复卤时间为 $1.8\sim2.2$ 小时，复卤时卤要清、香、有盐霜，鸭体要全部浸在卤中。在内包装步骤⑦中，真空包装材料采用 $3\sim4$ 层复合铝箔。在灭菌步骤⑧中，是将真空包装后的鸭体置于 $85\sim95$ ℃气温中，持续 $75\sim120$ 分钟。本制品主要是对现有制作工艺中的腌制、复卤、包装、灭菌 4 个步骤作了改进。本发明制作的盐水鸭低盐、肉嫩、保质期长。

1556. 制作香酥鸭的工艺方法

申请号：94116902　　公告号：1120404　　申请日：1994.10.11

申请人：张庆岚

通信地址：(100050) 北京市宣武区先农坛街光明里 8 号楼 205 号

发明人：张庆岚、张海宽

法律状态：实　审

文摘：这是一种制作香酥鸭的工艺方法。烹制香酥鸭的方法是：以填鸭为原料，调料中含有 18 种中草药佐料，经蒸、炸脱脂工艺，包括以调料腌制上色、蒸、炸步骤。其制作的具体步骤如下：①原料的预处理：先将鲜活填鸭经宰杀、去毛，每只重 $2\,250\sim2\,800$ 克的鲜填鸭，去舌、掌、翅、鸭膜,开膛去内脏、食管、气管、食嗉,用水冲洗净鸭体内外,控净水;将称取等量的 18 种中草药佐料:春砂仁、良姜、丁香、肉桂、生槟榔、陈皮、山奈、荜拨、川干姜、白芷、白胡椒、小茴香、八角、花椒、草果、白豆蔻、草豆蔻、干草粉碎成粒径 1~3 毫米的细粒,混匀,按每包 8~10 克,装入纱布包,葱白切成段,生姜拍酥;②腌制上色:将控净水的整鸭放入容器内,每只鸭放 1 包佐料,35~45 克酱油,35~45 克黄酒,葱白、生姜各 10~12 克,白糖、醋各 1.8~2.2 克,盐 0.8~1.2 克,腌制入味、上色 3~4 小时;③蒸、炸烹制:将②腌制上色的鸭放入蒸屉,旺火蒸 1.5~2.5 小时,温火蒸 1.5~2.5 小时,微火焖蒸 2.5~3.5 小时,灭火焖 2~3 小时;控去水及鸭油,将整鸭放入 200~300℃ 油中炸酥;④捞出鸭,放入盘,撒味精。用本法制作的香酥鸭具有外观为枣红色、外皮酥脆有光泽、骨酥肉烂、肥而不腻、味道鲜美、越吃越香的特点。

1557. 无油香烤鸭的制作工艺

申请号:95110934　　公告号:1128628　　申请日:1995.02.08

申请人:林玉坠

通信地址:(353309)福建省将乐县安仁乡安仁村

发明人:林玉坠

法律状态:公开/公告

文摘:本发明是一种无油香烤鸭的制作工艺。其前期工序为鸭种选择,一般选北京鸭或麻鸭,宰杀;从鸭腹中部对半剖开,然后去掉内脏、清洗、漂洗。经清洗后放入清水中浸泡 3~4 小时,捞起,晾干;将鸭放入腌制液中浸泡,每小时翻面振动 1 次,经 3~4 小时捞起,晾干水分,穿针、上挂钩,进烤炉用炭火分别大中小火烤制 3~5 小时,出炉冷却拆针即可。其中腌制液配比为:每 50 千克水中加盐 7.5~3.5 千克,味精 0.75~0.25 千克,辣椒 1.25~0.25 千克,甘草 0.5~0.2 千克,栀子 0.75~0.25 千克,八角 0.5~0.15 千克,桂皮 0.75~0.1 千克,当归 0.6~0.15 千克,花椒 0.4~0.05 千克,芝麻油 0.4~0.005 千克。

1558. 真空包装麻辣香酥鸭及其制作方法

申请号：96117524　　　　公告号：1136410　　　申请日：1996.04.09

申请人：向国琼

通信地址：（634000）四川省万县市新桥街 14 号

发明人：向国琼

法律状态：公开/公告

文摘：本发明是一种真空包装麻辣香酥鸭。其制作方法包括鲜活鸭宰杀，除毛，盐水浸泡，中药材卤煮；去骨切片，油煎，调味，真空包装等。本产品呈条或片状，突出了川味的麻、辣、香、酥，色味俱佳，食用方便，保质期达 180 天。

1559. 江南第一鸭的生产方法

申请号：96103142　　　　公告号：1163069　　　申请日：1996.03.21

申请人：李嘉林

通信地址：（650041）云南省昆明市民航路 7 号附 7 号

发明人：李嘉林

法律状态：公开/公告

文摘：本发明为一种生产或制作江南第一鸭的生产方法。它是选用子鸭为原料，腌制一定时间，在放入主要由酱油、精盐、黄酒和白糖调制成的卤水中煮 20～100 分钟，在卤水中还可加入由十多种名贵中药组成的天然香料，然后捞出晾干即为本制品。用本法制得的鸭子外形美观，赤金光亮，扒而不烂，无油腻感，既保持具有 700 年历史的酱卤鸭"热吃色鲜味，冷嚼皮肉香"的传统特点，又适合大规模工业化生产的要求，是中国的"肯特鸡"。

1560. 由鸽乳制备营养复合液的方法

申请号：92108806　　　　公告号：1091608　　　申请日：1992.07.24

申请人：宋水江

通信地址：（116000）辽宁省大连市旅顺口区 406 医院

发明人：宋水江

法律状态：授　权　　　法律变更事项：因费用终止日：1998.09.16

文摘：本发明是一种选用成鸽哺幼鸽的鸽乳和幼鸽的肉体经透析、过 G 等简单而先进的生产工艺生产营养复合液的方法。制备鸽乳营养复合液的方法是：①从 1～3 日龄幼鸽的食囊中提取成鸽哺喂的乳液(称鸽乳)，并由盐水稀释，经透析、过 G 去菌滤毒、配装成营养复合原液；②从 1～5 日龄幼鸽的食囊中抽取成鸽哺喂的鸽乳和/或选择 1～5 日龄幼鸽绞碎，反复冻溶，再由盐水稀释，经透析、过 G 去菌滤毒，配装成营养复合原液。上述方法生产的营养复合液含有人体所需要的各种氨基酸和有机微量元素，是一种具有营养和药理价值的珍贵的营养复合液。该营养液不仅可以配制各种保健营养饮料，而且也可广泛用于各种营养药液的配制。其中较高含量的锌对儿童骨骼的生长、发育的效果尤为显著。

1561. 乳鸽营养液

申请号：93111438　　　公告号：1096176　　　申请日：1993.06.05

申请人：易明亮、李　彪、张元敏、王玉华、余抗陵

通信地址：(410000)湖南省长沙市三泰街谦吉里 4 号

发明人：李　彪、王玉华、易明亮、余抗陵、张元敏

法律状态：授　权

文摘：本发明是一种用乳鸽加工制作的保健食品——乳鸽营养液。本乳鸽营养液用 30%～60%的乳鸽为主要原料，经蒸煮、脱脂、酶解等工艺制作提取液，又辅以茯苓、枸杞子、大枣、桂圆肉、山楂、芡实等药膳两用的中药提取的药液，二者混合后加入适量蜂蜜而制成。乳鸽营养液具有滋阴壮阳，开胃健脾，益气补血、益智的功效，能提高机体的抗病能力，增强人体的体力，对人体的生理功效具有双向调节作用。

1562. 一种乳鸽精的制备工艺及其产品

申请号：94104103　　　公告号：1110102　　　申请日：1994.04.08

申请人：符　军

通信地址：(330039)江西省南昌市洪都北大道35号

发明人：符　军

法律状态：公开/公告　　法律变更事项：驳回日：1997.07.23

文摘：本发明是一种制备乳鸽精的生产工艺及其产品。该乳鸽精是经提取、过滤、除油脂、减压浓缩、精滤、调配、灌装、灭菌、包装等而制成。本乳鸽精的形态为微带粘稠状的液态物，分甜味或咸味两种，在有甜味的乳鸽精中含有蜂蜜成分，在有咸味的乳鸽精中含有食盐及少量味精成分。该乳鸽精由下述步骤制备：①提取：将1～2月龄的乳鸽宰杀拔毛、除去内脏、冲洗干净后，用高压釜(在101.3千帕压力下)蒸煮1小时，其中乳鸽与水之比为1：1.5；②粗滤：除油脂，经高压蒸煮后的乳鸽液用120目的尼龙网布过滤；将渣骨滤出，滤液放入0～5℃的冷藏箱中冷藏，待油分层冻结时，取出滤液，再用120目尼龙网布过滤除去油脂；③减压浓缩：将除去油脂的滤液放入减压蒸馏釜中在266.644帕～533.288帕的压力下，温度在28～40℃之间浓缩至微带粘稠状(用糖量计测，固形物大于30％)；④精滤：将浓缩至微带粘稠状物再用80目尼龙网布过滤；⑤调配：将精滤品调至甜味或咸味；⑥灌装：灭菌、包装，用蒸汽100℃，时间5分钟灭菌包装即得。本制品既保持了原乳鸽的高营养风味，又能直接被人体吸收，且服用方便，是一种养阴清热，平肝息风，滋阴补血，治头晕，能增加免疫力的高级滋补保健营养品。

1563. 由鸽体制取的食用保健品及其生产工艺

申请号：94104702　　公告号：1095235　　申请日：1994.04.25

申请人：任圣启、周才根

通信地址：(810007)青海省西宁市滨河路241号1栋204号

发明人：任圣启

法律状态：公开/公告　　法律变更事项：视撤日：1997.07.23

文摘：本发明是一种由鸽体制取的食用保健品及其生产工艺。原料为成鸽鸽头或乳鸽全身，也可同时用两者组成，用两种生产工艺得到呈不透明的乳状液和白色晶体两种形式的成品。乳状成品的工艺为粉碎、浸提、消毒;晶体成品的工艺为酸解、脱色、中和、结晶。这种食用保健品对人体的记忆力和体质的提高有显著效果,其工艺简便易行。该食用保健品可作为食品、饮料的添加剂或直接作为保健药品使用。

1564. 以乳鸽为主要原料的系列口服营养制品

申请号:94110981　　公告号:1103558　　申请日:1994.05.09

申请人:湖南省津市市肉鸽综合技术开发总公司

通信地址:(415400)湖南省津市窑坡渡

发明人:姜求鸿、毛战生、张焕荣、钟广福、邹纪生

法律状态:公开/公告

文摘:本发明是一种以乳鸽(亦称肉鸽,下同)为主要原料的系列口服营养制品。其组成配方(重量百分比)为:乳鸽提取物 50%~90%,参类0.1%~5%,蜂蜜1%~5%,余为糖类。本发明的产品主要技术指标如下:脂肪小于或等于 0.2%,锌 80~500 毫克/千克,钙 600~30 000 毫克/千克,硒 0.5~350 毫克/千克,及铁、磷等十多种微量元素,另外还含有丰富的蛋白质、多种氨基酸以及禽类珍稀的软骨素。本产品融调节人体生理功能与补充营养为一体,特别是对小孩缺锌厌食、产妇康复、病人术后创口愈合等具有独到的良性功能。长期服用,能消除面部斑痕,防脱发、白发等。由于内含微量的有机活性硒,故亦能抗癌防衰老。

1565. 鸽　精

申请号:94111268　　公告号:1108501　　申请日:1994.03.16

申请人:张元森

通信地址:(215008)江苏省苏州市山塘街 366 号

发明人:张元森

法律状态:公开/公告　　法律变更事项:视撤日:1997.09.24

文摘:本发明是一种鸽精。它是以鸽子为主要成分的一种营养滋补品。鸽精的组分的重量百分比为:①鸽子50%~75%;②辅料5%~10%;其余为冰糖和食盐。本品可以制成粉状胶囊,也可以制成口服液。

服用后对人体具有添补元气、振作精神、提高记忆、健肤美容、减少疾病
等作用。

1566. 一种肉鸽炖燕窝保健食品及其制作方法

申请号：96105368　　　公告号：1137356　　　申请日：1996.06.03

申请人：北京首都宾馆潮州海鲜酒家有限公司

通信地址：（100006）北京市前门东大街 3 号

发明人：冯国华

法律状态：实　　审

文摘：本发明是一种肉鸽炖燕窝保健食品及其制备方法。肉鸽炖
燕窝保健食品的成分含有肉鸽、燕窝、桂圆肉、火腿、人参、天顶汤和调
味品。本保健食品采用优质鲜嫩乳鸽和上等燕窝加以多种佐料，历经 7
天左右精制而成。本制品含有丰富的易分解蛋白、微量元素和维生素，
极易消化吸收，具有清火、理肺、美容之功效，对头晕神疲、记忆衰退、虚
损、咳嗽、咯血、久痢及噎嗝反胃有奇效。

1567. 鹌鹑方便食品

申请号：93118668　　　公告号：1101234　　　申请日：1993.10.07

申请人：黎　　亘

通信地址：（537700）广西壮族自治区陆川县城镇中学

发明人：黎　　亘

法律状态：公开/公告　　　法律变更事项：视撤日：1997.02.12

文摘：本发明是一种鹌鹑方便食品。制作鹌鹑方便食品的方法是把
营养丰富的鹌鹑，经过脱水、腌渍、着色、烘烤、封装、消毒防腐、外包装
等工序而制成。其制作方法是：①脱水：将宰杀好的整只鹌鹑用十字铁
线架撑开，里外抹上盐，挂在通风处，让其脱水并用鼓风机风干；②腌
渍：将脱水风干后的鹌鹑放置于熬制好的佐料汤中腌渍 3 小时；③烘
烤：将腌渍好的鹌鹑浸入花生油中过油后放入烤箱用 200℃烤制 15 分
钟，然后取出抹上白酒、芝麻油后再放回烤箱用 250℃烤 15 分钟；④消
毒防腐：将封装好的鹌鹑在浓度 1∶1 的盐水中泡浸一下，然后风干置

于紫外线消毒柜中杀菌10分钟。本食品是便于运输、储存的方便食品。

1568. 人参家禽的生产制备方法

申请号：90102341　　公告号：1055469　　申请日：1990.04.23

申请人：胡超雄、丁　力、胡建军

通信地址：（130021）吉林省长春中医学院附属医院器械科

发明人：丁　力、胡超雄、胡建军

法律状态：公开/公告　　法律变更事项：视撤日：1993.05.05

文摘：本发明是一种人参家禽的生产制备方法。它的制备方法是：①将人参的茎、叶经过清洗、粉碎、速干、制成人参饲料，包装保存；②对家禽在屠宰前10～30天内进行人参饲料喂养；③屠宰前30～60分钟，给家禽强化注射人参汤汁2～5毫升；④在烧制家禽时再用人参汤煮1～2小时，即制成含有大量人参皂甙的美味家禽。

1569. 营养鸡豆粥

申请号：95100886　　公告号：1110522　　申请日：1995.03.03

申请人：白景禄

通信地址：（831100）新疆维吾尔自治区昌吉回族自治州药检所

发明人：白景禄、郭永刚、贾志艳、刘　强、杨卫星

法律状态：公开/公告

文摘：本发明是一种集食用和保健于一身、口感好、色香味俱佳的营养鸡豆粥。这种食用的营养鸡豆粥是由（按重量百分比）35％～65％的鹰嘴豆，4％～10％的三黄鸡肉，1％～1.5％的食盐和余量的水构成。营养鸡豆粥的制作有以下步骤：①首先选择优质鹰嘴豆，并漂洗干净，然后蒸煮至半熟；②然后选择健康无病的三黄鸡，将之活杀，除去毛、内脏、头、爪，并清洗干净，然后切成块状，炖煮至半熟；③将所需量的蒸煮半熟鹰嘴豆、炖煮半熟三黄鸡和食盐及水放在一起，再煮鹰嘴豆和三黄鸡肉后，冷却至常温，最后灌装并进行常规消毒就得到成品。本制品具有肉质嫩、味道鲜美、营养丰富、食用方便等特点，特别适合中老年及儿童食用。

1570. 白凤乌鸡宝

申请号：94106878　　公告号：1115614　　申请日：1994.07.25

申请人：王清枝

通信地址：(043300)山西省河津市委宿舍(泰兴路1号)

发明人：裴玉秀、牟挹欣、周孝荩、安作新、周逸潜

法律状态：公开/公告

文摘：本发明是一种医食合一、具美容乌发功效的白凤乌鸡宝的制作方法。白凤乌鸡宝是用乌鸡配以猪蹄及花椒、八角、桂皮、丁香、小茴香和调料浸泡加枸杞子制成。其制作的工艺方法是：①将猪蹄洗净，用水煮，常压下煮4小时，浓缩猪蹄汤汁；②将乌鸡洗净；③用花椒、八角、桂皮、丁香、小茴香和调料、枸杞子浸泡；④高压，灭菌，加工为熟食品、半食品。这一食品有骨酥肉嫩、营养丰富的特点，具有美容乌发、补血通乳、滋肝益精的疗效，为中老年人群的优质保健佳品。

1571. 酱香鹅

申请号：94100263　　公告号：1111483　　申请日：1994.01.10

申请人：刘龙生

通信地址：(333000)江西省景德镇市群艺馆张月园转刘龙生收

发明人：刘龙生

法律状态：公开/公告

文摘：本发明是一种具有浓郁色、香、味的酱香鹅。它是选用人工饲养的白鹅，经腌、卤、晒制作而成。本发明与现有的烧鹅方法相比，去除了鹅的膻味，增添了浓郁色、香、味美感，提高了人们食鹅的兴趣。

二、蛋品加工技术

(一)蛋品综合加工技术

1572. 蛋类快速加工法

申请号:85108756　　　公告号:1011298　　　申请日:1985.11.23

申请人:黄如瑾

通信地址:(310000)浙江省杭州市横饮马井巷9号

发明人:黄如瑾

法律状态:公开/公告　　　法律变更事项:视撤日:1989.03.15

文摘:本发明是一种蛋类快速加工法。旧法蛋类加工,如咸蛋、糟蛋,都是带壳加工。本发明用8%~13%及3%~5%稀释的食品添加剂盐酸,腐蚀蛋外壳,剩下壳下膜,成为软壳蛋。本制品用手压所制的蛋,虽还是硬的,但凹陷而不破,放手后又复原状,已具有更大的透水性,故能快速加工咸蛋或糟蛋。用本法加工制作的蛋类可快速脱去蛋的外壳,成无壳软蛋,以加速蛋类加工进程,加快场地及经济周转,收到提早供应市场的效果。应用本法可通过加入各种不同的添加剂、调味品,设计生产各种新的品种,发挥多品种的优势,克服旧式加工蛋类品种单调的现象。

1573. 蛋品制作法

申请号:88106803　　　公告号:1041093　　　申请日:1988.09.16

申请人:张德林

通信地址:(215000)江苏省苏州市南门路三联饭焊厂

发明人:张德林

法律状态:公开/公告　　　法律变更事项:视撤日:1993.01.13

文摘:本发明为一种蛋品制作法。制作本蛋品系破除蛋壳障碍加入添加剂、调味品进行深加工,并以制品蛋利用现有技术进行蛋制品再加工,制成再制品蛋,从而增加蛋制品品种。

1574. 多味连壳禽蛋的加工方法

申请号:89102414　　　公告号:1047613　　　申请日:1989.06.01

申请人:谢登明

通信地址:(210007)江苏省南京市石门坎104号江苏商干院

发明人:谢登明

法律状态:公开/公告　　　法律变更事项:视撤日:1992.10.21

文摘:本发明是一种通过洗蛋、下缸、浸泡、清洗等工序制备多味连壳禽蛋的加工方法。这一方法是在浸泡硬壳禽蛋过程中加入食用酸分解禽蛋硬壳(碳酸钙等)无机盐类,使禽蛋气孔扩大。其反应过程为:碳酸钙$(CaCO_3)$＋醋酸$(2CH_3COOH)$＝醋酸钙$[Ca(CH_3COO)_2]$＋水(H_2O)＋二氧化碳(CO_2)。从而使美味辅料快速渗入蛋白和蛋黄,增加其鲜美和香味。由于它没有易于破碎的硬壳,也方便了携带和运输。

1575. 整蛋加工方法

申请号:95112827　　　公告号:1128629　　　申请日:1995.12.28

申请人:黄浩军

通信地址:(213024)江苏省常州市凌家塘137号

发明人:黄浩军

法律状态:公开/公告

文摘:本发明为一种整蛋加工方法。加工整蛋的方法是:首先用水和调味品配制调味卤汁;其次在蛋壳上刺针孔,将调味卤汁自针孔注入蛋内;最后将注有调味卤汁的蛋放置一段时间后加热熟化,迅速冷却并进行后整理包装。将上述调味卤汁注入蛋内的量为1～10毫升。上述的调味品为:盐、味精、酱油、大料、茶叶、糖、辣椒、果汁粉之其中两种或两种以上,放置时间不超过6小时。用本发明方法只要调整调味卤汁配方即可制得各种美味即食蛋,且蛋壳不破损,食用方便,便于携带,是旅行和日常生活之最佳食品。

（二）松花蛋制作技术

1576. 制作松花皮蛋无铅工艺

申请号：85100361　　公告号：1002399　　申请日：1985.04.01

申请人：湖南省益阳县皮蛋厂

通信地址：（413002）湖南省益阳县赫山镇

发明人：陈玲霞、刘义初、彭正基、杨炳生

法律状态：实　审　　法律变更事项：视撤日：1990.07.11

文摘：本发明为制作松花皮蛋无铅工艺，属于食品加工中保证食品卫生的一项新技术。在传统的松花皮蛋制作中，氧化铅是必不可少的辅助材料，它严重地污染了蛋品。制作松花皮蛋无铅工艺是由配料、泡制、出缸、包泥、密封成熟等工序组成。该无铅工艺使用时，应视蛋白凝固、蛋黄不凝物直径大于1～2厘米时出缸，并可用残料液制白泥，包泥密封存放。本工艺消除了松花皮蛋制作中有毒元素铅对蛋的污染。用该工艺制作成的松花皮蛋，除保持了传统产品的风味外，还具有外壳及蛋体内清洁美观，无黑色铅斑点，经含铅量测试为0.1～0.41 ppm，接近于鲜鸭蛋0.08～0.3 ppm的含量。

1577. 无铅无泥松花蛋的生产方法及工艺

申请号：86105241　　公告号：1016417　　申请日：1986.08.08

申请人：邢世增

通信地址：（743000）甘肃省张掖市张掖师专

发明人：邢世增

法律状态：实　审　　法律变更事项：驳回日：1992.10.14

文摘：本发明是一种两步浸制无铅无泥松花蛋的工艺方法。其制作方法是：先制作料液，其成分有水、氯化钠、茶，其特征是采用了两步浸制法：①初浸液中还含有浓度为1.3～1.5摩尔/升的氢氧化钠、柏叶，温度控制在10～14℃，鲜蛋浸10～14天；②复浸液中还含有浓度为0.5～0.7摩尔/升的氢氧化钠、柏叶，温度保持常温。初浸蛋再复浸

10～15 天；③保鲜方法采用将复浸后的松花蛋浸入熔化的石蜡液中取出冷却。现有制作松花蛋技术中均要加入氧化铅,本方法则不加氧化铅,而用保持一定温度来起到氧化铅作用,并采用无毒化学品如石蜡作为保鲜剂。本方法生产技术成熟,设备简单,工艺易行,生产周期短,原料费用低,每个蛋只需成本 0.01 元。本法适宜于工厂化生产。

1578. 无铅、无糠、无泥皮蛋加工工艺方法

申请号:87105886　　公告号:1031469　　申请日:1987.08.26

申请人:周学圣

通信地址:(224000)江苏省盐城市食品公司

发明人:陈友才、孙正浩、吴正华、周学圣

法律状态:实　审　　法律变更事项:视撤日:1993.01.20

文摘:本发明是一种适宜工厂化生产及家庭制作无铅、无糠、无泥松花皮蛋泡制液、包装浸蘸液的配方和配制工艺。加工无铅、无糠、无泥皮蛋的方法是:先配制鲜蛋泡制液。鲜蛋泡制液是由生石灰(CaO)、纯碱(Na_2CO_3)、食盐($NaCl$)、水和茶叶末混合而成。其加工方法为:①泡制液各组分的配用量(重量百分数)为:生石灰 15.0%～18.5%,纯碱 4.4%～5.1%,食盐 4.0%～4.3%,氧化锌 0.24%～0.27%,水 70%～75%,茶叶末 1.5%～1.9;②包装浸蘸液各组分的配用量(重量百分数)为:生石灰 10.5%～11.8%,纯碱 3.0%～4.0%,食盐 4.3%～4.6%,氧化锌 0.25%～0.26%,水 79%～80%,茶叶末 1.6%～2.0%;③泡制液和包装浸蘸液的配制:茶叶末、纯碱粉、20%的开水混合搅拌5～8 分钟;以 3.25 千克/分钟加水同时以 11 克/分钟撒入氧化锌(ZnO),搅拌 8～10 分钟;生石灰分 2～3 次加入,去掉不溶石灰块,加入食盐,搅拌 8～10 分钟。用该工艺浸泡后的皮蛋,经易浸液纸或棉质废布料包裹,浸蘸包装浸蘸液后即可投放市场,加工的皮蛋具有存放期长,销售、储存、食用方便的特点。

1579. 含人体必需微量元素的无铅松花蛋制作方法

申请号:89103026　　公告号:1047018　　申请日:1989.05.09

申请人：张世筠

通信地址：(100094)北京市西郊马连洼中国农科院植保所2号楼409号

发明人：彭淑春、张世筠

法律状态：实　审　　法律变更事项：视撤日：1994.04.20

文摘：本发明是一种含人体必需微量元素的无铅系列松花蛋的制作方法。制作含人体必需微量元素的无铅松花蛋的方法保持了传统加铅松花蛋的固有风味，将鸭蛋、鹌鹑、鸡蛋加工为松花蛋。其制作加工的步骤是：①采用无铅工艺；②配制料液时，加入1种或数种人体必需微量元素和钙、镁，人体必需微量元素是指锌、铜、碘、硒、锰、铬、钼、铁等。该方法采用无铅工艺，引进一种或数种人体必需微量元素锌、铜、碘、硒、锰、铬、钼、铁，及常量元素钙、镁等，将鸭蛋、鹌鹑蛋、鸡蛋加工为具有传统风味的松花蛋，从而根本消除了铅的危害，满足了人们对必需矿物元素多层次的需要。

1580. 金黄色无铅松花蛋加工粉及其制作方法

申请号：89108902　　公告号：1052249　　申请日：1989.11.26

申请人：罗光前

通信地址：(441300)湖北省随州市丰兴家用电器厂罗明凯转

发明人：罗光前

法律状态：实　审　　法律变更事项：视撤日：1996.03.27

文摘：本发明是一种皮蛋加工粉及其制作方法。本皮蛋加工粉由纯碱、石灰、食盐和茶叶末组成，主要是将其中的纯碱、石灰比例提高而不含有氧化铅，并制作成干燥的粉状物。这种金黄色无铅松花蛋加工粉的成分范围(重量)为：纯碱12～16份，石灰40～50份，食盐4.5～5.5份，茶叶末4.5～5.5份。采用本皮蛋加工粉可制作出呈金黄色、无铅无毒、松花大、味道好的皮蛋，且可长期存放。本皮蛋加工粉可以长期反复使用，既适合专业厂批量生产，又适合家庭自产自制皮蛋的需要。

1581. 无铅松花皮蛋粉的生产方法

申请号：90104716　　　公告号：1047788　　　申请日：1990.07.24

申请人：叶龙海、王英虹

通信地址：(071000) 河北省保定市二道桥街 9 号楼 1 单元 9 号

发明人：王英虹、叶龙海

法律状态：实　审　　法律变更事项：视撤日：1993.07.21

文摘：本发明是一种无铅松花皮蛋粉的制作方法。制作无铅松花皮蛋粉的方法是：用氢氧化钙与碳酸钠混合反应，使生成的氢氧化钠与被加工蛋中的蛋白质凝固，水分收缩，产生松花，掺加适量的氯化钠促进渗透并保鲜，在氢氧化钙与碳酸钠混合料中，掺入碘化钾水溶液和碘的混合液，其配合比（重量百分比）为：纯碱 25％～35％，氢氧化钙 35％～45％，氯化钠 10％～20％，碘化钾水溶液 0.5％～1.5％，碘（化学纯）0.5％～1.5％；辅料：草木灰或茶叶末 5％，黄泥 10％～20％。用碱凝法代替氧化铅，产品符合食品卫生标准，制作简单，成本低，成品蛋含有 8 种人体所需氨基酸及丰富碘质成分。经过密封放干燥处的皮蛋粉有效期为两年。

1582. 无铅食疗溏心松花蛋的制作方法

申请号：90106862　　　公告号：1059086　　　申请日：1990.08.23

申请人：贵阳市食品公司禽蛋食品加工厂

通信地址：(550008) 贵州省贵阳市白云大道 53 号

发明人：邓镜铣、李志伟、孟宪容、田世昌、谢宝忠

法律状态：公开/公告　　法律变更事项：视撤日：1993.08.25

文摘：本发明是一种无铅食疗溏心松花蛋的制作方法。制作无铅食疗溏心松花蛋的方法是由检蛋、配料、验料、装缸、灌料、浸泡、出缸、储藏工艺组成。操作步骤是：将选定的中药一剂装入洁净的麻布袋内并扎口，放入 2 倍蛋重量的水中（自来水）煮沸 30 分钟，制得药液；将此药液注入装有生石灰、食用纯碱或烧碱、茶叶的防腐容器中，并用木棒（或电动搅拌器）充分搅拌，10 分钟后，再搅拌，并徐徐加入食用海盐，不断

搅拌至溶,使其液温降至 65℃时再徐徐加入 20％的铜盐水溶液(2‰～3‰),完毕,再徐徐加入 20％的锌盐水溶液(1‰～3‰),不断搅匀;待料液降至常温时,将此料液注入装蛋容器内,并用竹箅子压上,竹箅上铺 1 层稻草。放置在 20～25℃室温内,浸泡 30～40 天即成。本发明除将传统的工艺方法加氧化铅改为加铜盐和锌盐外,并在料液中加入配制好的中药,用这种料液制得的福寿松花,通过动物试验和人体临床试验,都证实了它对人体无毒,营养丰富,特别是对 Ⅰ、Ⅱ 期高血压患者,有降血压、降血脂的作用,有效率可达 93.26％。

1583. 含微量元素无铅松花蛋制作方法

申请号:91105359　　公告号:1058330　　申请日:1991.07.30

申请人:沈红蕾

通信地址:(315020)浙江省宁波市江北区倪家堰 119 号

发明人:沈红蕾

法律状态:授　　权　　法律变更事项:因费用终止日:1998.09.23

文摘:本发明是一种含微量元素无铅松花蛋的制作方法。制作含微量元素无铅松花蛋的方法是:①用水、氢氧化钠、锌化物、镁化物制得的料液浸泡鲜蛋,浸泡好的鲜蛋晾干后用液状石蜡涂抹或浸蘸形成保护膜,并及时包装封存;②浸泡后的料液中再加入按各种固体配方×(1－旧料液盐酸滴定量/新料液盐酸滴定量)计算所得新固体量,再按原配方中水的含量×(1＋各固体配方总量×旧料液盐酸滴定量/新料液盐酸滴定量/原配方中水的含量)计算所要补充的旧料液数量,使旧料液回收可循环使用。此蛋既保持了传统皮蛋的风味和特色,又消除了有害物质铅,增加和补充了人体必需的微量元素锌和镁,有利于身体健康。用清洁水代替沸水节省燃料利于批量生产。旧料液回收,可反复循环使用,这样降低了生产成本,减少了污水排放引起的环境污染。

1584. 白芷——鸡胚营养保健食品的制作方法

申请号:91105382　　公告号:1069174　　申请日:1991.08.07

申请人:曾广太、李　敬、陈子昂、李坤敬、蔡世贤

通信地址：(475400)河南省太康县王集乡政府

发明人：蔡世贤、陈子昂、李　敬、李坤敬、曾广太

法律状态：授　权

文摘：本发明是一种白芷——鸡胚营养保健食品的加工方法。加工营养保健食品的方法由如下步骤组成：①制作方法：第一，选用农家杂食鸡所产的新鲜受精鸡蛋为原料；第二，将受精鸡蛋放在38～40℃的恒温装置内孵化，使鸡蛋积温达到12 000～13 000℃，即达到鸡蛋转为鸡胚的临界状态；第三，取出鸡蛋，洗净蛋皮，去壳，将鸡胚液置于消毒容器中，捣烂、待用。②制作中药调味剂原液：第一，选用8种中药，其名称为：白芷、白果、白芍、草果、良姜、丁香、桂皮，它们之间的重量比为(按上述名称顺序)：1：1：1：1：1：1：0.1：0.1；第二，将8种中药混合后洗净，并加入清水，药与水的重量比为1.2～1.5：100；第三，在药液中加入适量调味品(数量可根据口味而定)大茴香、盐、味精、酒、砂糖、大葱和酱油等；第四，将上述药液加热，煮沸60分钟，冷却、过滤、去渣，取得加工后的药液；第五，在中药药液中，加入上等优质绿豆淀粉，绿豆淀粉与中药药液的重量比为6～10：100，调匀，即成中药调味剂原液。③白芷——鸡胚营养保健食品的制作方法是：第一，将中药调味剂原液倒入捣烂的鸡胚溶液中，比例以两者混合并搅拌后成乳状物为准；第二，将乳状物装入洗净的罐头瓶中，上盖、抽气、封口；第三，将罐头瓶在15分钟内升温至120℃，然后在506.6千帕压力下，保温30分钟，再在15分钟内降至常温常压；第四，将罐头放在39～40℃的恒温室内旋转1周，即得成品。用此法制成的食品，味道鲜美，含高蛋白、高铁、高磷、高锌、高钙、20余种氨基酸和低脂肪、低热能，是孕产妇、运动员、老人、儿童和病患者的理想食品。

1585. 香型皮蛋的加工方法

申请号：91107232　　公告号：1057379　　申请日：1991.06.24

申请人：宋文林

通信地址：(614400)四川省犍为县玉津镇南街135号附3号

发明人：宋文林

法律状态:授　权　　法律变更事项:因费用终止日:1996.08.07

文摘:本发明是一种香型松花皮蛋的加工方法。它以生石灰、纯碱、食盐和茶叶为原料加水制成蛋品处理材料。具体作法是:先将茶叶和可食用的天然调味原料或药料用低于100℃的热水制取出料液,冷却后再按常规量加入生石灰、纯碱、食盐制成蛋品处理材料,让包裹好的禽蛋采用中途作适度敞晾的2次密闭熟化方式熟化。

1586. 无铅加工富硒皮蛋的配方

申请号:92105857　　　公告号:1081076　　　申请日:1992.07.16

申请人:湖北省荆州地区微生物研究所

通信地址:(434100)湖北省江陵县荆州镇东门外

发明人:江文湘、李林富、肖伟东、张虎垠、赵黎萍

法律状态:公开/公告　　　法律变更事项:视撤日:1995.11.08

文摘:本发明是一种无铅加工富硒皮蛋的配方。无铅加工富硒皮蛋的配方是:烧碱 4%～6%,石灰 1%～5%,食盐 2%～3.5%,茶末1%～2%,皮蛋品质改良剂 0.2%～0.6%,水 100%组成。本发明是将传统的制作皮蛋的配方中的氧化铅去除,改为加入锌盐和铜盐,并且另加入具有抑制肿瘤、延缓衰老、增强人体抵抗力的硒盐。用本发明配方制作的无铅加工富硒皮蛋,既去掉了对人体有害的铅,又保持了传统风味特色,并适当增加了硒的含量。

1587. 一种无铅皮蛋加工的新方法

申请号:93109602　　　公告号:1098266　　　申请日:1993.08.02

申请人:董文才

通信地址:(321300)浙江省永康第一中学

发明人:董文才

法律状态:公开/公告　　　法律变更事项:视撤日:1998.10.21

文摘:本发明是一种无铅皮蛋加工的新方法。其加工方法有如下几个步骤:①把鲜蛋洗涤干净,按加工皮蛋的用蛋标准作常规检验;②将检验合格的鲜蛋外面用吸水性好的纸包裹后纳入塑料袋中或薄的塑

盒中；③视蛋的大小往塑袋或塑盒中注入已配好的药液7~9毫升,然后密封包装；④经10~12天鲜蛋初步成熟,至30天左右即熟化增香成为风味优良的高品质的皮蛋.用此方法加工的皮蛋比泥包蛋卫生,食用方便,运输过程中重量减轻2/5.本法与浸泡后涂膜保存的皮蛋加工法相比,延长了保存期,且减少了加工次数,降低了破损率,因而加工成本较低.所以,此法不失为当前皮蛋加工业的一种好方法.

1588. 涂膜加工松花皮蛋的方法

申请号：86100038　　公告号：1012428　　申请日：1986.01.09

申请人：湖北省江陵县食品公司郝穴蛋厂商业部食品检测科学研究所

通信地址：(434100)湖北省江陵县

发明人：李树青、熊德玉、徐良江

法律状态：授　权　法律变更事项：因费用终止日：1991.05.22

文摘：本发明是一种加工松花皮蛋的方法.其加工鸭蛋溏心松花皮蛋的工艺为：选蛋→配制料液→灌料泡蛋→涂膜→装箱储运.料液是由生石灰、食盐、生水、纯碱、红茶末、铜盐配成.在料液的配制上用生水代替已有技术中的沸水,用铜盐代替已有技术配方中的一氧化铅,用涂膜技术代替包泥技术,因而加工成本低,松花皮蛋中不含人为加入的铅,其产品的质量、风味与已有技术产品相当.

1589. 含锌并涂膜保鲜的松花蛋制备方法

申请号：89105237　　公告号：1045019　　申请日：1989.02.24

申请人：张基江、江伯英

通信地址：(250100)山东省济南市山东大学新校36楼105号

发明人：江伯英、张基江

法律状态：公开/公告　法律变更事项：视撤日：1993.06.16

文摘：本发明是一种无铅、含锌并涂膜保鲜的松花蛋制备方法.制备该松花蛋的料液配方仍保留原有的生石灰、纯碱(以上两种材料可用烧碱代替)、食盐、茶叶、柏壳(或代之以柏松树枝叶、植物灰类)、水等成分。用锌的化合物取代原料液中的铅化合物,既可避免铅对人体的危害,又补充了人体必须的微量元素锌。用纤维素水溶液浸蛋晾干形成保鲜膜,取代黄泥和稻糠包蛋,便于直接观察蛋的外观质量,方便食用,且减轻运输重量,并能实现计重销售,保护了消费者的利益。

1590. 塑膜彩蛋及其生产方法

申请号:94106251　　公告号:1097282　　申请日:1994.05.31

申请人:吴元明

通信地址:(472000)河南省三门峡市崤山路地探4队

发明人:吴元明

法律状态:公开/公告

文摘:本发明是一种既不失传统彩蛋(也称松花蛋、变蛋、皮蛋)优良风味,又干净卫生,优雅美观,计量方便,适应连续批量生产的塑膜彩蛋及其生产方法。塑膜彩蛋由禽蛋(主要是鸡、鸭蛋)加工制成。其禽蛋原始外壳以及以内食用部分与传统彩蛋无异,区别在禽蛋原始外壳表面附着韧性薄膜,其生产方法仍以传统的浸泡腌制工艺为主。它的特点是腌制后以常见成膜材料和成膜方法在蛋壳表面塑制韧性薄膜。本发明一改彩蛋粗糙呆笨的外观形象,使传统方便食品重放光彩。

1591. 加工食疗彩蛋的药料液浸泡方法

申请号:86108471　　公告号:1012429　　申请日:1986.12.09

申请人:张乙亭、张致和

通信地址:(712000)陕西省咸阳市纺织器材厂东七楼50号

发明人:强致和、张乙亭

法律状态:实　审　　法律变更事项:视撤日:1990.06.13

文摘:本发明是一种食疗彩蛋的药料液浸泡方法及保健食品的加工。加工食疗彩蛋的药料液浸泡方法是由检蛋、装缸、选料、配料工艺组成。其加工方法是:将鲜净生水加热至沸点,冲进生石灰内,待液温为40~60℃时,加入食碱和食盐,均匀搅拌。待辅料液的温度为20~30℃时除去沉渣,按医疗的需要,将特定配方的中草药煎制,取其药汁,待药汁温度为 15～20℃时加入辅料液内,经 5 分钟后,再将混合均匀的药料液徐徐加入置于贮存室的装蛋容器内,简易封口。每个容器单层放置且离地面 30 厘米以上。本发明是根据水质、气温、蛋品种、配比以生石灰、食碱、食盐、水制成辅料液,再与特定的中草药汁,按一定温度均匀混合制成药料液进行泡制。上述方法加工的食疗彩蛋,营养丰富且无有害元素,具有药物防治病、补益健身的特殊疗效。本食品品味纯正,色型艳丽,食用方便卫生,加工不受季节限制且工艺简易,成熟期短而成品率高,是一种理想的高蛋白全营养、保健食疗蛋制新食品。

1592. 含有中草药的松花蛋制备方法

申请号:90106333　　公告号:1062272　　申请日:1990.12.13

申请人:张基江、江伯英、杜世庄

通信地址:(250100)山东省济南市山东大学新校南院 36 楼 105 号

发明人:杜世庄、江伯英、张基江

法律状态:公开/公告　　法律变更事项:视撤日:1995.02.15

文摘:本发明是一种含有中草药的松花蛋的制备方法。具体制备方法是:其料液中仍保留原配方中的生石灰 10～30 千克(按百千克蛋配料计算,下同),纯碱 6～8 千克(以上两种材料可用烧碱 4～6 千克代替),食盐 3～5 千克,茶叶 2～4 千克,柏壳粉 2～4 千克(或代之以柏松树枝叶、植物灰类),水 100 千克等。本发明将原配方中使用的铅或其他单一微量元素改为中草药(如甘草),使本工艺加工生产的松花蛋不但保留了松花蛋的传统风味,而且增加了营养成分,使其更有益于身体健康。

1593. 含有多种元素的松花蛋制备方法

申请号:90106334　　公告号:1062273　　申请日:1990.12.13

申请人:张基江、江伯英、杜世庄

通信地址:(250100)山东省济南市山东大学新校南院 36 楼 105 号

发明人:杜世庄、江伯英、张基江

法律状态:公开/公告　　法律变更事项:视撤日:1995.02.15

文摘:本发明是一种含有多种元素松花蛋的制备方法。具体制备方法是:在其料液中仍保留原配方中的生石灰10~30千克(按百千克蛋配料计算,下同),纯碱6~8千克(以上两种材料可用烧碱4~6千克代替),食盐3~5千克,茶叶2~4千克,柏壳粉2~4千克(或代之以柏、松树枝叶、植物灰类),水100千克等。其特点是在料液中增加了钾、镁、铁、锌、铜、锰、铬、钴、钼、碘、硒等的化合物。因而,本发明将原配方使用单一微量元素改为多种元素,并考虑了各地自然蛋(鸡或鸭蛋)中原有的诸元素含量,使以本工艺加工生产的松花蛋其诸元素含量及配比关系基本符合人体所需正常比例。它既保留了松花蛋的传统风味,又增加了营养成分,更适宜于人体的需求。

1594. 高钾钠比无铅富碘松花蛋的制作方法及工艺

申请号:92101720   公告号:1076596   申请日:1992.03.20
申请人:天津农学院
通信地址:(300000)天津市(西郊)候台子
发明人:葛宏如、郑亚勤
法律状态:授　权   法律变更事项:因费用终止日:1998.05.13
文摘:本发明是一种高钾钠比无铅富碘松花蛋的制作方法及工艺。其具体制作工艺流程包括:选蛋、洗蛋、沥干、浸泡(料液)、滚泥、熟化、成品及其料液排放。其中浸泡料液配方的主要成分:氢氧化钾、食盐、红茶、三氯化铁、氧化铜、碘化钾,按比例加水配制而成;在排放料液过程中进行酸中和处理,转化成钾肥和水。利用该方法泡制的松花蛋不仅改善松花蛋的无机盐营养价值,去除有害和有毒物质,降低了总碱度,使之口感好,完全符合营养丰富食疗保健的原则;而且解决了由于排放的料液为强碱性而造成污染、毁坏农田的问题。

1595. 抗炎保健皮蛋及其制备方法

申请号:93108968   公告号:1085401   申请日:1993.07.19
申请人:江百芝
通信地址:(434100)湖北省江陵县红十字会

发明人：江百芝

法律状态：授　权

文摘：本发明是一种抗炎保健皮蛋及其制备方法。抗炎保健皮蛋是采用无铅松花皮蛋的液浸工艺制作的,所用的浸泡料液由纯碱、生石灰、食盐、茶叶末、氢氧化铜和水配制而成。其特点是在110千克浸泡料液中还添加含有中草药有效成分的萃取液。40千克的中草药组成如下：菊花1 000～1 500克,金银花1 000～1 700克,连翘200～1 100克,甘草400～900克,薄荷200～800克,青蒿300～600克,佩兰叶150～480克。皮蛋呈松针状花纹明显,气香。本皮蛋具有安全无毒、营养丰富、清热解毒、疗效显著等特点。它不仅是餐桌上的美味佳肴,而且对人体一些感染性疾病具有明显的抗炎、抗菌、抗毒的作用。经63例病例统计分析,总有效率为92％。这种理想的食用消炎剂,也是预防各种炎性疾病发生的良好保健食品和辅助药膳。

1596. 含锌、硒元素的五香皮蛋及其制作方法

申请号：94104393　　　公告号：1110529　　　申请日：1994.04.28

申请人：赵　鹏

通信地址：(100875)北京市新街口外大街北京师范大学生物系

发明人：赵　鹏

法律状态：公开/公告　　　法律变更事项：视撤日：1998.05.13

文摘：本发明是一种含锌、硒元素的五香皮蛋及其制作方法。含锌、硒元素的五香皮蛋包含有蛋及蛋外的保护层。其特征在于上述的蛋可为带有香味的鸭蛋、鸡蛋、鹅蛋、鹌鹑蛋等多种禽鸟蛋。蛋内含有锌、硒保健元素,其中锌含量为15～50 ppm,硒含量为0.05～0.2 ppm。蛋壳外的保护层为一彩色石蜡层,蜡层厚度为0.1～0.3毫米。这样将原来工艺中生石灰用一定量碱性化合物所代替,并加入含锌、硒化合物和香料,使制得之皮蛋中含有锌、硒和富有香味,并用一定温度溶液泡制办法代替传统的工艺,以加快皮蛋制作周期,从而使工效可大大提高,为皮蛋的多样化开拓了新途径。

1597. 金黄褐色无铅皮蛋液料及其制作方法和液料加工皮蛋的方法

申请号：92110798　　公告号：1072834　　申请日：1992.09.16

申请人：罗光前

通信地址：（441300）湖北省随州市丰兴家用电器厂罗明凯转

发明人：罗光前

法律状态：公开/公告　　法律变更事项：视撤日：1996.01.03

文摘：本发明是一种加工无铅皮蛋液料及其制备方法和用液料加工皮蛋的方法。制备液料的配方（重量）和方法是：将纯碱5～6份，石灰13～15份，食盐0.8～1份，茶叶末5～7份搅拌均匀，加入100份的沸水充分搅匀、浸透、降温后，取出清液即为本发明的液料。500克液料可加工鸡蛋10～13枚，或鸭蛋9～11枚。根据气温不同可有不同的成熟期。该液料使用方便，价格低廉，利用补充液料方法可长期使用。加工1个皮蛋只需0.8～1分钱，加工的皮蛋呈金黄色或褐色，松花既美观又醒目，香味扑鼻。

1598. 糯米养肝松花蛋制作方法

申请号：96102082　　公告号：1159299　　申请日：1996.03.07

申请人：高国勤

通信地址：（436315）湖北省蕲春县蕲州镇新街109号

发明人：高国勤

法律状态：实　审

文摘：本发明是一种含糯稻汁（糯稻草或糯稻根之汁）的松花蛋制作方法。制作糯米养肝松花蛋的料液配方仍保留生石灰、纯碱、食盐、茶叶、硫酸铜等成分。其特点是在配方中加入具防治肝脏疾病作用的糯稻汁，使之达到有效含量。本发明使人们通过食用松花蛋而达到了养肝健身之目的。

1599. 食用方便的去壳皮蛋加工方法

申请号：96117108　　公告号：1154216　　申请日：1996.09.24

申请人：郁文涛

通信地址：（226311）江苏省南通县张芝山车站北首鹌鹑养殖场

发明人：郁文涛

法律状态：公开/公告

文摘：本发明是一种食用方便的去壳皮蛋制品的加工方法。加工食用方便的去壳皮蛋的方法是：先将优质新鲜的蛋洗净，加工成皮蛋，再除净皮蛋壳外的包裹层，放入开水中煮后剥去蛋壳，再放入调味料中浸泡后，取出烘焙，最后灭菌真空包装而制得成品。用该方法加工的无蛋壳皮蛋，不需再用调料或再加工便可食用，能随身携带，是一种即食方便食品。

1600. 一种即食蛋类食品及制备方法

申请号：93120787　　　公告号：1088754　　　申请日：1993.12.10

申请人：广州市东山区泰奇食品企业公司

通信地址：（510100）广东省广州市广九大马路 11 号

发明人：戚石飞

法律状态：公开/公告　　　法律变更事项：视撤日：1997.02.05

文摘：本发明是一种即食蛋类食品及制备方法。它是以蛋为主要原料，配以由八角、甜醋、甘草、辣椒、酱油、糖、盐及水等制成的卤水汁，经过一定的生产工序，在一定的温度、压力条件下反复升温、降温，再经浸泡、烘干、杀菌而制成。本发明采用了较为合理的配料，使产品富含丰富的蛋白质、氨基酸，具有滋补、营养之功效，是一种方便小食品。

1601. 浸泡期 8 天的皮蛋加工新工艺

申请号：94107674　　　公告号：1114540　　　申请日：1994.07.06

申请人：杨汉平

通信地址：（435000）湖北省黄石市禽蛋冷冻厂黄石大道 18 号

发明人：杨汉平

法律状态：实　　审

文摘：本发明是一种加工皮蛋的新工艺。这一新工艺是：①在常温下,先将高浓度的料液浸泡原料蛋直至原料蛋蛋白凝固;②当原料蛋蛋白凝固后,迅速将此高浓度的料液抽掉,换成低浓度的料液继续浸泡;③将低浓度料液温度维持在高温下直至皮蛋成熟。该工艺能在8天或更短时间内将新鲜原料蛋加工成皮蛋直接销售,它既大大缩短了加工皮蛋的周期,也增加了可观的经济效益。

1602. 制作含锌鹌鹑皮蛋的方法

申请号:87103308　　　公告号:1022254　　　申请日:1987.05.07

申请人:北京市食品研究所

通信地址:(100007)北京市东城区东总布胡同弘通巷3号

发明人:胡永华

法律状态:授　权　　法律变更事项:因费用终止日:1994.03.23

文摘:本发明是一种制作含锌(不加铅)鹌鹑皮蛋的方法。制作含锌(不加铅)鹌鹑皮蛋的操作步骤包括:将新鲜鹌鹑蛋放入含有氢氧化钠、氯化钠及茶叶的料液中浸泡。其特点是:首次浸泡料液含氢氧化钠的浓度为 $9\% \sim 10\%$,料液中添加 $0.2\% \sim 0.6\%$ 硫酸锌或添加 $0.2\% \sim 0.4\%$ 氧化锌;经首次浸泡1周左右取出的鹌鹑蛋,用含氢氧化钠浓度 $2\% \sim 2.5\%$,硫酸锌含量为 $0.2\% \sim 0.6\%$ 或氧化锌含量为 $0.2\% \sim 0.4\%$ 的料液再浸泡 $7 \sim 10$ 天或清洗表面,密封10天后出成品。本发明的优点在于保持了传统皮蛋的质量和风味,同时使成品含锌量达到一定标准,最高含锌量达 34.3 ppm。

1603. 鹌鹑皮蛋加工及后期贮存方法

申请号:88104175　　　公告号:1039172　　　申请日:1988.07.04

申请人:(224000)江苏省食品公司盐城市第二食品经营公司

通信地址:江苏省盐城市东闸桥东河边10号

发明人:唐湘、王纯庚、周学圣

法律状态:公开/公告　　法律变更事项:视撤日:1992.01.08

文摘:本发明是一种鹌鹑皮蛋的加工及后期贮存方法。鹌鹑皮蛋加工及后期贮存方法是:先把鲜鹌鹑蛋放入泡制液中浸泡 $20 \sim 30$ 天,取出晾干后放入固膜液中浸醮,形成一层保护膜,装入塑料袋或纸盒容器,即可包装出售。此法具有工艺简单、存放期长、食用方便的特点。

1604. 松花鹌鹑皮蛋的加工方法

申请号:94106995　　公告号:1113715　　申请日:1994.06.19

申请人:郑仕远

通信地址:(632168)四川省永川市重庆师范高等专科学校

发明人:郑仕远

法律状态:公开/公告

文摘:本发明是一种不含铅等重金属离子的松花鹌鹑皮蛋的加工方法。其加工方法是:①用碱、食盐、水、茶末制料液;②将鹌鹑蛋在料液中浸泡一定时间后出缸;③再用凉水洗净蛋壳外污物,晾干;④控制打蜡温度,在蛋壳外打上石蜡膜;⑤在室温下存放一段时间即得产品。该方法的优点是:产品不含铅等重金属离子;烧碱取代生石灰和纯碱配液,碱的浓度易掌握;上膜过程清洁、卫生;上膜后的产品存放时间长,能保质保鲜;皮蛋内呈现松花图案;食用方便。

(三)腌制咸蛋技术

1605. 快速压力腌蛋方法及装置

申请号:85103390　　公告号:1003997　　申请日:1985.04.19

申请人:佟林功、李根祥

通信地址:(110014)辽宁省沈阳市沈河区热闹路一段临园里17号

发明人:李根祥、佟林功

法律状态:授　　权　　法律变更事项:因费用终止日:1998.06.17

文摘:本发明是一种快速压力腌蛋方法及装置。传统的腌制禽蛋的方法周期长,对大批量生产很不利。本发明采用压力腌蛋法,即将禽蛋放入钢制压力容器内。加入饱和食盐水充满容器,然后通过手压泵对容器内盐溶液加压。一般24~48小时即可腌制完毕,味道咸度适中,口感好。本方法特别适用于批量生产咸蛋的副食店、单位食堂、养鸭专业户等使用。

1606. 辣味腌蛋

申请号：92113110　　　公告号：1086969　　　申请日：1992.11.19

申请人：王铁民

通信地址：(100081)北京市海淀区北下关四道口37号3门303号

发明人：王铁民

法律状态：公开/公告　　　法律变更事项：视撤日：1996.03.06

文摘：本发明是一种辣味腌蛋制品。它是在传统腌蛋制品的基础上，加入辣味调料，即可获得一种新型口味的腌蛋制品。本发明是一种丰富人们口味需要的辣味腌蛋制品。

1607. 一种以咸蛋纸制作咸蛋的方法

申请号：93110420　　　公告号：1089109　　　申请日：1993.01.09

申请人：周承显

通信地址：(412000)湖南省株洲市建设北路70号北区政府院内

发明人：周承显

法律状态：公开/公告　　　法律变更事项：视撤日：1997.07.16

文摘：本发明是一种以咸蛋纸制作咸蛋的方法。它是把喷洒和浸渍并撒上适度精制食盐的咸蛋液纸(植物纤维织物或无纺布)贴包包裹于洗净晾干的鲜蛋上，密闭存放25～30天，即成味美的咸蛋。该咸蛋液主要由五香酒和红茶汁、粮白醋配制而成。用该方法制作的咸蛋较传统方法制作的咸蛋更符合卫生要求，并且适宜于机械化生产，又能较长时间地保证咸蛋制品的优良品质，不会变质，也不会过咸。

1608. 真空无泥咸蛋及其制作方法

申请号：93111709　　　公告号：1086962　　　申请日：1993.08.17

申请人：泰州市第二食品加工厂

通信地址：(225300)江苏省泰州市东风路22号

发明人：陈维德

法律状态：公开/公告

文摘:本发明是一种真空无泥咸蛋及其制作方法。其制作工艺是:用特制的无菌盐水腌成咸蛋,再洗净咸蛋并进行消毒保鲜处理,最后真空封装于密闭的无毒塑料袋中。它包括表面洁净无菌并覆盖有消毒保鲜剂的腌成咸蛋和其外密闭的无毒塑料袋,蛋和袋之间为真空状态。这种咸蛋美观,卫生,口感好,贮存期长。

1609. 一种精制盐蛋黄的加工方法

申请号:94111073　　公告号:1104058　　申请日:1994.07.13

申请人:衡阳肉类联合加工厂肉制品加工厂

通信地址:(421002)湖南省衡阳市向荣里26号

发明人:廖兴佳

法律状态:公开/公告

文摘:本发明是一种精制盐蛋黄的加工方法。它将选用刚好成熟的盐蛋,经过冲洗、消毒,打蛋选珠、烘烤,消毒、包装而制成精制盐蛋黄。加工精制盐蛋黄的方法步骤如下:①冲洗、消毒:选用刚好成熟的盐蛋,用清水冲洗干净,滤干水后,置于消毒液中浸泡1～10分钟后取出,自然风干;②打蛋选珠、烘烤:打开盐蛋,将蛋黄取出,挤去粘在蛋黄上的浓蛋白、系带,放入山梨酸钾、氯化钠水溶液的洗珠防腐剂中洗净残留蛋白,粘上防腐剂,捞出滤干后置于涂有精制植物油的烤盆中,再放入温度50～100℃,最佳温度为55～70℃的烤箱中烘烤3.5～4.5小时;③消毒、包装:将烘烤好的蛋黄取出冷却至常温时,对蛋黄和包装食品袋进行紫外线杀菌消毒后再包装,并将袋内抽真空。本发明的产品相互不粘连,营养丰富,其中含蛋白质达25%～30%,水分15%～17%、盐分0.51%～0.75%、游离脂肪酸3%～3.4%。由于采用山梨酸钾、氯化钠水溶液作防腐剂和真空包装技术,延长了保鲜保质时间,在温度20℃、0～4℃、-10～-15℃环境下的保质期可分别达到3个月、6个月和12个月以上。

(四)蛋黄、蛋清及多味蛋加工技术

1610. 蛋黄的加工技术

申请号：92104583　　　公告号：1080133　　　申请日：1992.06.16

申请人：张绍浦

通信地址：(101600)河北省三河县尚店养鸡厂

发明人：张绍浦

法律状态：公开/公告　　法律变更事项：视撤日：1996.08.21

文摘：本发明是一种关于蛋黄的加工技术。这种蛋黄制品的加工方法是：将分离出的蛋黄，经紫外线照射，再装入有渗透作用的膜或容器里，浸泡在配好的溶液或浆料中，在 20～30℃温度下，经 5～20 天，制成咸蛋黄、皮蛋黄、糟蛋黄等蛋黄制品。该项技术既解决了工业上剩余蛋黄的问题，又满足了人们的食用需要。

1611. 蛋黄素

申请号：95104868　　　公告号：1121784　　　申请日：1995.05.20

申请人：王　见

通信地址：(472000)河南省三门峡市五粮有限公司

发明人：王　见

法律状态：实　审

文摘：本发明是一种高级功能性补养品——蛋黄素补养品系列。开发一种高级补脑、抗衰、防病、食疗补养品系列，是为了使其成为一种有利于提高人们的智商、延缓衰老、适合于人们应用的高级补养品。本发明以采用多种蛋黄为主要原料，添加一定比例的果、蔬粉(汁)、胡萝卜粉(汁)、肉粉、鸡内金粉、蛋壳料、药膳食品；含卵磷脂、素纯脂、β-胡萝卜素、各种维生素、无机盐、蛋白质，并分礼品系列、旅游专用系列、智力早餐即食系列、复合系列、干食系列、卵磷脂胶囊系列、冰淇淋系列、蛋黄干系列、乳酸饮料系列、口服液系列、果冻系列。

1612. 蛋豆腐

申请号：93106189　　　公告号：1084022　　　申请日：1993.05.26

申请人：解国辉

通信地址：(030031)山西省太原市许坦东街2号山西煤校教学二科

发明人：解国辉

法律状态：实　审　　　法律变更事项：视撤日：1998.04.22

文摘：本发明是一种蛋豆腐。它是利用鸡蛋白在热水中加热到一定程度,凝聚成絮状物,与制豆腐过程中凝聚成的絮状物,二者按一定比例混合,然后再压制成的豆腐,以供人们食用。

1613. 低盐脱脂蛋清

申请号：94104537　　　公告号：1104057　　　申请日：1994.04.28

申请人：吴锡君、王建中、王　毅

通信地址：(063000)河北省唐山市赵庄小区国防北楼212-1-503

发明人：王建中、王　毅、吴锡君

法律状态：实　审　　　法律变更事项：视撤日：1997.07.23

文摘：本发明是一种低盐脱脂蛋清,属于用禽蛋蛋清加工的食品罐头。它是由原生脱脂蛋清、食盐组成,含盐量在0.3%左右。它具有保质期长、贮存、包装、携带食用方便,不含防腐剂、化学药物,不含胆固醇,长期食用保健强身等优点,适于工业化生产。

1614. 多味蛋及其生产方法和设备

申请号：93112077　　　公告号：1097562　　　申请日：1993.07.20

申请人：张冠冲

通信地址：(110014)辽宁省沈阳市沈河区大西门广昌路51号楼4-1-2号

发明人：张冠冲

法律状态：公开/公告　　　法律变更事项：视撤日：1998.11.18

文摘：这是一种多味蛋及其生产方法和设备。多味蛋是具有各种水果味、蔬菜味以及五香味和各种微量元素的禽蛋。多味蛋的生产方法是将蛋放进已装有配制好的溶液的压力罐中,然后密封、加压,经适当时间后出罐并煮熟。生产多味蛋的压力罐由罐体、装有加压孔的活动上端盖和装有放水孔的固定下端盖组成。

1615. 一种打孔营养多味蛋

申请号:94102843　　公告号:1108902　　申请日:1994.03.25

申请人:王延滨

通信地址:(137400)内蒙古自治区乌兰浩特市铁西佳美电褥厂

发明人:王延滨

法律状态:公开/公告　　法律变更事项:视撤日:1997.12.31

文摘:本发明是一种打孔营养多味蛋。它的制作方法是通过将禽蛋壳体打孔后,抽出蛋液配入营养、肉泥、调味品辅料,再注回蛋壳内制熟即可食用。本发明具有生产周期短的特点,是家庭、旅游的方便食品。

1616. 多味蛋及其加工方法

申请号:94111354　　公告号:1113124　　申请日:1993.06.10

申请人:韩寿珍

通信地址:(214035)江苏省无锡市青山湾国内贸易部无锡粮科所

发明人:韩寿珍

法律状态:实　审

文摘:本发明是一种多味蛋及其加工方法。多味蛋是蛋白或蛋白加一蛋黄或蛋白加两蛋黄分别与调味品的混合体。它的调味品是食盐、味精、香料以及味素;味素有茶叶汁、牛精粉、鸡精粉、虾精粉等。多味蛋的加工方法是:将蛋品去壳,蛋清与蛋黄按不同相对含量比例配料,加入调味剂,混和调匀,然后将其置入包装容器加盖密封,加热煮熟。

1617. 醋蛋营养液生产方法

申请号:94114033　　公告号:1124593　　申请日:1994.12.15

申请人:钱生球

通信地址：（230026）安徽省合肥市中国科技大学

发明人：钱生球、陆崇义

法律状态：实　审

文摘：本发明是一种醋蛋营养液生产方法。它的生产方法是：以鲜鸡蛋和米醋为原料，用木瓜蛋白酶水解，加入1～2种乳化剂，1～2种胶体保护剂，均质后加入醋，添加砂糖等调味稳定剂，制成风味柔和、口感良好、酸甜可口的醋蛋营养液。本发明的技术关键是采用非离子型表面活性剂与胶体保护剂与鸡蛋白质形成复合体，可长期稳定保存。

1618. 一种新型保健食品——醋蛋片

申请号：95102134　　公告号：1130997　.　申请日：1995.03.10

申请人：王厚德、李广华

通信地址：（061001）河北省沧州市北环路光明街电厂北韩家场村

发明人：王厚德

法律状态：公开/公告

文摘：本发明是一种新型的保健食品——醋蛋片。制作醋蛋片的方法是：按一定比例将去壳的鸡蛋内容物（蛋清、蛋黄）与浓度为1.8%～2.4%的醋酸溶液均匀混合于耐酸的密闭容器中，在25～32℃温度下反应40～48小时，其间每1～2小时搅动1次；之后在98～102℃下消毒、灭菌1分钟；并经用大米粉，玉米粉，淀粉，奶粉和食糖等固态原料调成糊状物，在气流温度小于或等于165℃下烤制成浅黄至褐黄色固态片状成品。本品在清洁度、适口性和医疗保健功能方面均明显优于传统工艺制造的醋蛋产品，并便于包装、运输和储存。

1619. 多味保健糯米蛋糕的制作方法

申请号：92113462　　公告号：1074584　　申请日：1992.11.19

申请人：叶海林

通信地址：（317500）浙江省温岭县城关蓝田新村9-8号

发明人：叶海林

法律状态：公开/公告　　法律变更事项：视撤日：1995.04.19

文摘：本发明是一种多味保健糯米蛋糕的制作方法。制作多味保健糯米蛋糕的用料配比为：糯米粉（干细粉）1千克，禽蛋1千克，白砂糖0.6～0.8千克，蜂蜜0.1～0.3千克，桂花0.025千克，黑芝麻0.05千克，无核葡萄干0.10～0.15千克，香肠适量。制作的工艺流程是：用优质糯米磨成干细粉，将黑芝麻炒熟备用；将禽蛋去壳入打蛋机搅拌12分钟，加白砂糖继续搅拌8分钟，并在拌糖过程中加入蜂蜜，然后加糯米粉搅拌均匀，同时放入桂花和葡萄干；将搅拌均匀成稠浆状的蛋糕湿粉倒入铺有湿纱布的蒸笼摊平，其厚度以不超过2厘米为宜，在湿粉上撒上黑芝麻；再以香肠切成的片或丝点缀成各种图案，最后旺火蒸30～40分钟，即可出笼冷却，切块成型以备出售食用。

1620. 禽蛋火腿肠

申请号：93106191 公告号：1095236 申请日：1993.05.17

申请人：刘战英

通信地址：(462323)河南省郾城县万金乡万金村

发明人：刘战英

法律状态：公开/公告 法律变更事项：视撤日：1997.02.12

文摘：本发明是一种即食食品禽蛋火腿肠，即以禽蛋为主要原料制作的火腿肠。它是采用无质变的鲜蛋液，内添加食用辅料、调料灌入肠式的耐高温塑料袋内并利用高温处理而制成的。

1621. 鸡胚的加工工艺

申请号：87101325 公告号：1021779 申请日：1987.04.15

申请人：蒋洪超

通信地址：(276100)山东省郯城县重坊镇罐头厂

发明人：蒋洪超、蒋宇野

法律状态：公开/公告 法律变更事项：视撤日：1991.05.15

文摘：本发明是一种参汤鸡胚的加工工艺。它以鸡蛋为原料，筛选出受精种蛋进行14～15天的孵化，温度控制在37～41℃，每日不同；将成品胚加入人参、佐料煮后，即加工制作完成。本工艺操作简单，产品营养价值极高。

1622. 酸蛋乳饮料冰棒冰淇淋的制作方法

申请号：92106505　　公告号：1078104　　申请日：1992.05.07

申请人：青岛食品学校

通信地址：（266002）山东省青岛市贵州路1号

发明人：赵瑞清

法律状态：实　审　法律变更事项：视撤日：1997.07.23

文摘：本发明是一种酸蛋乳饮料、冰棒、冰淇淋的制作方法。制作酸蛋乳饮料冰棒冰淇淋的方法是：先将禽蛋蛋清或蛋清与蛋黄的混合物进行脱腥、发酵，再进一步将发酵产物进行加工制成不同浓度不同口味的酸蛋乳饮料或冰棒、冰淇淋。这类产品含大量的氨基酸、乳酸、其他有机酸和多种酶类，其中有抗癌物质，营养丰富，食用它有抑制肠道细菌活动和繁殖以及调节菌群使之趋于正常的作用。它品味俱佳，酸甜适口，具有禽蛋特殊的香气，并且适合包装长期贮存和远距离运输。

1623. 禽蛋天然保健饮品"蛋保"及其制备方法

申请号：93111080　　公告号：1094260　　申请日：1993.04.27

申请人：王景凯

通信地址：（111000）辽宁省辽阳市鹅房街6号

发明人：王景凯

法律状态：公开/公告

文摘：本发明是一种禽蛋饮品及其制备方法。制备禽蛋天然保健饮品"蛋保"方法步骤是：向反应釜内加入3～4倍禽蛋液量，去离子水，在搅拌下用1摩的盐酸溶液调整去离子水，使其成为pH值1～2的0.065～0.1摩的盐酸溶液，并通过蒸汽将其加热至50～52℃，然后在搅拌下向反应釜内依次缓缓加入蛋液和蛋液量0.09%～0.11%的氯化钠，0.04%～0.06%的胃蛋白酶，并间断搅拌进行水解反应3.5～4.5小时，将蛋白质水解成分子量较小的多肽和少量的氨基酸等水解混合物；用浓度为10%的氢氧化钠溶液在搅拌下中和以上制得的水解混合物,将 pH 值调整至 7.8,然后加入蛋液量 0.04%～0.06%的胰酶,使其在 45～50℃的温度下间断搅拌进行水解反应 3.5～4.5 小时,将蛋白质水解成多肽、二肽和氨基酸时,视为水解反应终点,终止反应,杀菌消毒后即为成品。这种制备方法是采用生物化学技术,将禽蛋蛋液的大分子化合物分解成分子量较小的水解物,并根据需要在水解物中加入适量的果糖、葡萄糖、抗坏血酸等有机酸及天然香料或各类药物。本发明具有制作方法合理,产品营养丰富,易于被消化吸收,生理价值高等优点。

1624. 全蛋液食品及其制作方法

申请号:95113771   公告号:1130038   申请日:1995.10.27

申请人:谷茂田

通信地址:(714000)陕西省渭南市临渭区西一路 5 号楼 3-402

发明人:谷茂田

法律状态:公开/公告

文摘:本发明是一种全蛋液食品及其制作方法。它以鲜蛋的全蛋液为原料,直接加入碱性物质使其水解、变性,既可以制成糊状的蛋酱,也可以制成胶冻状的蛋冻,而且产品质量的一致性好,各种调味料也能够直接加入其中,使其味道更加鲜美。全蛋液食品组成及重量配比为:蛋液 100 千克,烧碱 0.6～1.4 千克,水 25～120 千克,食盐 0～6 千克。该食品呈浅黄色,稍咸,有蛋香味,具有无壳、卫生、食用方便、生物价高的特点。

1625. 一种促进蛋白钙盐形成的营养添加剂配备方法

申请号:93115518   公告号:1100603   申请日:1993.09.22

申请人:王农钢

通信地址:(410078)湖南省长沙市北站路 22 号

发明人:王农钢、曾采承

法律状态:公开/公告   法律变更事项:视撤日:1997.12.16

文摘:本发明是一种促进蛋白钙盐形成的营养添加剂。它的配制方法是:由生石灰加水构成的溶液,这种溶液中的生石灰含量与水的配制比例是1:6,每100毫升溶液中含钙量为98.0毫克,而这种含量符合加入蛋白蒸煮时人体所需钙磷2:1的比例值,溶液的pH值13～14。这种添加剂的溶液加入鸡蛋中所产生的化学原理是由溶液中的钙与蛋黄中的磷结合,促使蛋白质形成有利于人体所能吸收的蛋白钙盐络合物。本添加剂是由生石灰加水所构成的溶液与鸡蛋类食品相蒸煮,能使溶液中的钙与蛋黄内的磷相结合,促进蛋白质凝固,形成蛋白钙盐状态,从而有益于人体吸收,满足人体骨骼发育的需要。

1626. 南洋滑嫩蛋食品及其制作方法

申请号:94113191　　公告号:1111108　　申请日:1994.12.23

申请人:文正亚

通信地址:(410011)湖南省长沙市八一路235号花炮出口大楼6楼

发明人:文正亚

法律状态:实　审　　法律变更事项:视撤日:1998.04.22

文摘:本发明是一种南洋滑嫩蛋食品及其制作方法。南洋滑鲜蛋食品是由鲜鸡蛋、大豆浆、凝固剂、味素和水组成。其百分比含量为鲜鸡蛋50%～60%,大豆浆10%～20%,凝固剂2%～5%,味素2%～5%,水15%～25%。将鲜鸡蛋、大豆浆、凝固剂、味素、水按上述百分比含量掺和均匀搅拌,装入无毒聚乙烯瓶型塑料袋,置入100℃高温蒸煮40分钟,放入冷却池1小时,然后放入冰水池浸泡1小时,最后放入冷藏室保鲜。本发明的制品具有高蛋白、低脂肪、营养可口、食用方便的特点,既可作旅行食品又可作为餐桌上一道美味佳肴,是一种独特的新颖食品,且制作工艺简单,原料易得。

1627. 含高卵蛋白碘奶粉及其制法

申请号:95102098　　公告号:1110509　　申请日:1995.03.09

申请人:孙明堂、张枢泉、杨宝元、高介清

通信地址:(302950)河北省廊坊市大城县城北小街1号

发明人：高介清、孙明堂、杨宝元、张枢泉

法律状态：公开/公告

文摘：本发明是一种含高卵蛋白碘奶粉及其制法。这种奶粉是由高卵蛋白碘的蛋粉与奶粉组成。其重量比为1：110～120。它的制法是将碘酸钙混入鸡饲料中使鸡蛋含有高卵蛋白碘，然后将其干燥成蛋粉，再与奶粉混合而制成。本制品与直接将碘酸钙混入牛饲料使牛奶含碘方法相比，此种含有高卵蛋白碘的奶粉更易于吸收，不会造成饮用奶粉带来的呕吐和反胃现象，是孕妇和婴儿补充碘的最适宜保健奶粉。

1628. 一种即食鸡蛋酱生产方法

申请号：95104987　　公告号：1117820　　申请日：1995.05.19

申请人：孟庆利

通信地址：（132011）吉林省吉林市吉林大街115号

发明人：孟庆利

法律状态：公开/公告

文摘：本发明是一种即食鸡蛋酱生产方法。生产即食鸡蛋酱的方法是：用菜油、调料将鸡蛋炒熟炒碎（大小约1～2立方厘米左右）；然后配以水、豆酱、甜酱、香辅料、调料、食品添加剂等辅料精制而成的酱类佐餐调味食品；最后经过质检、计量、装瓶、灭菌、包装，获得具有一定块状物酱体的即食鸡蛋酱产品。该产品具有方便、卫生、味美、即食、滋味绵醇的独特特点，且营养丰富。

1629. 苹果炒鸡蛋

申请号：95110337　　公告号：1122662　　申请日：1995.02.16

申请人：马　千、马斯亮

通信地址：（250014）山东省济南市文化东路49号

发明人：薛中琳、邢世胄、马　千、马斯亮、庞　宾

法律状态：公开/公告

文摘：本发明是一种苹果炒鸡蛋。它的制作方法是：先把苹果去皮切块在油锅里速炒，再将经过卫生处理过的多种有营养的佐料同鸡蛋

炒成带花色多味的饼块。其主要技术特征是:将生苹果块在植物油锅里单炒,将多物多色多味鸡蛋饼块单炒,并将鸡蛋去皮加入经南酒、白酒、醋、开水浸泡过的黑芝麻、枸杞子、腰果、葡萄干、瓜籽仁、葵花籽仁、松籽仁及白酒、醋、盐、味精搅匀,慢火在植物油锅里炒成带白、黄、黑、红多色花点的多味鸡蛋饼块。这样将以上两项合成则是一道菜。

1630. 蛋饺的制作方法

申请号:95112519　　公告号:1149424　　申请日:1995.11.02

申请人:胡凤庆

通信地址:(410004)湖南省长沙市韶山路174号

发明人:胡凤庆

法律状态:公开/公告

文摘:本发明是一种蛋饺子的制作方法。制作蛋饺的方法包括以下步骤:①将鲜蛋打碎搅匀;②将碟形金属模具加热并抹上1层油;③定量将搅好的鸡蛋加入模具内并摇匀;④使之加热到半熟;⑤投入馅料;⑥脱离模具;⑦捏合成蛋饺。它不是用面粉做饺子皮,而是由鸡蛋加入碟形模具中加热成为饺子皮。本发明风味独特,制作简单迅速,易于工业化生产,可开发成为一种新型的速冻快餐食品。

1631. 促进分娩的一种食品的制备工艺

申请号:92103762　　公告号:1078869　　申请日:1992.05.22

申请人:林若青

通信地址:(100036)北京市西钓鱼台甲57号

发明人:蔡晓明、林若青

法律状态:实　审　　法律变更事项:视撤日:1998.09.09

文摘:本发明是一种促进分娩的蛋制食品的加工方法。制备促进分娩的一种食品的工艺方法是:将蓖麻油与生鸡蛋、生鸭蛋、生鹅蛋及各种生的鸟、禽蛋其中的1种打碎去壳后,按蓖麻油量:生鸡蛋、生鸭蛋、生鹅蛋及各种生的鸟、禽蛋其中的一种打碎去壳后的蛋量比(重量比)为1:2.5~12.5,搅拌混合均匀成蛋油乳浆状,再将2~85个重量单位的蓖麻油,置于加热的容器中,使蓖麻油的温度为 60～190℃,将蛋油乳浆于 60～190℃的蓖麻油中炒至呈蛋碎块。本产品能促进孕妇分娩,生产工艺简单,原料易得。可使产妇于 3～12 小时左右分娩,又可使妇补充一定热量,做到计划分娩,增强了产妇的体力,缩短产程,减少分娩痛苦。本品价格低廉,便于推广应用。

1632. 乌鱼蛋的制作工艺

申请号:85102465　　　公告号:1003397　　　申请日:1985.04.01

申请人:山东省水产供销公司日照市公司

通信地址:(276800)山东省日照市

发明人:刘克德、彭英海、周绪和

法律状态:授　　权　　法律变更事项:因费用终止日:1991.08.21

文摘:本发明是一种乌鱼蛋的制作工艺。它是对雌乌鱼缠卵腺加工的乌鱼蛋。其制作工艺流程是:原料选择→原料处理→加工制作→检验包装→贮藏运输。采用上述工艺将雌乌鱼缠卵腺进行加工,使过去视为废弃物变为营养丰富的高级海味珍品,国内外市场需求量大,而我省沿海一带资源充裕,是一种很有开发价值的商品。在加工制作步骤中采取腌制、脱盐、再腌制的方法,使蛋体膨胀形状丰满,便于长期储存。

(五)保健蛋制作方法

1633. 保健回益蛋

申请号:93103732　　　公告号:1081332　　　申请日:1993.03.30

申请人:崔顺玉

通信地址:(476000)河南省商丘市胜利东路 14 号

发明人:崔顺玉、姜统杰、刘文春、刘晓辉、吴　森、杨新敬、赵文立

法律状态:实　　审

文摘:本发明是一种保健回益蛋。它是由主料(鲜蛋类)、药料(多种中草药)、配料(石灰、纯碱、木屑),按配方加工而成。制作保健回益蛋的特点是在鲜蛋外壳涂粘一层中草药;该药物由党参 3%～5%,

黄芪 7%～9%,当归 7%～9%,砂仁 7%～9%,枳实 7%～9%,青皮
3%～5%,元胡 7%～9%,沉香 7%～9%,大黄 11%～14%,五灵脂
11%～14%,二丑 7%～9%,香附 7%～9%,粘附剂(白芨)适量组成。
各组分的总和为 100%(重量)。制作保健回益蛋的关键在于将多种中
草药粉粘附在鲜蛋外壳表面,使药物充分渗透入鲜蛋内,从而成为能治
病的保健药膳食品。这种食品对治疗胃脘胀满、胸肋作痛、不思饮食、面
色萎黄、四肢倦怠、小儿疳积等有显著的疗效,经临床 1 180 例疗效验
证,主治病的有效率达 96%。

1634. 多元保健蛋生产工艺

申请号:93108395　　　**公告号**:1097106　　　**申请日**:1993.07.23

申请人:刘振欧

通信地址:(150076)黑龙江省哈尔滨市道里区河图街 120 号

发明人:刘振欧、王永建

法律状态:公开/公告　　**法律变更事项**:视撤日:1997.07.16

　　文摘:本发明是一种多元保健蛋的生产工艺。它是使用物理方法对
蛋类进行强化处理。其工艺程序是:将鲜蛋清洗消毒后装入配有一定浓
度微量元素的溶液中,密封容器,通过机械方法对容器进行减压和增压
处理,使微量元素通过蛋壳的微孔浸入蛋内。使蛋白有机微量元素含量
达到补充人体需量的水平,以供不同体质和年龄段的人每天食用,达到
健身防病的目的。

1635. 保健养生蛋

申请号:93110719　　　**公告号**:1077861　　　**申请日**:1993.03.13

申请人:沈时谋

通信地址:(210029)江苏省南京市汉中路 282 号 106 号信箱

发明人:沈时谋

法律状态:公开/公告

　　文摘:本发明是一种以中草药为主要成分浸制的保健养生蛋及其
配方和制法。这种保健养生蛋是由中草药、米醋、黄酒、香料及调味品组

成的浸制液,其中草药的组成范围如下:(按重量百分数计)党参10%~14%,茯苓6%~10%,黄芪10%~14%,当归8%~12%,熟地8%~12%,白术6%~10%,首乌0~8%,枸杞子0~6%,桑椹0~6%,女贞子0~5%,黄精0~7%,龙骨0~10%,山茱萸0~8%,杜仲0~8%,菟丝子0~6%,补骨脂0~6%,鹿角片0~12%,仙灵脾0~6%,炒白芍0~8%,益母草0~10%,香附0~8%,茺蔚子0~8%,川芎0~6%,炙甘草0~5%,淮山0~10%,莲子0~6%,山楂0~5%,神曲0~6%,牡蛎0~10%,狗脊0~8%。本发明针对不同类型不同年龄层次的人们的需要,制成适合于老人、男士、妇女和儿童食用的保健养生蛋。由于本发明完全采用了天然物质,不用化学合成制剂,因而无毒、无副作用,具有保健、营养、强身之功效。

1636. 乌鸡双降宝

申请号:94101788　　公告号:1101235　　申请日:1994.07.25

申请人:王清枝

通信地址:(043300)山西省河津市委宿舍(泰兴路1号)

发明人:安作新、牟挹欣、裴玉秀、周孝荩、周逸潜

法律状态:公开/公告

文摘:本发明是一种由乌鸡蛋加工成的食品——乌鸡双降宝及其加工工艺。上述的乌鸡双降宝是指经高维生素C浸蛋液和天然植物辅料浸泡而成的乌鸡蛋;上述的辅料选用菊花、山楂。泡制乌鸡蛋的浸泡液是由柿子、高粱粒煮水发酵加入维生素C组成。用上述浸泡液浸泡经选择的乌骨鸡蛋,浸泡1周后即成本发明的食品。食用时可适量加入甜味品,香醇怡人,口感好,是一种含有人体所需的多种氨基酸及微量元素并具有降脂降压、预防心脑血管疾病极有疗效的食品,并具有配方合理,工艺科学等优点。

1637. 乌鸡双宝

申请号:94106818　　公告号:1098603　　申请日:1994.07.25

申请人:王清枝

通信地址：（043300）山西省河津市委宿舍（泰兴路 1 号）

发明人：安作新、牟挹欣、裴玉秀、周孝莀、周逸潜

法律状态：公开/公告

文摘：本发明是一种加工乌鸡双宝及其工艺方法。乌鸡双宝是一种选用乌骨鸡蛋经花椒、大料、山楂、丁香、姜、柏枝、砂仁、小茴香浸泡，外包覆纯碱和石灰，存放数天后即成蛋清浅黄、透明，蛋黄有汤心的新松花蛋型。本制品配比科学合理，工艺制作简单，保存了乌骨鸡蛋的优质营养素和滋阴补血的功效；选料精制，具健脾开胃，增进食欲，帮助消化，促进人体新陈代谢，延缓人体生理机能衰退之功效。

1638. 鸡蛋保健品的制作方法

申请号：94107460　　　公告号：1115217　　　申请日：1994.07.22

申请人：戴根春

通信地址：（100007）北京市东城区张自忠路 3 号北京部鹏生物工程研究所

发明人：戴根春

法律状态：公开/公告　　　法律变更事项：视撤日：1997.12.31

文摘：本发明是一种鸡蛋保健品的制作方法。本方法可以使蛋黄中的磷脂分解出具有保健作用的甘油二脂、神经酰胺和磷酸胆碱，而且产出率较高。制作鸡蛋保健品的方法包括洗净鸡蛋，取出蛋黄，还包括以下步骤：①将蛋黄加到含氯化钠的乙酸或食用醋中搅拌均匀，通过滴加乙酸或盐酸使蛋黄溶液的 pH 值小于 3；②将蛋黄溶液继续搅拌 2 小时以上；③用含氯化钠 1～5 克/升，氯化钙 0.01～3 克/升，氯化锌 1 毫克～0.1 克/升，氯化镁 1～7 克/升，乙醇 10～50 克/升，氢氧化钠 10～60 克/升的溶液向蛋黄溶液边搅拌边滴加，将蛋黄溶液的 pH 值调到 5.0～7.8；④按 100 毫升蛋溶液滴加 5～20 个活性单位，给蛋黄溶液滴加磷脂酶溶液，并将蛋黄溶液温浴 20～55 ℃，充分搅拌，待蛋黄溶液的 pH 值下降时，用氢氧化钠溶液滴定使蛋黄溶液的 pH 值维持在 5.0～7.8；⑤上述蛋黄溶液的 pH 值停止下降后，停止滴定，但不停止搅拌，当蛋黄溶液的 pH 值再次下降时，再滴加氢氧化钠溶液使蛋黄溶

液的 pH 值维持在 5.0～7.8,直到蛋黄溶液的 pH 值不再下降为止;⑥将上述蛋黄溶液添加调味品、加热杀菌、制成液体饮品,或者用喷雾干燥法制成粉剂。

1639. 保生蛋及其制备方法

申请号:95105308　　公告号:1116062　　申请日:1995.05.22

申请人:包　升

通信地址:(100026)北京市朝阳区团结湖中路北二条 3 号楼 1 单元 502 号

发明人:包　升

法律状态:实　审

文摘:本发明是一种保生蛋及其制备方法。保生蛋主要由鲜蛋、配料、水按配方加工而制成。它的配料组成为(重量):纯碱 1 000～2 000克,食盐 750～1 000 克,五香粉 250～500 克,花椒 25～30 克,小茴香50～100 克。本制品味道鲜美、清香爽口,长期服用具有健体强身等功效。而且配料来源广泛,工艺简单,成本低廉,易于推广。

1640. 延寿蛋黄油

申请号:95106404　　公告号:1136412　　申请日:1995.05.20

申请人:萧山市第一人民医院浙江医科大学

通信地址:(311200)浙江省萧山市城乡镇市心路 145 号

发明人:高洪源、朱寿民、郭一龙、单才华、洪赤波

法律状态:公开/公告

文摘:本发明是一种延寿蛋黄油,由蛋黄油和强化维生素 A、维生素 E 及中药提取物组成。延寿蛋黄油的组分含量:每千克蛋黄油含维生素 A6 667 国际单位(IU),维生素 E 3％,中药提取物 10％～30％。

本发明的制品比单纯蛋黄油有显著提高抗氧化能力,降低丙二醛水平,能提高血清超氧化物歧化酶,对消除自由基、消除体内过氧化脂质有显著作用,并具有填精益髓、补肾固精之功用。既可作为营养保健食品,又可作为抗衰老及防治老年疾病药物。制作工艺简单,成本低,无

副作用。

1641. 延春蛋及其制作方法

申请号：95106756　　　公告号：1138963　　　申请日：1995.06.23

申请人：李凤杰

通信地址：（122500）辽宁省凌源市凌源镇马道街166号

发明人：李凤杰

法律状态：公开/公告

文摘：本发明是一种延春蛋制品及其制作方法。制作延春蛋的方法步骤为：①挑选禽蛋，清洗后摆放在缸内；②配制浸泡液，将茶叶100～200克，碱150～350克，石膏10～20克，调匀放入锅里，加水至3 000克，煮沸至浆状，再凉到50℃左右；③将配制好的浸泡液倒入缸里，液面没过蛋顶；④浸泡12～20天，即得延春蛋。它不仅具有鲜美的口味，透明晶亮的鲜明色彩，比一般蛋含有更多的营养，而且还具有一定的医疗和保健作用。

1642. 多维高碘长寿蛋的制作及表面工艺处理

申请号：95109713　　　公告号：1142917　　　申请日：1995.08.16

申请人：林树芳

通信地址：（024076）内蒙古自治区赤峰市平庄镇平庄村

发明人：林树芳

法律状态：公开/公告

文摘：本发明是一种多维高碘长寿蛋的制作及表面工艺处理。多维高碘长寿蛋的制作是由碘元素、多维蛋禽添加剂、含硒蛋禽添加剂、增钙粉组成的转化剂，经拌食可喂鸡、鸭、鹅、奶牛，经蛋禽的生物转化过程，获得纯生物活性有机碘和硒及多种微量元素。本制品对缺碘病区人员有很好的补碘作用，同时外壳表面标有精美的雕刻、字画、山水、风景工艺，立体感强，具有药食两用价值和观赏价值。

1643. 补肾保健蛋

申请号：95110366　　公告号：1130487　　申请日：1995.03.09

申请人：徐　立

通信地址：(265200)山东省莱阳市文化路 46 号莱农

发明人：徐　立

法律状态：公开/公告

文摘：本发明是一种补肾保健蛋。它是将禽蛋置于中草药药液中浸泡制而成。其中草药的组分为橘红、桑椹、桂圆、韭菜子、枸杞子、大红枣、小茴香、仙灵脾。该保健蛋将补充营养与药物治疗合一,服食口感好,食用方便,对肾虚、四肢无力、阳萎、健忘失眠等症都有疗效。

1644. 一种益脑保健营养食品

申请号：95113609　　公告号：1145744　　申请日：1995.09.14

申请人：沈金宝

通信地址：(710086)陕西省西安市西郊未央四路西安造纸机械厂技术开发处

发明人：沈金宝

法律状态：公开/公告

文摘：本发明是一种益脑保健营养食品。它是以蛋类、奶类、食用淀粉、糖盐类调味品等为基本配方,通过科学加工,将营养食品与保健物质有机地结合在一起,制成一种营养丰富且适口性好的以蛋类成分为主的固状益脑保健营养食品。该食品有益于人的脑力保健,提高学习效率,特别有利于广大青少年身体以及智力的发育成长。

1645. 高营养生物合成功能保健蛋

申请号：95117407　　公告号：1149422　　申请日：1995.11.06

申请人：卞文江

通信地址：(050041)河北省石家庄市体育北大街华药家属院二区 42-3-101 号

发明人：卞文江

法律状态：实　审

文摘：本发明是一种利用蛋鸡的生物合成功能制作的高营养保健蛋。这种保健蛋中含 18 种氨基酸,其含量高于 95 毫克/克,硒含量高于 150 微克/100 克,胆固醇含量则低于 295 毫克/100 克。其生产方法是以人参、不老草等天然药物及高营养物质制成添加剂掺入蛋鸡饲料喂鸡,而所产的鸡蛋为高营养保健蛋。本发明的保健蛋具有降压、降血糖等作用,适合高血压、心脏病、糖尿病患者服用。

三、蜂产品及花粉加工技术

(一)蜂蜜加工技术

1646. 人参蜂蜜脯的制作方法

申请号：91106207　　公告号：1058700　　申请日：1991.08.16

申请人：沈阳市三明应用技术研究所

通信地址：(110031)辽宁省沈阳市皇姑区九洲大厦 602 号

发明人：赵相斗

法律状态：公开/公告　　法律变更事项：视撤日：1995.02.15

文摘：本发明是一种人参蜂蜜脯的制作方法。制作人参蜂蜜脯的方法是：①首先进行鲜参整理,去头和须；②用凉水清洗,以无土为净；③将人参切片；④用硫磺燃烧熏；⑤用真空泵干燥脱水,同时加入由蜂蜜、果脯糖浆和葡萄糖组成的混和蜜,以不脱水为准；⑥加压渗透,使混和蜜完全渗入到参片内部的纤维质为止；⑦冷却、风干；⑧包装成品。该制作方法的特点是参片不用煮,因而不破坏或少破坏人参的原有成分,甜度适宜、口感较好、无结晶或粘接现象。本制品具有补元气、壮身体、润燥之功能,是男女老少皆可食用的保健食品。

1647. 健饮含锌蜂乳(蜜)及其生产方法

申请号：91107030　　　公告号：1058326　　　申请日：1991.05.07

申请人：扬州市健饮蜂乳食品厂

通信地址：(225651) 江苏省扬州市北郊送桥镇南首

发明人：王文云、赵　勇

法律状态：公开/公告　　　法律变更事项：视撤日：1994.08.17

文摘：本发明是一种由活化酶转化的疗效健饮含锌蜂乳(蜜)及其生产方法。健饮含锌蜂乳(蜜)的成分配比分别为：含锌蜂乳：蜂蜜(以干物质计)占 79.54%，鲜王浆(以 10-HDA 计)占 0.05% ，葡萄糖酸锌(以含量计)占 0.21±10%；含锌蜂蜜：蜂蜜(以干物质计)占 79.54%，葡萄糖酸锌(以含量计)占 0.21±10%；水占 15%～16%。其主要生产方法是原料→过滤→低温浓缩→过滤→检测水分→配料→真空均值→检测→包装→入库。本发明不同于锌制剂，也不同于强化锌的食品，它是一种由活化酶转化的疗效保健补品，它安全可靠，饮用方便，配方科学，生产工艺方法严谨。

1648. 银杏蜜及其制备方法

申请号：91108107　　　公告号：1068255　　　申请日：1991.07.09

申请人：江苏省邳县快乐食品厂

通信地址：(221300) 江苏省邳县邳新路 4 号

发明人：黄俊亮、李　辉、王洪川、庄永超

法律状态：公开/公告　　　法律变更事项：视撤日：1994.07.27

文摘：本发明是一种银杏蜜制品及其制备的方法。银杏蜜及其制备方法，主要是由银杏及其附加物混合熬制而成。其特点是把银杏经破碎、蒸煮、取汁，然后同自然蜜混合，经熬制过滤冷却沉淀而制成。用此种方法制造出的银杏蜜营养丰富，口感好，热量低，能促进人体对钙的吸收和利用，不仅可满足人体对钙的需求，并且还有较高的药用价值。能满足现代婴幼儿、青少年、老年人及孕妇的特殊的医学及营养要求。这是非常好的补品及医用食品。

1649. 特色营养蜜的工艺方法

申请号：92103198　　　公告号：1078109　　　申请日：1992.05.07

申请人：刘本君

通信地址：（233400）安徽省怀远县禹王路 41 号

发明人：刘本君

法律状态：授　权

文摘：本发明是一种特色营养蜜的工艺方法。制作特色营养蜜的工艺方法是：将蜂王浆、花粉、蜂蛹分别经破碎、过滤后，取 1 种或两种与经过滤、在 0～37℃温度条件下真空浓缩后的蜂蜜按比例混合；并将混合物反复进行减压搅拌与加压均质两次以上，至蜂蜜与蜂王浆、花粉或蜂蛹混合均匀为止。它的特点是把经破碎、过滤预处理的蜂王浆、花粉或蜂蛹，在常温下与蜂蜜混合，将混合物经反复进行真空搅拌和加压均质，形成蜂蜜与蜂王浆、花粉或蜂蛹的稳定结合，从而制成营养价值极高的特色营养蜜。同时也提供了一种在常温条件下长期保存蜂产品的方法。

1650. 蜂蜜系列产品的制备方法

申请号：92104196　　　公告号：1066566　　　申请日：1992.05.29

申请人：河南中原蜂业技术开发公司

通信地址：（450006）河南省郑州市颖河路 37 号

发明人：李振华、张子儒

法律状态：公开/公告　　　法律变更事项：视撤日：1996.07.17

文摘：本发明是一种蜂蜜系列产品的制备方法。制备花粉王浆蜜的方法包括以蜂蜜、蜂王浆、蜂花粉等为主要原料，将蜂王浆和蜂蜜混合；还混合有蜂花粉，蜂蜜的加入量不低于此 3 种组分加入量的 50%（重量百分比）。其具体制备方法是使蜂蜜变稀并控制在不超过 40℃温度条件下加入蜂花粉和蜂王浆，充分混合搅拌均匀后盛入容器内充分发酵，再经过滤除杂等工艺制备而成花粉王浆蜜、蜂花粉蜜酒、花粉蜜增智健身片、王浆营养蜜等蜂蜜系列产品。该制备方法配方科学，不加任何添加剂,以蜂蜜作调味剂、稀释剂、贮藏保鲜剂,制备工艺简单,产品保持天然食品特色。

1651. 蜂蜜果菜汁糕的加工方法

申请号:92106454　　公告号:1076837　　申请日:1992.04.01

申请人:泰安市农业科学研究所

通信地址:(271000)山东省泰安市泰安城东

发明人:马守海、戚桂军

法律状态:公开/公告　　法律变更事项:视撤日:1995.06.28

文摘:本发明是一种蜂蜜果菜汁糕的加工方法。加工蜂蜜果菜汁糕的方法是:经过制果菜汁,溶胶,加甜味剂及其他配料,装盒储藏,其特征是用蜂蜜、甜菊糖甙、蛋白糖代替部分蔗糖;把食用明胶、果胶、琼脂、果冻凝固剂混合使用,并加入水果蔬菜汁。本制品提高了果糕的营养价值,更适合儿童及不宜多食蔗糖的病人食用。

1652. 姜汁蜜

申请号:94103502　　公告号:1104049　　申请日:1994.04.18

申请人:贾玉海

通信地址:(121001)辽宁省锦州市锦州医学院第一附属医院

发明人:贾玉海

法律状态:公开/公告　　法律变更事项:视撤日:1997.07.23

文摘:本发明是一种天然保健食品——姜汁蜜。天然姜汁蜜是由生姜汁、蜂蜜组成,各组分重量百分比为:天然生姜汁50%～90%,蜂蜜10%～50%,各组分重量之和为100%。本品系纯天然成分,具有祛寒、健胃、除痰、止咳、解毒通便、温中止呕、驻颜美容等作用,是一种老少皆宜的保健品。

1653. 灵芝蜂蜜液

申请号:94110871　　公告号:1108493　　申请日:1994.03.16

申请人:熊力夫

通信地址：（413400）湖南省桃江县农业局院内

发明人：熊力夫

法律状态：公开/公告　　法律变更事项：视撤日：1997.12.31

文摘：本发明是一种灵芝蜂蜜液。它的制作方法是：将原料干灵芝浸煮过滤所得的灵芝液加蜂蜜、甜菊甙和水配制而成，然后进行煮沸、过滤、计量装罐、封盖，最后进行消毒与成品检验。其组成比例依次为1～2：20：2～3：1000。其生产工艺流程为：原料准备→浸煮→配料搅拌→煮沸→过滤→计量装罐→封盖→消毒→成品检验。这种灵芝蜂蜜液尤其是在炎热的夏天饮用特感凉爽舒适，学习和工作紧张时饮用可驱除疲劳。

1654. 荞麦蜜脱色、脱臭生产方法

申请号：95104420　　公告号：1134240　　申请日：1995.04.28

申请人：马景辉

通信地址：（150601）黑龙江省尚志市大直街2号南

发明人：马景辉、马师武

法律状态：公开/公告

文摘：本发明是一种荞麦蜜脱色、脱臭生产方法。制备荞麦蜜脱色脱臭的方法步骤为：杂花等外蜂蜜→预热→粗滤→原料罐中加入脱臭脱色剂进行脱色、脱臭→一次精滤→一次真空浓缩→回香装置→二次真空浓缩→综合搅拌→贮存→成品。经脱色脱臭后的成品完全符合食用、药用要求，是一种具有低投资、高收益的蜂蜜生产方法。

1655. 一种营养蜜奶及其制备方法

申请号：95110951　　公告号：1129523　　申请日：1995.02.24

申请人：刘本君

通信地址：（233400）安徽省怀远县禹王路41号

发明人：刘本君

法律状态：公开/公告

文摘：本发明是一种营养蜜奶的配方及制备方法。这种营养蜜奶以鲜

牛奶为主要原料,配以防腐剂、甜味剂、稳定剂、食用酸、香精等,以蜂蜜为营养甜味剂,在蜜奶中还含有蜂王浆、花粉或蜂蛹。其配方为(按重量百分比):①鲜牛奶 36%～40%,蜂蜜 5%～6%,花粉 3%～6%,饮用水 50%～52%,防腐剂、酸、稳定剂适量,调味香精微量;②鲜牛奶 36%～40%,蜂蜜 5%～6%,蜂王浆 3%～4%,饮用水 50%～54%,防腐剂、酸、稳定剂适量,调味香精微量;③鲜牛奶 36%～40%,蜂蜜 5%～6%,蜂蛹 5%～10%,饮用水 48%～52%,防腐剂、酸、稳定剂适量,调味香精微量;④鲜牛奶 36%～40%,蜂蜜 5%～6%,饮用水 54%～58%,防腐剂、酸、稳定剂适量,调味香精微量。本制品采用蜂蜜为营养甜味剂,还加入蜂王浆,花粉或蜂蛹等营养成分。它的制备方法特点是将配制好的原料经真空高速搅拌喷射,形成蜂蜜与奶及蜂产品的稳定结合。本营养蜜奶营养全面,容易吸收,质量稳定。

1656. 一种蜂蜜饮料

申请号:96101159　　公告号:1137872　　申请日:1996.02.15

申请人:牡丹江市蜂产品加工厂

通信地址:(157011)黑龙江省牡丹江市爱民区西山

发明人:宫之瑞

法律状态:实　审

文摘:本发明是一种蜂蜜饮料。它是以天然饮用水、蜂蜜、蜂花粉为主料,加入其他天然添加剂配制而成。其成分组成(重量百分比)为:蜂蜜 0.5%～5%,蜂花粉提取液 0.5%～2.5%,白砂糖 0.5%～4%,蛋白糖 0.16%～0.25%,柠檬酸 0.13%～0.18%,苯甲酸钠 0.013%～0.02%,食用香料 0.05%～0.1%,其余为饮用水。本饮料具有蜂蜜、蜂花粉的药用功能,可清热、补中、解毒、润燥、止痛、软化血管、防治高血压。既可饮用,又可强身健体,延年益寿。

1657. 菊花蜜

申请号:96116805　　公告号:1158710　　申请日:1996.01.03

申请人:赖应辉

通信地址：（350001）福建省福州市商业局工业品科曹红艳转赖应辉

发明人：赖应辉
法律状态：公开/公告

文摘：本发明是一种本质上含有菊花和蜂蜜两种成分的菊花蜜。它是一种防暑降温的保健饮品，菊花蜜由菊花和蜂蜜为主要成分配合而成。其中菊花分两步提取：第一步为蒸馏法；第二步为用水为溶剂加热提取。它利用菊花的清热解毒，清肝明目的功效，利用蜂蜜的润肠、润肺的功效，来实现防暑降温的目的。本制品既是夏季防暑降温的最佳保健饮品，也是冬季清除内热的最佳保健食品。

1658. 营养保健蜂蜜的生产方法

申请号：96117087　　　公告号：1155987　　　申请日：1996.09.06

申请人：南京铁道医学院徐州养蜂场蜂产品厂

通信地址：（210009）江苏省南京市丁家桥 87 号

发明人：翟成凯
法律状态：公开/公告

文摘：本发明是一种强化加入蜂蜜中缺乏的维生素 A、D 和牛磺酸，使天然滋补品的营养成分更加全面合理，从而实现营养和保健的双重功能的营养保健蜂蜜的生产方法。其生产方法如下：①按重量 1：2～1：10 的比例，称取甘油脂肪酸脂和维生素 A 或维生素 D 油剂，先把甘油脂肪酸脂溶解于 2～4 倍体积的乙醇中，搅拌均匀后加入维生素 A 或维生素 D，然后充分搅拌混合，直至均匀，从而完成维生素 A 或维生素 D 的乳化处理；②按 1：1～1：2 的比例称取蔗糖、麦芽糖，再按糖的总重量的 10%～30%加水，然后在不锈钢容器中加热至 110～140℃，保持 5 分钟，溶解、浓缩直到糖的浓度为 95%（重量）为止；③在上述制成物中加入 1%～2%（重量）的蔗糖脂肪酸脂；④在 70℃的条件下，按蔗糖、麦芽糖重量的 5%～15%加入维生素 A 或维生素 D 的乳化液，充分搅拌反应，制得维生素 A 乳化糖或维生素 D 乳化糖；⑤把制得物置真空干燥装置内，60℃下干燥 3 小时，然后粉碎成粉末状，即为溶于水的维生素 A 或维生素 D；⑥把溶于水的维生素 A 或维生素 D

的粉末溶于蜂蜜中,含量为维生素 A 3 000～5 000 微克/千克蜂蜜,维生素 D 50～100 微克/千克蜂蜜;⑦牛磺酸先溶于水,再加入蜂蜜中,含量为 300～500 毫克/千克蜂蜜;⑧用中、低温高压快速浓缩法,使产品水分含量小于 25%,保证天然蜂蜜的质量和卫生标准。本制品通过适当的工艺处理,使维生素 A 和维生素 D 成为可以溶解于水的维生素 A 乳化糖和维生素 D 乳化糖,同时使维生素 A 乳化糖、维生素 D 乳化糖溶解于蜂蜜中;还采用中、低温高压快速浓缩法,去除蜂蜜因强化工艺而增加的水分,从而保证天然纯净蜂蜜的色、香、味不变。

1659. 蜂蜜饮料的制作方法

申请号:92107781　　公告号:1084707　申请日:1992.09.29

申请人:蚌埠市蜂产品厂

通信地址:(233010)安徽省蚌埠市山香路 52 号

发明人:董　斌

法律状态:公开/公告　法律变更事项:视撤日:1996.01.03

文摘:本发明是一种蜂蜜饮料的制作方法。其制作方法是:①蜂蜜饮料的各组分含量(重量百分比)为:蜂蜜 8%～12%,果汁 2%～4%,柠檬酸 0.1%～0.2%,维生素 C 0.05%～0.1%,食用水 82%～90%;②上述各组分混合后,搅拌 30 分钟,经过滤、灌装、灭菌而制成。以营养丰富的蜂蜜代替传统使用的食糖为原料,配以一定比例的果汁改善饮料的风味,加入少量柠檬酸酸化,使蛋白质沉淀,通过过滤除去沉淀,添加微量维生素 C 增强饮料的抗氧化能力。本饮料由于以蜂蜜代替食糖,使饮料中增加了人体必需的多种氨基酸、维生素及微量元素等营养成分。采用本方法生产的蜂蜜饮料还具有稳定性好,保质期长,外观澄清透明,口感芳香适口等特点。

1660. 一种纯天然蜂蜜果味饮料

申请号:96101157　　公告号:1138432　申请日:1996.02.15

申请人:牡丹江市蜂产品加工厂

通信地址:(157011)黑龙江省牡丹江市爱民区西山蜂产品加工

厂

发明人：宫之瑞

法律状态：公开/公告

文摘：本发明是一种纯天然蜂蜜果味饮料。它是以饮用水、蜂蜜、蜂花粉提取液、果汁为主料，再加入其他纯天然添加剂配制而成。纯天然蜂蜜果味饮料有下列成分组成（重量百分比）：蜂蜜 0.5%～5%，蜂花粉提取液 0.5%～2.5%，果汁 0.5%～5%，白砂糖 0.5%～4%，蛋白糖 0.16%～0.25%，柠檬酸 0.13%～0.18%，苯甲酸钠 0.013%～0.02%，食用香料 0.05%～0.1%，其余为饮用水。本饮品具有蜂蜜、蜂花粉、果汁的综合药用功能，可清热、补中、解毒、润燥、止痛、软化血管、防止高血压，既可饮用，又可强身健体，延年益寿。

1661. 蜂花蜜醋饮品及其制作工艺

申请号：96109634　　公告号：1149425　　申请日：1996.09.11

申请人：曹　炼

通信地址：（530022）广西壮族自治区南宁市广西广播电视大学

发明人：曹　炼

法律状态：公开/公告

文摘：本发明是一种蜂花蜜醋饮品及其制作工艺。蜂花蜜醋饮品的组分中含有花粉、蜂蜜、果汁、米醋和适量的水。以重量计蜂花蜜醋饮品原料的组分中含有花粉 1～5 份，蜂蜜 1～5 份，果汁 1～5 份，米醋 5～12 份，水适量。其制作工艺是：将花粉用米醋浸泡并过滤，在滤液中加蜂蜜、果汁和水，再过滤封装后在沸水中加热灭菌而制成。该饮品具有美容护肤，提高人体免疫机能，延缓衰老等优点。

1662. 蜜蜂吸食复方中草药酿功能蜜工艺

申请号：92106336　　公告号：1067779　　申请日：1992.07.24

申请人：辽宁省中药研究所

通信地址：（110161）辽宁省沈阳市东陵区东陵东路

发明人：刘生云、王洪宗

法律状态：授　权

文摘：本发明是一种系列生物功能蜜的酿制方法。蜜蜂吸食复方中草药酿制生物蜜工艺是将除去挥发油成分的复方中草药水提液浓缩至生药量，加乙醇沉降，吸上清液后回收乙醇至无醇味，再加水和蜂蜜配制成混合液饲喂蜂群，使蜜蜂酿出的蜜含有多种氨基酸，含量高于一般蜂蜜1～21倍。本饮品可以根据儿童、青少年、中老年的不同需要，选用不同的复方中草药，使制成品具有增进食欲、促进睡眠、消除疲劳和健脑益智的功能。

（二）蜂王浆制品生产工艺

1663. 活力蜂王精制品的生产工艺

申请号：87102321　　公告号：1021297　　申请日：1987.03.28

申请人：北京市农林科学院养蜂研究室、陕西省牧工商联合公司、宁夏固原地区养蜂试验站

通信地址：(100080)北京市西郊海淀区板井村

发明人：史伯伦

法律状态：授　权　　法律变更事项：因费用终止日：1994.02.02

文摘：本发明是一种活力蜂王精制品及其生产工艺。活力蜂王精制品是由鲜王浆和人参为原料制成。其中鲜王浆添加1%～1.5%人参提取液，王浆与水之比为1：2。本制品采用科学的方法、先进的工艺、合理的配方研制而成。它含有酶、激素、丙种球蛋白等丰富的活性成分及营养物质。该制品生理活性稳定，在室温下保存1年以上，其活性与－18～－25℃保存1年鲜王浆相似。其酶值和激素含量比国内同类产品高1～2倍。此制品便于保存，食用方便，便于零售。

1664. 蜂王浆制品的制作方法

申请号：90108334　　公告号：1049609　　申请日：1990.10.17

申请人：王家骏、沈孝宙、李盛东

通信地址：(100080)北京市西郊中关村中国科学院发育生物研

究所

发明人：李盛东、沈孝宙、王家骏

法律状态：公开/公告　　法律变更事项：视撤日：1993.10.13

文摘：本发明是关于蜂王浆制品的一种制作方法。它是将蜂王浆进行分散和破碎处理，使其颗粒直径下降至 20 微米以下，再与蜂蜜或其他基质均匀混合。由于本发明是将蜂王浆与蜂蜜或其他基质以高比例均匀混合，从而使制品中蜂王浆含量显著高于其他同类制品，且加工工艺温和，制品长期存放仍不产生沉淀、漂浮或絮状物。又因蜂王浆在基质中分布均匀，充分发挥了基质（如蜂蜜）的保鲜作用，从而延长了制品的保存期。

1665. 活力新鲜蜂王浆生产工艺

申请号：91109266　　　公告号：1071311　　　申请日：1991.10.05

申请人：史伯伦

通信地址：(100081) 北京市白石桥路 30 号中国农业科学院新三斋 4号

发明人：史伯伦

法律状态：公开/公告　　法律变更事项：视撤日：1995.08.30

文摘：本发明是一种活力新鲜蜂王浆生产工艺。活力新鲜蜂王浆生产工艺的 3 个主体部分的的程序和剂量比例是：①活力新鲜蜂王浆生产过程采用经严格消毒的条式产浆容器，将蜂王幼虫移入，经 60 小时蜂群哺育后，进行离心式取浆，利用真空吸浆过滤，除去杂质与幼虫，立刻进行 -18℃速冻和保温包装。整个生产过程完全是用半自动机器生产，在严格消毒灭菌的条件下进行，从蜂王浆的取浆到完成保温包装的整个过程要求在 60 分钟内完成；②活力新鲜蜂王浆的保鲜措施：在新鲜蜂王浆过滤净化后，按千分之一的比例加入保鲜剂 TF（天然提取物），充分混匀后，才立刻进行速冻，这样可使蜂王浆有效期延长 0.5倍；③活力新鲜蜂王浆的活性检测手段：采用 NP 紫外分光光度法，波长 380～400 纳米进行定量测定新鲜蜂王浆的活性成分含量。其一，NP基质液配制：用 0.05 克醋酸锰和醋酸液溶解 0.0928 克 NP 试剂，于 50

毫升容量瓶中等容,即成 0.005 摩每升 NP。其二,反应过程:精确称取 1 克鲜蜂王浆,用 9 毫升 NP 基质液溶解,于 37℃水浴中保温反应 30 分钟,然后加入 3 毫升摩每升氢氧化钠终止反应,然后进行光电比色,以未经 37℃保温的原基础液(NP 液＋蜂王浆＋氢氧化钠)作空白对照。测出 O、D 值(消光度)计算公式:活性微摩/分·克等于 O、D× 70.922NP 系数＝70.922(米)检测结果:O、D 值为 0.07 以上均为合格产品,活性值等于 0.07×70.922 等于 4.96 微摩/分·克。

1666. 高生物活性蜂王浆制备方法及其产品

申请号:93119724　　　公告号:1102294　　　申请日:1993.11.04

申请人:陈汉义

通信地址:(100081)北京市海淀区白石桥路甲 30 号

发明人:陈汉义

法律状态:公开/公告　　法律变更事项:视撤日:1997.03.19

文摘:本发明为高生物活性蜂王浆的制备方法及其产品。制备高生物活性蜂王浆的方法包括安装台基、移幼蜂虫、培养王浆、除幼蜂虫、取浆装瓶、存放、冷冻。其操作步骤是:①在王浆框上安装坛形台基,采用 1 次性移虫针移动蜂虫;②将培养王浆的王浆框移至经消毒和灭菌的封闭操作箱内;③采用电动真空取浆仪取浆,将多元吸嘴直接从坛形台基侧壁伸入吸出王浆,待王浆吸完后用水冲掉台基内幼蜂虫;④吸出的王浆经微滤盒进行真空过滤;⑤真空过滤后的王浆直接吸入真空包装瓶内并进行快速真空冷冻保鲜,在半导体制冷箱内保存;⑥在真空包装瓶外围装有化学蓄冷剂保护层。它的特点是采用坛形台基,用一次性移虫针移虫,在封闭的操作箱内进行王浆培养,用电动真空取浆仪取浆,然后经微滤盒进行真空过滤,并吸入真空包装瓶内进行快速真空冷却保鲜,在半导体制冷箱内保存。该方法工作环境好、无毒无污染,产品质量高,具有纯正、新鲜、天然的特点,适宜老年人或体弱者长期服用,以提高身体健康水平和免疫力。

1667. 蜂王浆系列饮料

申请号：94108453　　公告号：1114866　　申请日：1994.07.13

申请人：冯志英、田国建、赵玉华

通信地址：（300204）天津市河西区马场道照耀里29门101

发明人：冯志英、田国建、赵玉华

法律状态：公开/公告

文摘：本发明是一种以蜂王浆为主要配方的以养生保健、提高人体免疫功能为目的的系列饮料。蜂王浆系列饮料的主要配方是由蜂王浆、中药、果实、蜂蜜、蛋白糖、白糖、黄原胶等组成；经中药提取、果实取汁、打浆工艺，配制成蜂王浆果汁、果茶、中药等不同饮料品种。这种系列饮料具有增强机体免疫功能、促进人体新陈代谢和生长发育的作用，是一种有益于人体医疗保健的健身饮料。

1668. 一种纯天然生物抗癌保健饮品及其制法

申请号：95109789　　公告号：1119080　　申请日：1995.08.25

申请人：金建民

通信地址：（161041）黑龙江省齐齐哈尔市富拉尔基区通江路7号楼2门6号

发明人：金建民

法律状态：公开/公告

文摘：本发明是一种纯天然生物抗癌保健饮品。它是根据传统的中医药理论，分析各种保健饮品的优劣，选用纯天然生物制品，以蜂产品、中草药及野果为原料，通过科学的配比和生产工艺而制成的一种纯天然生物抗癌保健饮品。纯天然生物抗癌保健饮品的组成为：每100毫升保健饮品中含有保健原液1～2.5克，鲜果汁2～3克，甜味剂0.05～0.1克，天然香精0.01克，去离子水加至100毫升。其中的保健原液的组成（重量份）为：蜂产品：鲜蜂王浆10～25，蜂蜜5～10；中草药：白花蛇舌草10～25，金银花10～25，蒲公英5～10，紫花地丁5～10，半枝莲10～25，夏枯草5～15，白茅根5～10，诃子5～10；野生果：

红豆果汁 15～20。本发明的纯天然生物抗癌保健饮品,含量准确,功能作用可靠,使人体具有抗癌能力,增强免疫力。服用此品对人体无任何不良反应和副作用,此保健饮品不但矫正了药味,而且加入的鲜果汁使其口感更好,营养成分更为丰富。

1669. 蜂王浆蜜及其生产工艺

申请号:95112788　　公告号:1132598　　申请日:1995.11.30

申请人:金　镖

通信地址:(211500)江苏省南京市六合县平山林场

发明人:金　镖

法律状态:公开/公告

文摘:本发明是一种蜂王浆蜜及其生产工艺。蜂王浆蜜的成分配比是:精制蜂蜜占 0.9～0.94(重量),鲜蜂王浆占 0.05～0.1(重量),微量的天然胶凝剂。其制作工艺是:取上述成分放在 50～80℃温度下搅拌均匀,自然冷却即为成品,并在常温下保存。本饮品具有口感好,使用保存方便等特点,是良好的保健食品。

1670. 北京巢蜜格子

申请号:95200121　　申请日:1995.01.04

申请人:北京市蜂业公司

通信地址:(100029)北京市北三环中路 19 号(林业局院内)

发明人:张世英、刘进祖、许正鼎

法律状态:授　权

文摘:北京巢蜜格子是根据蜜蜂的生物学特性设计制成的一种巢蜜生产用具。该巢蜜格子带有标准蜂房基或蜂房,巢蜜格子的基部带有六角形蜂房基,且呈单向排列,巢蜜格子由无毒透明塑料制成。巢蜜格子既是巢蜜块的载体,又是产品的外包装物。其最大特点是该巢蜜格子符合蜜蜂的自然习性,在生产巢蜜时,蜜蜂能充分地利用其内部空间,使所生产的巢蜜表面整齐,同时由于蜂房基的单向排列,以及蜂房基为硬塑料,所产巢蜜不易断裂,极少滋生巢虫等。

1671. 王浆健身冷食

申请号：96122592　　公告号：1155985　　申请日：1996.11.15

申请人：郝玉明

通信地址：（057150）河北省邯郸市永年县永合会派出所

发明人：郝玉明

法律状态：公开/公告

文摘：本发明是一种王浆健身冷食品。它是在不同风味的冷食品配料中加配鲜蜂王浆。该发明具有治疗人体多种疾病的功效，对人体无副作用。

1672. 蜂王浆冰冻制品及其生产工艺

申请号：95110664　　公告号：1113415　　申请日：1995.03.09

申请人：罗方国、罗方红

通信地址：（423000）湖南省郴州市苏仙北路 30 号

发明人：罗方国、罗方红

法律状态：公开/公告

文摘：本发明是一种由蜂王浆、蜂蜜和凉开水组成的蜂王浆冰冻制品及其生产方法。它是对所收取的鲜王浆和蜂蜜随即进行密封及低温贮存，加工的全过程在避光和低温条件下用非金属器件进行。这种制品的原料配比的重量百分比为：①制冰冻蜂王浆果：鲜王浆 1%～10%，蜂蜜 10%～60%，凉开水 40%～80%；②制王浆冰冻制品：鲜王浆0.05%～1%，蜂蜜 15%～45%，凉开水 40%～80%；③制蜂蜜冰冻制品：蜂蜜 20%～40%，凉开水 60%～80%。本发明由于采用密闭和低温加工技术，大大减少了鲜王浆和蜂蜜中多种营养成分的损失，且在配料中未加入任何药品、甜味剂和化学防腐剂，兼有药食同源的特点。本制品具有清热解渴、增强体力的功能，适合热天作冷饮保健品。

1673. 一种全天然王浆片

申请号：95102080　　公告号：1111949　　申请日：1995.03.07

申请人：徐静兰

通信地址：(100029)北京市三环中路19号农林大院6号楼1门201号

发明人：徐静兰

法律状态：公开/公告

文摘：本发明是一种全天然王浆片及其制备方法。它是由蜂王浆、蜂王胎、蜂花粉、蜂胶、蜂蜜、牛奶接种菌种发酵处理后精制而成。全天然王浆片由下列成分组成(以重量百分计)：蜂王浆 40%～50%，蜂王胎 5%～10%，蜂花粉 5%～10%，蜂胶 0.01%～0.1%，蜂蜜 9%～19%，牛奶 20%～30%，双歧杆菌乳酸菌。本制品营养丰富，口感好，保持全天然属性，且具有多种保健功能，可开胃、提神、增劲，对贫血、便秘、神经衰弱、心血管病、肝脏病、消化道疾病，风湿性关节炎、产后、病后体虚均有显著疗效。

1674. 可溶珍珠王浆及其制备方法

申请号：95111739   公告号：1143501   申请日：1995.08.22

申请人：钱　坦

通信地址：(350004)福建省福州市交通路红庆里8号梦茵园5号楼407室

发明人：钱　坦

法律状态：公开/公告

文摘：本发明是一种可溶珍珠王浆及其制备方法。可溶珍珠王浆的主要成分包括水溶性珍珠粉与蜂王浆组成。其配方中各组成物的重量分之比为：蜂王浆与水溶性珍珠粉之比为 30～85∶900～1 000。其生产方法步骤主要包括：备料→灭菌→混合均匀→分装→包装成品。本发明的制成品在常温下不容易失效，不必添加防腐剂，保质效果好。它极易被人体吸收，无副作用，能很好调节人体生理平衡，具有健脑安神、护肝明目，解毒生肌，活血降压，养阴生津，嫩肤美容，防老年痴呆，延年益寿等功效。

(三)雄蜂、蜂蛹制品加工技术

1675. 雄蜂营养素的提取方法

申请号：88106581　　公告号：1040910　　申请日：1988.09.07

申请人：刘本华

通信地址：(233000)安徽省蚌埠市国庆街10号楼1单元1号

发明人：刘本华

法律状态：授　权　　法律变更事项：因费用终止日：1998.11.04

文摘：本发明是一种雄蜂营养素的提取方法，并指出所提取雄蜂营养素的用途。雄蜂营养素的提取方法是：将雄蜂、雄蜂幼虫及雄蜂蛹经破碎→溶解→过滤→残渣处理→浓缩等工艺过程，把雄蜂体内的多种营养素提取出来。这种提取方法是将发育正常的、新鲜或冷冻的雄蜂、雄蜂幼虫及雄蜂蛹，其中之一、之二或全部，经破碎加入溶剂中，再以酸调该溶液的 pH 值为 4～6，搅拌提取、过滤，将过滤之残渣溶于有机溶液与水的混合液中，加入用碱性物质，调溶液 pH 值至 7。将所提取的雄蜂营养素液分别或合并进行减压浓缩，或在浓缩后制成冻干粉。鉴于所提取的雄蜂营养素含有人体所需氨基酸、多种维生物、蛋白质，且其含量大部分超过在蜂王浆中的含量，可用雄蜂营养素作为保健药品的主要原料和营养食品的添加剂。

1676. 雄蜂营养成分的提取工艺及其用途

申请号：89101221　　公告号：1045276　　申请日：1989.03.02

申请人：刘本华

通信地址：(233000)安徽省蚌埠市康健食品所

发明人：刘本华

法律状态：实　审　　法律变更事项：视撤日：1995.04.26

文摘：本发明是一种利用酶解反应提取雄蜂营养成分的工艺，并指出所提取的雄蜂营养成分的主要用途。提取雄蜂营养成分的工艺是：将新鲜或冷冻的雄蜂、雄蜂幼虫和雄蜂蛹，采用蛋白酶，经酶解反应提取。其工艺为：①采用木瓜蛋白酶：酶重与蜂重之比 1：100～500，水重与蜂重之比 1.3～5.5：1，酶解温度 50～75℃，酶解时间 60～140 分钟，酶解反应溶液 pH 值 7.0～8.0；②采用鲜猪胰：鲜猪胰重与蜂重之比 1：4.5～5.5，水重与蜂重之比 3.0～5.0：1，酶解温度 35～45℃，酶解时间 4～5 小时，酶解反应溶液 pH 值 7.0～7.5。提取雄蜂营养成分工艺是指将雄蜂、雄蜂幼虫、雄蜂蛹等采用蛋白酶经酶解反应提取其各种营养成分。这种工艺具有操作简便、成本低、收率高、不产生三废等优点。由于所提取的雄蜂营养成分中氨基酸、微量元素、维生素等主要指标均超过蜂王浆、胜过花粉，可用所提取的雄蜂营养成分做保健药品和营养食品的原料，做成各种滋补、保健药品和高级营养食品。

1677. 雄蜂精制品的工艺方法

申请号：90108923　　公告号：1061529　　申请日：1990.11.10

申请人：刘本华、刘　宇

通信地址：(233000) 安徽省蚌埠市淮河路 364 号 201 室

发明人：刘本华、刘　宇

法律状态：实　审　　法律变更事项：视撤日：1996.12.18

文摘：本发明是一种雄蜂精制品的工艺方法。制作雄蜂精制品的工艺方法是：将新鲜的、冷冻的或盐渍的雄蜂及其幼虫、蛹，经破碎、均质后过筛；或将雄蜂体内提取物与药物、保健品、粘合剂、填充剂、润滑剂、改味剂等添加剂混合、干燥、成型，采用抗湿抗氧化包装。上述方法有效地解决了加工过程中原料和半成品的氧化变质问题和成品的吸湿问题。采用此法生产的雄蜂精制品有效地保持了雄蜂的生物活性物质和极高的营养价值，为雄蜂的更广泛应用开辟一条新路。

1678. 雄蜂蛹简易加工工艺

申请号：88103583　　公告号：1032098　　申请日：1988.06.13

申请人：陈尚发

通信地址：(441300) 湖北省随州市汉东路杨合门 47 号

发明人：陈尚发

法律状态：授　权　　法律变更事项：因费用终止日：1997.07.30

文摘：本发明是一种雄蜂蛹简易加工工艺，它是对雄蜂蛹加工工艺的一个创新。本发明解决了雄蜂蛹生产后 1 小时内就会变质腐败的难题。雄蜂蛹用本方法加工处理，不需要任何冷藏设备，不需添加防腐剂。采用本方法加工的雄蜂蛹在常温下能存放 5～7 天不会腐败变质。加工的方法是用含盐量 25％～35％的食盐水将蜂蛹煮沸 5～15 分钟，滤水晾干后再拌入 15％～25％的精盐。

1679. 蜂幼虫冻干粉制作方法

申请号：90100222　　　公告号：1044385　　　申请日：1990.01.12

申请人：青海省高原医学科学研究所

通信地址：(810001)青海省西宁市南川西路 344 号

发明人：康胜利、林世琛、许子俊、张　坚

法律状态：实　审　　法律变更事项：视撤日：1995.03.01

文摘：本发明是一种蜂幼虫冻干粉的制作方法。制作蜂幼虫冻干粉的方法是：将低温冷藏的蜂幼虫经快速解冻、去杂、精选、匀浆后置真空冷冻干燥机内速冻，待温度降至－50℃时，抽真空，真空度在 1.3 帕以下，尔后快速升温升华干燥至 35℃，8～10 小时，并保持 35℃，4～6 小时，停止加热；在上述匀浆过程中，只要进行降温破碎后即已成为冻干粉。为用于制作上述冻干粉的匀浆机集匀浆破碎为一体，为生产上述冻干粉提供了一种高效的专用设备。该发明不仅缩短了生产周期，还提高了产品质量。

1680. 蜂蛹饮料及其加工方法

申请号：92114660　　　公告号：1088413　　　申请日：1992.12.23

申请人：李述祥

通信地址：(413200)湖南省南县武圣宫镇种蜂场

发明人：姚仁培

法律状态：公开/公告　　法律变更事项：视撤日：1997.03.19

文摘：本发明是一种蜂蛹饮料及其加工方法。它的主要成分为：雄蜂蛹、蜂蜜、蜂花粉、奶粉、柠檬酸、无菌清水及少量防腐剂。其加工方法是：将雄蜂蛹预煮、破碎再用胶体磨磨细，加无菌清水，混匀后即过滤渣，再加蜂蜜、蜂花粉、奶粉、柠檬酸，搅拌均匀后即装入铁罐进行高温杀菌处理。蜂蛹饮料所含的成分及比例为：鲜雄蜂蛹为 $4\%\sim8\%$，蜂蜜为 $10\%\sim20\%$，蜂花粉为 1%，奶粉为 0.8%，柠檬酸为 0.2% 和 $2‰$ 的苯甲磷钠保鲜防腐剂，其余为无菌清水。本发明不仅味道鲜美、口感舒适，而且具有强身健体之疗效，是延年益寿、防病治病的高级营养滋补品。

1681. 蜂蛹系列营养品及其制备方法

申请号：93101793　　　公告号：1090977　　　申请日：1993.02.15

申请人：邹莲芳

通信地址：(650031) 云南省昆明市翠湖北路先生坡 18 号

发明人：王江宏、杨少辉、邹莲芳

法律状态：实　审

文摘：本发明是一种蜂蛹系列营养品及其制备方法，特别是蜂的营养食品及其加工方法。本发明以蜂蛹和/或幼虫为原料，应用酶解和乳酸发酵相结合的方式，充分提取蜂蛹及幼虫中的多种营养物质，然后采用不同的工艺制成营养口服液、营养乳液及颗粒速溶冲剂。本发明所含的营养成分是蜂蛹和/或幼虫经酶解和乳酸发酵处理后的提取物。本发明的工艺方法较为合理科学，能提出较多营养成分，产品食用安全可靠，口感较好，可作为缺锌的儿童及老人的天然补锌剂和保健滋补品。

1682. 蜜蜂蛹罐头食品生产工艺

申请号：95111168　　　公告号：1124588　　　申请日：1995.08.24

申请人：金　镖

通信地址：(211500) 江苏省南京市六合县平山林场

发明人：金　镖

法律状态：公开/公告

文摘：本发明是一种蜜蜂蛹罐头食品生产工艺。生产蜜蜂蛹罐头食品工艺是:采工蜂蛹的时机是在蜜蜂出房前5天,选取整齐划一,头红身白的工蜂蛹,置在−18℃左右的容器内冷冻成待用工蜂蛹原料,然后经配料精制,最后输进灌装线,灌入易拉罐,真空封口,进行高温120℃,压力29.4千帕,消毒处理30分钟,自然冷却,检验包装。其配料精制是指将待用的工蜂蛹原料内加入浓度为1%～2%的盐水;其重量比为:工蜂蛹原料与盐水之比为0.625:0.375左右。本食品保存时间较长,营养丰富,老少皆宜,是理想的保健食品。

1683. 水溶性蜂胶的制备方法

申请号:94118328　公告号:1108057　申请日:1994.11.22

申请人:张莉莉

通信地址:(100621)北京市首都国际机场天竺宿舍区南平里2号楼3单元

发明人:张莉莉

法律状态:实　审

文摘:本发明是一种水溶性蜂胶的制备方法。制备水溶性蜂胶的方法是:经筛选除杂的蜂胶,加入到甘油中,浸泡1小时后加热并搅拌,待蜂胶全部溶解后进行热过滤,得到水溶性蜂胶。本水溶性蜂胶,可广泛应用于食品和医药制品。

1684. 蜂蛹保健酒的制备方法

申请号:96104454　公告号:1162637　申请日:1996.04.12

申请人:宜良县青沙泉瓶酒厂

通信地址:(652100)云南省宜良县古城镇大薛营办事处宜良且青沙泉瓶酒厂

发明人:张体和、杨晓洁、张建花、邹莲芳、鲁　冲、伏新华

法律状态:公开/公告　法律变更事项:视撤日:1995.03.01

文摘:本发明是一种保健类酒的制备方法,特别是以蜂蛹为主的保健酒的制备方法。本发明使蜂蛹在掺入酒的状况下研磨成浆,制得提取液,再加入三七和红花和提取液勾兑而成。其制备方法是:①取鲜蜂蛹

分拣、清洗、消毒,加入食用酒磨浆,加酒浸泡,除渣,过滤,储存;②用酒分别提取出中药红花及三七的提取液;③取蜂蛹、红花和三七的提取液,加入食用酒勾兑。本方法制备的酒配方合理、无毒、无副作用,营养成分损失少,色泽透明,口感较好。

(四)花粉加工技术

1685. 花粉破壁技术(一)

申请号:91106215　　公告号:1069632　　申请日:1991.08.26

申请人:麻金庭

通信地址:(130061)吉林省长春市朝阳区东民主大街10号

发明人:麻金庭

法律状态:授　权　　法律变更事项:因费用终止日:1996.10.09

文摘:本发明是一种花粉破壁技术。它是在破壁两次灭菌、采用蜗牛酶进行酶化使花粉孢子表面活性物质凝聚易于吸收,同时使花粉壁变薄破裂,经低温速冻脆化、膨胀后再用低温粉碎机破壁粉碎,从而能最大限度地提取有效营养成分。这种花粉破壁技术,主要是以含有丰富营养成分的天然蜂花粉为原料包括如下花粉净化除杂、酶化、冷脆、破壁的工艺步骤:①对净化除尘后的花粉进行灭菌;②用蜗牛酶的水溶液对灭菌后的花粉,在15～20℃的温度、密闭1～2小时进行酶化;③将酶化后的花粉送入−31～−35℃冰箱内进行速冻20小时,然后置于10±2℃恒温箱中5小时;④移入42±1℃烘干箱中烘干;⑤用低于42℃的低温粉碎机破壁粉碎。本发明工艺方法简单,无需专用设备,其产品符合国家有关规定,含各类氨基酸比美国1号、2号同类产品高4～10倍并保持原花粉的色、味、香等特点,特别适用于生产各类花粉。

1686. 花粉破壁技术(二)

申请号:85106076　　公告号:1008836　　申请日:1985.08.09

申请人:苏州医学院

通信地址:(215000)江苏省苏州市人民路三元坊

发明人：蒋　滢

法律状态：授　权　　*法律变更事项*：因费用终止日：1993.01.20

文摘：本发明是一种花粉的破壁技术。使用这种花粉破壁技术的步骤是：先把原料花粉除杂，研磨成单个花粉粒，然后把已经研磨成单个花粉粒的花粉依下列顺序用水浸泡、冰冻、减压、匀浆处理，以破坏花粉壁和使花粉营养物释放于水中，然后再经离心机分离，提取纯花粉营养物原汁，或再经冰冻干燥制成纯花粉营养物原汁的结晶粉末。这种原汁或结晶粉末易为人体所吸收，可广泛用于食品、日用化妆品和药物等领域。

1687. 花粉脱壁方法

申请号：85108514　　*公告号*：1011559　　*申请日*：1985.10.21

申请人：华东师范大学

通信地址：(200062) 上海市中山北路 3663 号

发明人：管　和

法律状态：授　权　　*法律变更事项*：因费用终止日：1992.02.26

文摘：本发明是一种花粉脱壁技术。本发明的要点是：将清洗后的花粉放入蒸馏水中，利用花粉原生质体与水的水势差异产生膨压力，经振荡（或加入刚性颗粒物振荡）脱去花粉孢粉素外壁。本发明脱去花粉外壁，保存了果胶纤维素内壁，因而保全了花粉贮存的全部营养物质。与现有技术相比，本发明工艺简单，成本低，经济效益显著，便于广泛推广。

1688. 花粉破壁工艺及其装置

申请号：86103261　　*公告号*：1011560　　*申请日*：1986.05.10

申请人：南昌日用化工厂

通信地址：(330000) 南昌市二交通路 83 号

发明人：陈焕如

法律状态：授　权　　*法律变更事项*：因费用终止日：1992.09.09

文摘：本发明是一种花粉破壁的工艺及其装置。其装置是由电动

机、变速器、锅体、圆盘搅拌器组成。本花粉的破壁方法是：在锅体内加入适量花粉、玻璃珠、乙醇及精制水，搅拌机转速为 360～400 转/分，悬浊液温度为 50±5℃，经过 15～20 小时搅拌、破碎、萃取后经过过滤及减压蒸馏操作，在锅体中投入的花粉、玻璃球、乙醇与精制水的比例为 1∶3～5∶2～3∶1，在搅拌、球磨破壁的同时萃取花粉有效成分和较完全的花粉流浸膏。本装置具有结构简单、制造容易、运行可靠、操作方便、占地面积小、投资低等优点，是乡镇企业和中、小企业易采用的较理想的花粉破壁工艺及其装置。

1689. 花粉机械破壁方法

申请号：86105550　　公告号：1008418　　申请日：1986.07.26

申请人：广西亚热带作物研究所

通信地址：(530001) 广西壮族自治区南宁市邕武路 22 号

发明人：潘春荣、周红波、滕金兰

法律状态：授　权　　法律变更事项：因费用终止日：1995.09.20

文摘：本发明是一种花粉细胞由单一机械破壁的方法。它是在容器内加入单一球体、花粉、极性溶剂，由机械传动进行振摇；其破壁率 99.3%，回收率 98.75%。该方法工艺简便，设备投资少，成本低，破壁效果显著。

1690. 蛋壳蛋清进行花粉破壁的方法

申请号：86106482　　公告号：1017446　　申请日：1986.09.29

申请人：徽州师范专科学校

通信地址：(245000) 安徽省屯溪市东郊

发明人：蒋立科

法律状态：授　权　　法律变更事项：因费用终止日：1997.11.12

文摘：这是一种蛋壳蛋清进行花粉破壁的方法。它是将蛋壳蛋清加入食盐水，在水浴中抽提，间歇搅拌，以盐酸调 pH，经过滤，收集滤液，醋酸调 pH，升温使蛋白变性，再经冷却、离心，所得的蛋壳蛋清引发子液与花粉按一定比例混合，作用一定时间后，使花粉破壁，再通过加入蒜素液保鲜贮存。此法破壁率达100％,操作方便,设备简单,并能伴随杀菌脱敏,成本低,效率高,整个过程一般只需2小时左右。

1691. 花粉生理破壁方法

申请号：87104508　　公告号：1015606　　申请日：1987.06.26

申请人：吉林省中医中药研究院

通信地址：(130021)吉林省长春市工农大路17号

发明人：郭彩玉、赵念文、赵宇峰

法律状态：公开/公告　　法律变更事项：视撤日：1990.10.03

文摘：本发明是一种花粉生理破壁方法。花粉生理破壁方法是：将花粉用2倍以上的糖的水溶液搅拌均匀,然后加热至25～40℃,保持恒温进行浸泡;待花粉完全浸泡均匀后,加适量的水,再慢慢加入食用酸直到花粉液的pH值为3～4,使花粉的细胞膨胀,细胞壁胀裂;静置一段时间后,将花粉液用胶体磨研磨后花粉细胞的胞壁完全破裂。本方法根据花粉的生理特点进行破壁,破壁率达95％。本法具有成本低,所需设备简单,破壁率高而且稳定等特点。

1692. 花粉颗粒的破碎方法

申请号：87107168　　公告号：1032629　　申请日：1987.10.22

申请人：樊治平

通信地址：(650021)云南省昆明市青年路180号5楼29室

发明人：樊治平

法律状态：授　　权　　法律变更事项：因费用终止日：1996.12.04

文摘：本发明是一种花粉颗粒空穴效应破碎法,还可用于化妆品、药物的制造。花粉颗粒破碎方法是：使用高压匀浆泵进行破碎,所用低压范围为12748.6～19613.3千帕,所用高压范围为24516.6～39226.6千帕,并且高低压之和不低于39226.6千帕。本发明根据流体力学的空穴效应,巧妙地使用现有设备,为混合型花粉破碎和均质确定了有效工艺参数,使破壁率可达100％,破碎粒度达到2微米以下,基本保持了花粉的活性物质。本发明工艺简单、生产成本低,经济效益显著,便于广泛推广。

1693. 花粉破壁工艺

申请号：89105515　　公告号：1039708　　申请日：1989.08.21
申请人：杨虎春、毕志田、霍宝山
通信地址：(062550)河北省任丘市华北油田商业公司花粉厂
发明人：毕志田、霍宝山、杨虎春
法律状态：授　权　　法律变更事项：因费用终止日：1998.10.14
文摘：本发明主要是利用花粉自身的各种酵素和微生物使花粉发酵、膨胀后使花粉壁自然破裂的花粉破壁工艺。花粉破壁工艺步骤是：先精选花粉，将精选的花粉进行２次浸泡消毒、脱敏、膨化、干燥、粉碎处理，制成纯花粉营养物粉末。采用本工艺，干花粉的破壁率在98％以上。本工艺简单、易于操作。

1694. 花粉破壁与营养成分提取技术

申请号：93104588　　公告号：1104861　　申请日：1993.04.17
申请人：武汉市蜂产品研究所
通信地址：(430000)湖北省武汉市东西湖长江制药厂
发明人：卢世修、赵世文
法律状态：公开/公告
文摘：本发明是一种花粉破壁与营养成分提取技术。提取花粉破壁与营养成分技术步骤是：将清选除去杂质的花粉，用水浸泡、冻融、胶体磨、匀浆、离心分离出花粉，再经膜过滤处理，提取出精制花粉营养液。本技术是将花粉通过物理方法破壁，再经离心过滤处理提取精制花粉营养液。它的全过程是在温度较低的环境下进行，具有破壁完全的优点，同时能达到灭菌和澄清的效果。其花粉营养液呈浅黄色，清晰透明，有其独特香味，营养丰富，易被人体吸收，利用，是一种纯天然营养食品。

1695. 湿法珠磨破碎花粉技术

申请号：95110207　　公告号：1134241　　申请日：1995.04.24

申请人：大连理工大学

通信地址：(116024)辽宁省大连市凌工路2号

发明人：苏志国、修志龙、鲍时翔

法律状态：公开/公告

文摘：本发明是一种湿法珠磨破碎花粉破壁技术，其要点是利用高速搅拌式珠磨机将花粉壁磨碎，得到匀浆液。这种方法的步骤是：酒精灭菌、除杂、湿法珠磨、离心、过滤或干燥。本发明的特点是可以间歇操作，也可以连续操作；研磨剂是直径为0.1～1毫米的无铅玻璃珠、不锈钢珠、石英砂；研磨剂和花粉悬浮液的体积之比为0.5～1.5：1，循环冷却水温度小于或等于10℃，珠磨机转速范围为2 000～5 000转/分钟，间歇破碎时间为1～3分钟，连续破碎时悬浮液的流量为5～15升/小时，花粉悬浮液的浓度(重量比)为5%～30%。采用本发明的技术，花粉破壁率达100%，同时能有效地保持花粉中的生理活性物质和花粉原有的色、香、味，破壁过程中不添加任何化学物质，成本低，工艺简单。

1696. 蜂蜜花粉的破壁与提取工艺

申请号：96117011　　公告号：1146292　　申请日：1996.07.08

申请人：唐　孝

通信地址：(214024)江苏省无锡市芦庄3期201号

发明人：唐　孝

法律状态：公开/公告

文摘：本发明是一种蜂蜜花粉的破壁与提取工艺，包括原料清洗及去湿、破壁、过滤、浓缩等，其中的破壁工序包括：将洗净去湿后的花粉置于冷冻室内，使花粉温度处于－30～－50℃之间，再立即置于烘房内，使花粉壁在30～75℃之间的温度下自然破裂，待花粉壁全部破裂后，放入反应锅内的隔套内的食用油中湿泡，并用蒸汽加热至30～75℃，捣拌至花粉壁内的营养成分全部溢出为止，花粉与食用油的配比为 30%～70%的重量百分数。

1697. 花粉破壁新工艺

申请号：96117168　　公告号：1154804　　申请日：1996.11.14

申请人：姚　远

通信地址：(214036) 江苏省无锡市无锡轻工大学 602 信箱

发明人：姚　远

法律状态：公开/公告

文摘：本发明是一种花粉破壁新工艺。花粉破壁新工艺的步骤分为：①将干燥后的花粉颗粒经粉碎机粉碎成细粒状；②加水调成花粉悬浊液；③将加水调成的花粉悬浊液放在高压均质机内进行高压液体喷射循环处理。处理速率每分钟 0.1～6 升的花粉悬浊液,花粉外壁的破壁率 30%～98%,内壁的破壁率 20%～90%,高压均质机的操作压力控制在 30～70 兆帕,温度控制在 10～95℃,循环次数 3～20 次,从而得到经循环处理后的花粉悬浊液。本新工艺具有破壁率高、生物稳定性高、处理时间短、成本低、产量大、便于操作、产品质量稳定等特点。

1698. 多种花粉精的制作方法

申请号：86106662　　公告号：1012039　　申请日：1986.10.09

申请人：西北农业大学、陕西省三原白鹿总公司

通信地址：(722204) 陕西省杨陵镇西北农业大学

发明人：傅建熙、林念良、刘顺德

法律状态：授　权　　法律变更事项：因费用终止日：1994.11.23

文摘：本发明是一种多种花粉精的制作方法。它是在萃取制成一种花粉精后的滤渣中加入另一种溶剂,再进行提取分离,这样连续操作制成多种花粉精。其具体步骤包括：①采用石油醚(60～90℃)为溶剂,对花粉进行重复提取后,浓缩到波美度为 65°～70°时,经沉淀、过滤、再浓缩得花粉精Ⅰ,并得滤渣；②使用食用乙醇为溶剂,对所得滤渣进行重复提取、浓缩,当浓缩到波美度为 13°～25°时出现分层,进行分离,分别将上下两层浓缩,由上层得花粉精Ⅱ,由下层得花粉精Ⅲ；③以蒸馏

水(凉开水亦可)为溶剂,对滤渣进行第三次重复提取、过滤、浓缩得花粉精Ⅳ;④再将滤渣磨细、离心、干燥、粉碎得花粉精Ⅴ。用本发明方法对花粉进行分步提取分离得多种花粉精,能更充分利用花粉中所含的各种有效成分,浪费少,服务面广,开辟了对花粉进行综合利用的途径。

1699. 花粉精的制作方法

申请号:87106139　　公告号:1016268　　申请日:1987.09.03

申请人:浙江省农业科学院

通信地址:(310021)浙江省杭州市石桥路 48 号

发明人:陈传盈、许尧兴、袁　亚

法律状态:授　权　　法律变更事项:驳回日:1989.12.06　因费用终止日:1996.10.16

文摘:本发明是一种花粉精的制作方法。制作花粉精的方法是:将花粉进行破壁处理后,加入水或有机溶剂进行提取,过滤、浓缩,在花粉中先加入花粉量的 80%～300% 的蒸馏水,35～55℃下搅拌,自然酶解20～36 小时,然后以水,醇,稀酸为溶剂,进行以下 3 步骤的提取:①在破壁处理后的花粉中加原花粉量 6～8 倍的蒸馏水,35～55℃下搅拌浸泡 4～8 小时,加助滤剂过滤得滤渣Ⅰ,滤液在 42～50℃下浓缩,得浓缩液 A;②滤渣Ⅰ用原花粉量的 2～5 倍,浓度为 20%～60% 的乙醇,55～65℃浸泡 3～6 小时,冷却后加助滤剂过滤,得滤渣Ⅱ,滤液浓缩后加氢氧化钾或氢氧化钠皂化,得浓缩液 B;③滤渣Ⅱ用与原花粉等量的 pH 2.5 以下的稀盐酸溶液,在 80～90℃下浸泡 10～30 小时后,加原花粉量 4～6 倍蒸馏水,75℃浸泡2～4 小时,冷却后加氢氧化钾中和至 pH 4.0,加入浓缩液 B 混合,加助滤剂过滤,滤液经浓缩得浓缩液C,再加入浓缩液 A 混合即制成花粉精。采用本方法制成的花粉精成本低,所含有效成分提取全面,固形物提取率达 70% 左右,成品清晰透明,营养丰富,较好地保持了自然花粉原有的食用、保健效果。

1700. 一种蜂花粉精的配制方法

申请号:94118432　　公告号:1106630　　申请日:1994.10.17

申请人：汪　岗

通信地址：(430014)湖北省武汉市保成路 112 号 2 楼苏贵轮转

发明人：汪　岗

法律状态：公开/公告

文摘：本发明为一种蜂花粉精的配制方法。它是以海鱼、蜂花粉为原料，海鱼经冷冻处理、提炼浓缩，得到鱼油浓缩物，然后将蜂花粉经发酵后加入木瓜蛋白酶，在一定温度中进行酶催化反应，经过滤便得到蜂花粉液体，再将鱼油浓缩物与蜂花粉液体按比例配制。该方法工艺简单，适合中老年人增强大脑功能，推迟大脑衰老，增强中老年人生命活力、免疫力。

1701. 玉米花粉快速机械处理方法

申请号：91108447　　公告号：1071813　　申请日：1991.10.30

申请人：陈光裕、常青恩、梅天然、崔学增、张志成、董呈祥、裕载勋、陈忠岗、吴廷杰、杨国成、张姝娟

通信地址：(063000)河北省唐山市中央农业广播电视学校唐山分校

发明人：陈光祐、陈忠岗、吴廷杰、杨国成、裕载勋、张姝娟

法律状态：公开/公告　　法律变更事项：视撤日：1995.02.15

文摘：本发明是一种玉米花粉快速机械处理的破壁方法。它是把玉米花粉浸入 40℃ 以下水中，调成糊状加以机械处理，如搅拌、研磨、铲刮、锤击、超声等方法，使其破壁。本方法具有工艺周期短，占用设备极少，破壁率高而稳定等特点，是一种易于操作的玉米花粉快速的破壁方法。

1702. 一种花粉发酵用酶制剂及其生产工艺

申请号：91111350　　公告号：1072955　　申请日：1991.12.05

申请人：杨秉渊

通信地址：(350011)福建省福州市福州第二化工厂科研所林祥琼转

发明人：杨秉渊

法律状态：实　审　　法律变更事项：视撤日：1995.11.08

文摘:本发明是一种花粉发酵用酶制剂及其生产工艺。它是利用蜂巢内含有蜜蜂分泌物的蜂蜡、蜂胶、王浆、蜂粮及巢脾本身等物质,加上硫酸亚铁、米糠及五加皮科落叶灌木树皮,和花粉、蜂蜜、水按一定比例在一定温度下经短期发酵杀菌后成为可直接供花粉发酵用的 NA-21酶制剂。本制剂的特点是使用含有蜜蜂分泌物的 1 种或数种作为酶制剂的主要成分,加上 1 种或多种辅助物质(催化剂)和花粉、蜂蜜、水一起按一定比例经发酵、杀菌制成固体或流态酶制剂。这种专用酶制剂能提高花粉破壁率,保持花粉中有效成分不受破坏,还能生成新的有机活性物质,供 NA-21 复合剂配方中使用。

1703. 花粉的生产方法

申请号：92106322　　公告号：1082830　　申请日：1992.07.18

申请人：沈阳天池天然补品厂

通信地址：(110101) 辽宁省沈阳市苏家屯区海棠街 94 号

发明人：朴炳龙

法律状态：公开/公告　　法律变更事项：视撤日：1995.11.08

文摘:本发明是一种花粉的生产方法。生产花粉的方法是：将收集来的花粉按下述步骤生产:①荟萃提纯:将花粉投入到蜂蜜水溶液中,花粉散开后形成单粒子,当这些单粒子的花粉悬浮在蜂蜜溶液中后,将其捞出、淋干;②一次冷冻:将经荟萃提纯后的花粉放在 $-24\sim-27$℃条件下,冷冻 $5\sim6$ 小时,然后取出在常温下缓解 $3\sim4$ 小时;③二次冷冻:将一次冷冻处理后的花粉放在 $-27\sim-32$℃条件下冷冻 $4\sim5$ 小时,然后取出在常温下缓解 $3\sim4$ 小时;④真空干燥:将经二次冷冻处理后的花粉放在 $10.7\sim16.0$ 帕气压、$30\sim40$℃的温度条件下低温干燥,使花粉的含水量在 5％以下;⑤粉碎:将干燥处理后的花粉粉碎,其粒度要求在 $200\sim300$ 目;⑥消毒:用钴-60 辐射消毒,剂量在 2 500 伦以下。其特点是花粉经含量为 20％～25％有蜂蜜溶液荟萃提纯后,可去除花粉中的尘砂颗粒,经 2 次冷冻处理后,花粉壁产生裂纹,容易破壁。

本发明方法具有所用设备简单、生产效率高、花粉壁的破壁率达95%以上、生产出的花粉无尘砂颗粒、口感好、不破坏花粉中的生物活性物质和维生素C的特点。

1704. 食用花粉制作的新方法

申请号：92108151　　　公告号：1079367　　　申请日：1992.06.01

申请人：四川大学

通信地址：(610064)四川省成都市九眼桥

发明人：王淑芬

法律状态：授　权

文摘：本发明是一种食用花粉制作的新方法。制作食用花粉的方法是：用蜂花粉进行机械破碎或者发酵破碎来生产花粉营养剂，其步骤如下：①用0.5%的氯化三苯基四氮唑与载玻片上少许蜂花粉混合，盖上盖玻片，放35℃水浴锅中保持15分钟，取出后，在显微镜下观察颜色判断活性，红色活性强，淡红色次之，无色没有活性；②将活性强的蜂花粉用18目/英寸过筛去杂，用75°食用乙醇消毒灭菌，然后加入10%的酒酵母液(Screvisiae)、0.2%的纤维素酶、0.2%的果胶酶和糖度达12度、65℃化蜜冷却到40℃时的花粉胶液，使花粉含水量达28%，充分混匀，放发酵盘中，厚度为2厘米，37℃的恒温培养箱中发酵48小时，即可嗅到糖香味，便除去了过敏源；③把发酵后的花粉在45℃的热风下烘干，约1小时，冷却后用超微粉碎机粉碎，然后将花粉末加入10倍的pH为4的酸酒精浸润溶解，在50℃下迅速搅拌3小时，冷却后用160目/英寸筛过滤，滤液用2 000转/分钟离心机离心，用勺匙舀去离心管上清液的脂蜡质，倒出上清液，放25℃下保存备用，沉淀物再加6倍浓度不同的酸酒精浸润溶解，按上法2次提取上清液，两次提取的上清液合在一起；④离心后的沉淀物在45℃的热风下烘干，约1小时，冷却后用普通粉碎机粉碎，用80~100目/英寸过筛，便得花粉营养剂；⑤将两次提取的上清液混合在一起，用160目/英寸的筛放4层脱脂纱布过滤，彻底除去脂蜡质，滤液用真空锅抽气或者用4.0~6.7千帕减压浓缩，除去酒味和异味，便可得花粉营养液，沉淀物烘干粉碎过筛，即可得花粉营养粉。该粉无过敏源、异味,也无脂蜡质,更无刺激性和副作用,利于人体对营养的消化吸收。花粉营养液和营养粉是人们保健的佳品。本发明技术简单,易于推广应用,社会效益和经济效益都很显著。

1705. 从天然花粉中提取花粉精的工艺及其产品

申请号:94107467 公告号:1100599 申请日:1994.07.28

申请人:舒 仲

通信地址:(710061)陕西省西安市兴善寺西街 22 号

发明人:舒 仲

法律状态:公开/公告

文摘:本发明是一种从天然花粉中提取花粉精的工艺及其产品。它的工艺是:分别采用水和食用溶剂油的分级对花粉进行提取分离,制成水溶性的花粉精和脂溶性的花粉精(SO)。其工艺为 2 个步骤:①以蒸馏水为溶媒,对消过毒的花粉进行第一级提取、过滤、浓缩得花粉精 A;②以食用溶剂油为溶媒,对上述滤渣进行第二级提取、过滤、浓缩得花粉精 B(即 SO)。其主要技术特征为:①本工艺先选择蒸馏水作第一级溶媒,并以 60~70℃食用溶剂油作第二级溶媒,设计合理,安全可靠;②本花粉精是花粉营养成分的浓缩物,易于被人体吸收,保健效果大大高于现有花粉产品。本发明的花粉精能迅速消除脑力劳动和体力劳动的疲劳感、保持精力充沛、安神、抗衰老、养颜美容,对儿童益智助长,亦能增强免疫功能。

1706. 一种花粉啤酒的制备方法

申请号:97106072 公告号:1188797 申请日:1997.09.03

申请人:封守业

通信地址:(250100)山东省济南市黄台北路 23 号山东轻工业学院老干部处

发明人:封守业

法律状态:公开/公告

文摘:本发明是一种营养保健酒类的制备方法,具体地说是一种花粉啤酒的制备方法。花粉具有医疗、美容、营养食品的功能。本发明使花粉经脱敏、破壁处理后,加入含有酵母的麦汁中,加酵母发酵而酿造成的高营养、多保健功能的新型保健酒类——花粉啤酒。

1707. 花粉啤酒

申请号:95105276　　　公告号:1136589　　　申请日:1995.05.23

申请人:曲靖市啤酒厂

通信地址:(655031)云南省曲靖市西平镇小河底

发明人:冯建明、高云兰

法律状态:公开/公告

文摘:本发明是啤酒的一个新品种——花粉啤酒。这种以麦芽、大米或糯米、啤酒花、酿造用水、破壁花粉浆为基料经糖化、发酵生产的花粉啤酒的方法是:①将破壁花粉浆在啤酒生产的"前发酵"过程或发酵后加入。其添加量为花粉(重量)与麦汁(前发酵加入时)/清酒(发酵后加入时)之比为 0.8～2:1000;②破壁花粉浆是以花粉(自含水分小于或等于 8%)与无菌水之比为 100:17～27,于无菌条件下 37～42℃保温 26～30 小时制得。它是将经破壁处理的花粉于啤酒的生产过程中添加进去,提高啤酒的营养成分,特别是在啤酒中引入生物活性物质,改善啤酒品质,增加了啤酒的保健功能。它为人们开辟一条通过饮用啤酒摄取花粉养分的新途径,有广阔的市场前景。实施本发明无需改变原生产流程的主要设备,投资少,见效快。

1708. 一种玉米花粉精及其制备新方法

申请号:95108093　　　公告号:1140557　　　申请日:1995.07.19

申请人:孙占水

通信地址:(471241)河南省汝阳县蔡店乡杜康村

发明人:孙占水

法律状态:公开/公告

文摘:本发明为一种食品、日化、医药保健行业的营养强化剂——玉米花粉精及其制备新方法。这种全生物性营养强化剂——玉米花粉精是以人工或机械采集的适龄玉米花粉为原料,经清洗粉碎,A号、B号溶剂在一定的配比、温度下萃取、浓缩、干燥等步骤制成。其重量比为:玉米花粉28%～53%;A号溶剂47%～72%;B号溶剂30%～50%;A号溶剂萃取温度20～50℃,萃取时间为2～3小时。B号溶剂萃取温度为30～60℃,萃取时间为1～2小时,萃物液过滤浓缩温度50℃以下。真空度66.66～93.33千帕。本发明原料贮备容易收集,工艺简便与蜂蜜花粉提取物营养效价相当,成本大幅度下降。它为花粉营养、保健系列品的大众化带来一定的现实意义。

1709. 松花粉精及制备方法

申请号:95108766　　公告号:1143465　　申请日:1995.08.18

申请人:云南省林业科学院云南天润食品饮料公司

通信地址:(650204)云南省昆明市黑龙潭

发明人:陈方中、范国栋

法律状态:公开/公告

文摘:本发明是一种松花粉精及制备方法。它利用云南省得天独厚、储量丰富的云南松或者思茅松或者华山松之花粉作为资源,制成食药兼用的营养保健品——松花粉精。本制品与现有蜂源花粉相比较,松花粉精是真正的纯净花粉,其与现有技术的突出区别在于:由10%～30%破壁的云南松或者思茅松或者华山松之花粉,60%～80%的白砂糖,5%～10%的蜂蜜加其他辅料组成。松花粉精的制备方法是将破壁的上述松花粉经灭菌、发酵、中止发酵、调配和烘干而制成。

1710. 花粉奶粉及其制作方法

申请号:96118074　　公告号:1160488　　申请日:1996.03.22

申请人:蔡靖寰

通信地址:(412004)湖南省株洲冶炼厂医院

发明人:蔡靖寰

法律状态:公开/公告

文摘:本发明是一种花粉奶粉及其制作方法。该花粉奶粉的主要成分为花粉和奶粉。其组分含量(重量百分比)为:花粉 7%～33%,奶粉67%～93%,香兰素 0.05%～0.1%。其制作方法为:将花粉进行筛选、干燥、灭菌、破壁或不破壁粉碎,或提取花粉精,干燥,再与奶粉搅拌混合均匀,检验、真空包装即得花粉奶粉产品。本发明花粉奶粉主要可作为饮料食用,能改善口感,便于服用,集天然动、植物营养精华于一体,能更好地被人体吸收利用,调节人体机能,增强保健功效。本发明还可用于使用者自行调制面膜、营养美容霜等美容化妆品。

1711. 活性花粉膏及其加工方法

申请号:97105667   公告号:1189301   申请日:1997.01.30

申请人:邵之文

通信地址:(250013)山东省济南市和平路 36 号

发明人:邵之文

法律状态:公开/公告

文摘:本发明是一种含有花粉、蜂蜜、蜂胶等珍贵成分的活性花粉膏。它的组合配方(重量百分比)为:花粉 12%～55%,蜂蜜 40%～85%,蜂胶 1%。其加工方法是:采用现代科学方法将其各成分精加工提纯,又用最优选的方法始终在 65℃ 以下将各味成分搅拌均质、加酶、脱敏、灭菌、超微、粉碎、乳化加工而成。本发明完全保证了原料本身的天然活性,常服本品能促进机体的免疫力,促进组织的再生,具有抗动脉硬化,降低胆固醇,舒张血管,增强细胞活力,调节神经及内分泌系统,防治前列腺疾患,提高人体的新陈代谢,尤其能防止皮肤粗糙和色素沉着,从根本上保持皮肤细嫩、光泽、有弹性。常服可达到驻颜美容,健脑强身之目的。

(五)蜂产品与花粉综合加工技术

1712. 蜂粮液的制作方法

申请号:87104855   公告号:1015608   申请日:1987.07.11

申请人:于长生

通信地址：(518033)广东省深圳福华路福华住宅区 14 栋 401 室

发明人：于长生

法律状态：授　权

文摘：本发明是一种蜂粮液的制作方法。这种用花粉、蜂蜜、菌种、水制作蜂粮液的方法步骤为：①培养发酵菌种,在无菌条件下,在同一容器中,同时培养酵母菌、乳酸菌、醋酸菌；②将蜜源花粉除掉杂质,用75%浓度的酒精按蜜源花粉的 3%,食用醋按蜜源花粉的 2%先后对蜜源花粉灭菌；③将蜂蜜加热到 60℃保持 10 分钟灭菌,尔后过滤去掉杂质；④将经过①～③的蜜源花粉、蜂蜜、菌种和水按不低于 0.3、不低于15、7.7 和不高于 77 的百分比称重。当蜜源花粉、蜂蜜高于 0.3、15 时,降低水的比例；⑤将称好的水煮沸冷却后放入称好的蜜源花粉及 3 种菌种,在 26～28℃条件下容器里发酵 32～38 小时,使发酵液达到酒精含量低于 0.5%,pH 值 3.5 时终止发酵；⑥将发酵液在 65～68℃条件下经过 18～22 分钟沉淀,同时辅以紫外线照射,然后过滤去掉沉淀蛋白；⑦将发酵液与经过④的蜂蜜混合后过滤净化封装。该方法设备简单,操作方便易行,所得产品营养丰富,具有滋补保健作用。

1713. 一种蜂产品与酒类乳化的新方法

申请号：91107577　　公告号：1073974　　申请日：1991.12.31

申请人：刘本君

通信地址：(233400)安徽省怀远县禹王路西段 41 号

发明人：刘本君

法律状态：授　权

文摘：本发明是一种蜂产品与酒类乳化的新方法。这种蜂产品与酒类乳化的新方法是：将蜂王浆、花粉、蜂蜜、蜂蛹等几种蜂产品中的一种或两种,经破碎、过滤后与粮食酒按比例混合。其特点是将蜂产品与粮食酒的混合物反复进行减压搅拌与加压均质,反复进行两次以上,至蜂产品与粮食酒混合均匀为止。采用本方法将蜂产品与酒类进行乳化,乳化后的成品中各成分稳定,经长期搁置后无分层现象,这在提供了利用此方法制成多种对人体健康有益的蜂产品酒的同时,也提供了一种能保持蜂产品生物活性的保存蜂产品方法。

1714. 用王浆蜂蛹花粉制食品冲剂的新方法

申请号：92101518　　公告号：1076086　　申请日：1992.03.07

申请人：刘本君

通信地址：(233400)安徽省怀远县禹王路 41 号

发明人：刘本君

法律状态：公开/公告　　法律变更事项：视撤日：1996.04.03

文摘：本发明是一种用王浆、蜂蛹、花粉制食品冲剂的新方法。这种用王浆、蜂蛹、花粉制食品冲剂的新方法是将王浆、蜂蛹、花粉,其中之一或之二与添加剂混合后,经膨化处理、粉碎、包装而成。

1715. 高含量有机微量元素蜂产品及其加工方法

申请号：93118194　　公告号：1101510　　申请日：1993.10.14

申请人：马忠杰

通信地址：(156700)黑龙江省饶河县饶河镇 1 委 4 组

发明人：管克举、侯树生、李春富、马忠杰

法律状态：授　权

文摘：本发明是一种高含量有机微量元素蜂产品及其加工方法。它是在原产品的基础上,通过新的生物工程方法,制得的目前在自然界尚不能取得的高含量有机微量元素的纯天然营养保健食品。这种含有机微量元素的蜂产品的特征是通过生物工程的方法获得的高含量有机微量元素的蜂产品;上述的生物工程方法,是指通过蜜蜂体内酶的再酿制作用将加到蜂蜜中的无机微量元素转化为有机微量元素的过程。本产品可防治癌症、心脏病、老年性疾病、白内障、肝脏及胰脏等多种疾病。该方法是通过蜜蜂体内酶的作用将加到蜂蜜中的无机微量元素转化以达到提高有机微量元素的实用技术,只需在原养蜂场的基础上,稍加投资和设备即可实现。因此,它具有投资少、效益高、成本低的特点。

1716. 一种保健饮品

申请号：96103799　　　公告号：1162415　　　申请日：1996.04.15

申请人：张　强

通信地址：(563000)贵州省遵义市公园路42号附2号

发明人：张　强

法律状态：公开/公告

文摘：本发明是一种保健饮品。这种保健饮品是取枸杞子、牡蛎、栀子、肉桂4味中药用酒或水浸泡后，提取浸泡液，然后在浸泡液中加入蜂王胎、蜂王浆、蜂花粉、蜂胶、蜂蛹、蜂体、蜂蜜、蜂房等原料，经酒或水浸泡后提取而得蜂产品浸提液，将混合液搅拌均匀后，再均质、过滤、消毒、罐装即成。本饮品具有调节人体内分泌、提高人体免疫机能、抗疲劳、抗衰老以及添精补髓、补肾固本、健脾强心、增力健雄、养容美颜的功能。

1717. 蜜蜂花粉酒生产工艺

申请号：85100036　　　公告号：1002480　　　申请日：1985.04.01

申请人：江西省高安县酿酒厂

通信地址：(330800)江西省高安县筠阳镇锦水路1号

发明人：王辉明、徐缉松

法律状态：授　权　　　法律变更事项：因费用终止日：1990.11.07

文摘：本发明是一种蜜蜂花粉酒生产工艺。它是一种从蜜蜂花粉中提取出营养成分，再用花粉营养浸液和酒醅套酿成蜜蜂花粉酒的生产工艺。蜜蜂花粉酒生产工艺的关键技术是用蒸汽罐将花粉预热，维持40℃半小时，然后用高压蒸汽瞬时升温蒸汽罐110～120℃，随即降温到10℃以下；将花粉外壳破裂，然后将破壳的花粉封闭浸泡，封闭浸泡10天，清除溶解后的孢子壳等杂物，提取花粉营养液；再将花粉浸液与酒醅套酿，存放半年以上。用上述工艺生产出具有花粉独特风味的花粉酒。

四、水产品加工技术

(一)鱼产品加工技术

1718. 一种调味针鱼片干的加工技术

申请号:89104951　　公告号:1048791　　申请日:1989.07.17

申请人:中国水产联合总公司上海分公司

通信地址:(200093)上海市军工路 2855 号

发明人:江淑宜、姚其生、赵　敏、周志赢

法律状态:公开/公告

文摘:本发明是一种调味针鱼片干的加工技术。加工调味针鱼片干的技术包括新鲜针鱼、鱼体剖片技术、调味料。其特征是用冷冻新鲜针鱼经解冻、筛选的鱼体剖片在调味料中渗透、浸渍、烘烤、轧制成薄片状或丝状,制成色泽透明的出口调味针鱼片;也可经烘烤制成外观色泽淡黄、口感柔软,携带方便,直接食用的薄片状、丝状的美味针鱼干制品。

1719. 一种生鱼精的生产方法

申请号:90103649　　公告号:1047437　　申请日:1990.05.15

申请人:湖北省黄石市生物制药厂

通信地址:(435002)湖北省黄石市鄂黄路 96 号

发明人:王安才

法律状态:实　审　　法律变更事项:视撤日:1993.05.05

文摘:本发明是一种生鱼精的生产方法,是采用生鱼及黄芪等中药为原料,生产高级滋补品的方法。生产生鱼精的方法是由以下 3 步操作完成的。第一步,准备干净的生鱼 612 克、鲢鱼 262 克。①提取:次数 2 次,时间各为 3 小时、2 小时,鱼和水的比例为 1:2~6;②浓缩:1 000 毫升;③调 pH 值:pH 3.5~5.5;④拌匀:加 10% 蛋清;⑤煮沸:时间 30~50 分钟;⑥冷藏:温度 0~5℃,时间 24 小时。第二步,准备干净的中药:黄芪 38 克、熟地 25 克、淫羊藿 12 克、香菇 12 克、枸杞子 25 克、党参 25 克。①提取:次数 3 次,时间各为 2 小时、2 小时、1 小时;②浓缩:500 毫升;③拌匀,加 5%蛋清;④冷藏:温度 0~5℃,时间 24 小时。第三步:①合并:将上述两种冷藏液合并;②拌匀:加 5%蛋清;③浓缩:1 000 毫升;④调 pH 值:pH 6.4~7.0;⑤过滤;⑥灌封;⑦灭菌;⑧包装。本发明适用于将鱼类生产为滋补品。

1720. 一种全鱼制品的配制方法

申请号:90105018　　公告号:1053348　　申请日:1990.01.16

申请人:王秀龙

通信地址:(110015)辽宁省沈阳市 428 信箱

发明人:王秀龙

法律状态:实　审

文摘:本发明是一种全鱼制品的生产工艺方法,通过炸制、烤制或蒸制为食用品。配制全鱼制品的方法是:将全鱼的鱼肉和磨细的骨刺、皮、鳍等一起斩拌成鱼糜,然后加入适量的天然增稠剂、防腐剂及调料搅拌均匀成型后,炸制为食用品。其配比为:全鱼 45%~90%,天然增稠剂 10%~23%,防腐剂 0.1%,调料 5%~10%。本方法可使原不易食用的骨刺、鳍等经加工制成食用方便的高蛋白、富钙食品。本制品味美价廉,加工工艺简单,既有利于身体健康,又能节约鱼类资源。

1721. 活鱼活吃的烹调方法

申请号:91108109　　公告号:1057953　　申请日:1991.07.13

申请人:罗绪山

通信地址:(223800)江苏省宿迁市果园场渔汪村

发明人:罗绪山

法律状态:公开/公告　　法律变更事项:视撤日:1994.08.17

文摘:本发明是一种活鱼活吃的烹调方法。活鱼活吃的烹调方法是:①取活鱼放入配好的消毒液中进行消毒,将鱼身和鱼鳃上的各种病虫和病毒杀死;②从活鱼嘴中注入高度白酒,白酒的注入量为鱼重的 0.8%～1.5%，使活鱼麻醉；③从活鱼的头部开始将鱼皮连同其上的鱼鳞一同翻剥至活鱼尾端，并整体保留在鱼尾部不使它脱落，用快刀在鱼身两表面每隔 0.5～0.8 公分划道，但鱼身的肉不划通；④将划好的活鱼鱼身浸入预先配好的调料中浸泡 5 秒钟，然后取出用湿布包住鱼头，用手拿住活鱼的头部和尾部，将鱼身放入旺火烧热的油锅内，两面翻炸数秒钟，使鱼身肉熟而不老，即可取出；⑤剪切两张与活鱼鱼身形状大小相同的卫生塑料薄膜或千张皮覆盖在煎炸好的活鱼鱼身两面，再将剥翻至活鱼尾端的鱼皮及其上的鱼鳞翻回原状，用尖刀从活鱼肛门处划一小口取出活鱼的肠子并擦净，用卫生纸堵塞住小口，即烹调操作完毕可装盘上桌。用本发明烹调的鱼形象逼真，与活鱼一样，味鲜而不腥；上桌后，烹调之鱼活的时间大大延长。

1722. 水余鱼圆的表面包膜技术

申请号：91109683　　公告号：1071054　　申请日：1991.10.09

申请人：浙江农业大学

通信地址：(310003)浙江省杭州市华家池

发明人：王　向、吴　茜、张　英

法律状态：公开/公告

文摘：本发明是一种水余鱼圆的表面包膜技术。本技术的特征在于用褐藻酸钠溶液和氯化钙溶液在鱼圆表面均匀地结成 1 层透明胶质。通过本发明表面包膜技术处理后的鱼圆附以保鲜包装液，可延长鱼圆的保鲜期室温下 5～6 天，冰箱冷藏室中 15～20 天，且鱼圆表面光润凝胶结构完整，风味成分保持良好，煮制后"发胖"现象明显减少。

1723. 速冻燕皮饺子工业化生产工艺和配料

申请号：92113546　　公告号：1074807　　申请日：1992.11.27

申请人：王海洪

通信地址：(316000)浙江省舟山市普陀区浙江水产学院食品工程系

发明人：王海洪

法律状态：授　权

文摘:本发明是一种速冻燕皮饺子工业化生产工艺和配料.它的生产工艺由原料加工、成型、成品处理3个基本工序组成。它是以鱼肉为主要原料制成饺子皮,再由饺子成型机包上所需的馅并成型后,经速冻、冷藏进入市场销售。燕皮饺子是一种营养丰富、味道鲜美、久煮不糊、入口滑爽的高档食品.其生产的关键工序是在燕皮原料加工的擂溃工序之前用自控脱水机把脱水率自动控制在20±5%的范围内,在擂溃工序中加配料擂溃。成品在-18℃条件下保质期为6个月。

1724. 一种真空包装的中国风味整熟鱼制品及其制作工艺

申请号:93106829　　　公告号:1081589　　　申请日:1993.06.12

申请人:韩智慧

通信地址:(300101)天津市南开区西南角南大道采育里5号

发明人:韩智慧、韩智勇

法律状态:公开/公告　　法律变更事项:视撤日:1996.09.18

文摘:本发明是一种真空包装的中国风味整熟鱼制品及其制作工艺。本制品是保持鱼的完整状,可呈清整后的整条鱼状亦可呈从头部、脊背到尾部的片开状,口味采用中国风味,可有酱制、红烧、熏制、麻辣、糖醋、五香的多种味型,制好的鱼放入一塑料托盘内,其外覆盖经真空及灭菌处理的透明塑膜软包装;鱼条应新鲜整齐,一般取200~1500克重量。它的特点是该鱼制品为鲜活鱼经工艺处理呈整条熟制真空灭菌透明塑膜包装的快餐鱼制品。其工艺流程包括:①选鱼;②清洗去鳞;③刀工处理;④腌制;⑤制卤;⑥油炸;⑦浸卤;⑧晾干;⑨盛盘包装;⑩真空处理;⑪灭菌处理;⑫成品。本发明的优越性在于:①符合中国人吃鱼的口味,且风味多样;②这是一种新型快餐食品,且便于贮存及运输;③能形成工业化生产。

1725. 鱼鳞胶及其制备方法

申请号:93110530　　　公告号:1075860　　　申请日:1993.01.08

申请人:汤叔良

通信地址:(226100)江苏省海门县海门镇七家村62号

发明人：汤叔良

法律状态：公开/公告　　　法律变更事项：视撤日：1998.02.11

文摘：本发明是一种鱼鳞胶及其制作方法。它的特色是鱼鳞胶中含有鱼鳞提取液及滋阴性中药配伍的有效成分。制作鱼鳞胶的步骤主要包括：①将清洁干鱼鳞去腥、去寒处理；②将鱼鳞在滋阴性中药配伍煎熬、过滤。本发明所提供的鱼鳞胶，可以起到龟板胶、阿胶等同样滋阴止血的功效，且在润肺、补肺方面具有独特功效。另外，其原料来源广泛、价格低廉、制作方法简便。

1726. 鲸鲨脑饮料的加工方法

申请号：94102208　　　公告号：1096183　　　申请日：1994.03.10

申请人：蔡正豹

通信地址：（325609）浙江省乐清市蒲歧镇南门镇

发明人：蔡正豹

法律状态：公开/公告

文摘：本发明是一种鲸鲨脑饮料的加工方法。加工鲸鲨脑饮料的方法是：①将捕捞的鲸鲨鱼用水冲洗干净后，砍下头部，刮取脑髓汁，将脑髓汁烘晒浓缩处理后备用；②将浓缩备用的脑髓汁用机械或人工方法切块或造型，除劣选优；③按比例将鲸鲨脑汁，冰糖和泉水混合后装罐、密封、杀菌、冷却、检验。本发明具有加工方法简单，加工成的饮料营养丰富，价廉物美的优点。

1727. 鳗鱼营养液及其系列保健饮品的生产方法

申请号：94102963　　　公告号：1096426　　　申请日：1994.03.28

申请人：王大为

通信地址：（130018）吉林省长春市吉林农业大学

发明人：王大为、张彦荣

法律状态：公开/公告

文摘：本发明是一种鳗鱼营养液的浸提方法及鳗鱼营养液系列保健饮品。鳗鱼营养液技术关键是采用发酵浸提法，其配方中所含的鳗鱼营养液、银耳营养液、木耳营养液、金针菜营养液均是水解浸提液。鳗鱼营养液的生产方法包括清肠处理、清洗宰杀、整理、破碎、成熟、嫩化灭菌、精磨、浸提、杀菌、冷却、分离；系列保健饮品生产方法包括金鳗营养液、银鳗营养液及其碳酸饮料、鳗鱼琼膏的配方及生产方法。本发明的制作步骤、配方和生产工艺如下：①鳗鱼营养液浸提时，加入0.5%～2.5%的酵母后，是在28～40℃，维持5～10小时条件下进行的。②金鳗营养液的配方是：鳗鱼营养液20～40份，金针菜营养液6～10份，木耳营养液5～10份，原蜜5～8份，水28～54份；银鳗营养液的配方是：鳗鱼营养液20～40份，银耳营养液6～10份，木耳营养液5～10份，原蜜5～8份，水28～54份。金鳗营养液和银鳗营养液的生产工艺是：混合→过滤（通过180～200～300目筛）→均质（35～40℃、10～15兆帕）→一次杀菌（95～100℃、10～15分钟）→冷却（60～70℃）→灌封→二次杀菌（108～115℃、20～40分钟）→冷却（室温）→检验→成品。金鳗碳酸饮料的配方是：鳗鱼营养液5～10份，金针菜营养液2～5份，木耳营养液1～5份，原蜜5～10份，碳酸水60～80份。银鳗碳酸饮料的配方是：鳗鱼营养液5～10份，银耳营养液2～5份，木耳营养液1～5份，原蜜5～10份，碳酸水60～80份。金鳗碳酸饮料和银鳗碳酸饮料的生产工艺是：混合→过滤（通过180～200～300目筛）→均质（35～45℃、10～15兆帕）→杀菌（90～100℃、10～15分钟）→冷却（25～35℃）→碳酸化（冲入7～8倍碳酸水）→无菌灌装封口→检验→成品。鳗鱼琼膏的配方是：鳗鱼营养液15～30份，木耳或银耳营养液5～10份，原蜜5～10份，海藻提取物0.5～1.5份，水28～65份。鳗鱼琼膏的生产工艺是：混合→过滤（通过180～200～300目筛）→均质（35～45℃、10～15兆帕）→一次杀菌（90～98℃、5～15分钟）→冷却（50～60℃）→灌装封口→二次杀菌（90～98℃、10～20分钟）→检验→成品。该系列饮品具有配方合理，互补增效，老幼皆宜的特点，是一种补羸弱、祛风湿、活血强心、润肺保肝、开胃健脾的保健佳品。

1728. 鳗鱼酥及其生产工艺

申请号：94111399　　公告号：1108058　　申请日：1994.07.20

申请人：南通华通鳗业有限公司

通信地址：(226407)江苏省如东县南港镇

发明人：魏国平、徐长生、徐晓玲

法律状态：公开/公告　法律变更事项：视撤日：1997.10.15

文摘：本发明是一种鳗鱼酥及其生产工艺。该产品含有鳗鱼骨成分，生产时，先将干净鳗鱼骨冷冻、粉碎成糊状，再与粮食粉末等组分拌和，然后经常规膨化、烘干处理。本发明的产品含有丰富的营养成分，特别是含足量的牛磺酸、钙、铁、磷、锌等物质，且生产工艺简单。

1729. 生食鱼肉的加工方法

申请号：94111038　　公告号：1114160　　申请日：1994.06.13

申请人：唐高峥

通信地址：(410008)湖南省长沙市北站路337号

发明人：唐高峥

法律状态：实　审

文摘：本发明是一种生食鱼肉的加工方法。它的加工方法包括去鳞翅、去头尾、去内脏，剔除鱼身上的其他器官，将剩下的鱼肉切块或切条，然后用净水漂洗，再将经手工或机械方式进行脱水处理后的鱼肉分层放入敞口陶质容器，每层铺垫1.5厘米厚，在上面均洒食用优质粮白醋、生姜末、精食盐和大米面，拌和均匀，静置18～21分钟；再将拌好的鱼肉装入窄口陶质容器，并注入茶油覆盖于鱼肉之上，油层厚达2.5厘米，然后封口贮存，即成本制品。经本发明处理的鱼肉可保质保鲜贮藏两年以上。本法还可用于鱼罐头的制作。本制品既不失鱼肉本身的营养成分，又消除了有害寄生物的残留，味道鲜美可口，备受人们的喜爱。

1730. 阿胶烤鱼的制作方法

申请号：95100488　　公告号：1130039　　申请日：1995.02.27

申请人：刘义俊

通信地址：(252201)山东省东阿县工业街109号东阿县水产开发公司

发明人：刘义俊

法律状态：实　审

文摘：本发明是一种制作阿胶烤鱼的方法。其制作方法包括下列步骤：①原料处理：选择鲜活鱼，去除鳞、鳃和内脏，并清洗干净；②盐水浸渍：将处理好的鱼浸渍于 8％～20％食盐水中 10～30 分钟，然后取出沥干；③调味处理：将盐水浸渍过的鱼浸渍于预先调配好的调味汤料中 60～120 分钟，尔后取出沥干；④脱水：将调味处理后的鱼进行热风脱水，脱水温度为 50～90℃，脱水时间为 5～10 小时；⑤涂油：在脱水后的鱼体上涂抹一层预先调制好的香油；⑥焙烤：将涂油的鱼进行焙烤，焙烤温度为 150～200℃，焙烤时间为 10～30 分钟；⑦涂阿胶：在焙烤后的鱼上涂刷一层阿胶液；⑧冷却：将涂阿胶的鱼进行冷却，冷却温度为室内常温；⑨真空封袋：将冷却后的鱼用铝箔袋进行真空封袋，封袋后的真空度为 40～66.7 千帕；⑩杀菌：将封袋后鱼进行杀菌处理；⑪冷却：对杀菌后的鱼进行冷却。

1731. 营养方便鱼冻系列食品及其制法

申请号：95112510　　公告号：1148946　　申请日：1995.10.26

申请人：殷　军

通信地址：（430050）湖北省武汉市汉阳区三里坡国营汉阳鱼场宿舍

发明人：殷　军

法律状态：公开/公告

文摘：本发明是一种营养方便鱼冻系列食品及制备方法。它是利用鱼类产品加工后的废弃物下脚料及低值小杂鱼或全鱼作原料，经粉碎、漂洗、沥干、香料浸渍、煎煮、调制等工序，采用天然香料掩盖，制造出无腥无臭、风味可调、食法多样、营养方便的鱼冻系列食品。本发明所调制的鱼冻食品，既为人体提供了所需要的营养物质和微量元素，又减少了资源浪费和环境污染，与水产品加工厂配套，可创造较好的经济效益和社会效益。

1732. 美味咸鱼的加工技术

申请号：95113905　　　公告号：1149993　　　申请日：1995.11.06

申请人：张　毅

通信地址：(116113)辽宁省大连市甘井子区大连海洋渔业总公司转科技处董德胜转

发明人：张　毅

法律状态：公开/公告

文摘：本发明是一种美味咸鱼的加工技术。加工美味咸鱼的技术包括如下步骤：①将鲐鱼自鱼背处纵向剖开，摘除内脏；②向剖开后的鱼体上抹盐，鱼与盐重量比为 3.3～5：1；③将摘除的内脏敷在腌渍容器底，再将抹好盐的鱼体摆放在腌渍容器内，上部敷设竹帘后加重物以防鱼体上浮，腌渍时间为 30～40 天；④将腌渍完毕的鱼体放入流动的海水中浸泡 1～3 小时进行脱盐，脱盐后的鱼体含盐量为 5%～9%；⑤自然晾晒，使鱼体含水率为 50%～55%；⑥向鱼体上喷洒调味液，每千克鱼喷洒 30～60 克调味液，再放入密封的容器内保持 30～60 天，利用鱼体自身酶发酵；⑦取出鱼体包装。

1733. 鱼卤原浆的加工技术

申请号：95113906　　　公告号：1149994　　　申请日：1995.11.06

申请人：张　毅

通信地址：(116113)辽宁省大连市甘井子区大连海洋渔业总公司转科技处董德胜转

发明人：张　毅

法律状态：公开/公告

文摘：本发明是一种鱼卤原浆的加工技术。加工鱼卤原浆的技术是：①取出鱼体，再将腌渍时脱出的鱼卤汁过滤，去除固形物；②将过滤后的鱼卤汁浓缩，其浓缩比为 10～15：1；③将浓缩后的鱼卤汁静置，静置时间为 24～36 小时；④分离除去静置后所产生的沉淀物，并去掉上清液的浮沫。本制品具有味道独特、鲜美等特点。

1734. 熟吃活鱼

申请号：96106473　　　公告号：1144629　　　申请日：1996.08.13

申请人：刘连德

通信地址：(100054) 北京市宣武区里仁街 6 号院 3 号楼 201 室

发明人：刘连德

法律状态：公开/公告

文摘：本发明是一种特色菜肴——熟吃活鱼及其加工方法。本发明的熟吃活鱼是由淡水活鱼(尤以鲤鱼为佳)，经清水放养,刮鳞、清肚、改刀、油炸、浇汁而制成,油炸时只炸鱼身不炸鱼头,在上席的 15～20 分钟内鱼保持活性,即嘴能张,鳃能动,使宴席增加兴趣和活跃气氛。

1735. 活血强心抗癌鱼汤

申请号：96107695　　　公告号：1146873　　　申请日：1996.06.28

申请人：黄志新

通信地址：(546700) 广西壮族自治区蒙山县蒙山镇新联村

发明人：黄志新

法律状态：公开/公告

文摘：本发明是一种活血强心抗癌鱼汤。制作活血强心抗癌鱼汤的方法是:用含锌鱼类加入兴奋神经促进血液循环食品和含硒食物抗瘤抗癌食物、降血压药物、补气养血药物进行久蒸精制而成。科学研究表明,缺锌会贫血,缺硒损坏心肌。为此,本发明采用了含锌丰富和含硒能扩张血管、兴奋神经、促进血液循环的鱼汤。它含有锌、硒谷胱甘肽元素和兴奋神经促进血液循环、祛风活络、降压镇痉、补气益阳、养血舒肝药物。对风湿关节炎能畅通血管,对心肌梗阻缺血性心脏病能增加血纤活性,对动脉粥样硬化能使收缩压、舒张压下降,能阻断亚硝胺致癌物质形成,能减低糖尿病的血糖浓度,能杀灭肠道的各种杆菌,有兴奋神经促进血液循环祛风活络补气舒肝益寿作用。

1736. 快餐鱼的制作方法

申请号：96109503　　　公告号：1146872　　　申请日：1996.08.21

申请人：王　林

通信地址：(100076)北京市南郊红星区居民办事处

发明人：王　林

法律状态：公开/公告

文摘：本发明是一种快餐鱼的制作方法。制作快餐鱼的方法主要包括下列步骤：①制卤：在已加水的容器中加入调味料，然后加温煮沸，煮沸后加入黄酒，继续煮沸，加糖，继续煮沸后加味精，然后自然降温并捞出漂浮物；②腌制：取洗净的鱼100份(重量)，加入食盐1.3～2份，搅拌均匀后加入酱油0.2～0.5份，搅拌均匀后，加入适量香料粉，搅拌均匀后腌制1.5～2小时，在腌制过程中，每30分钟搅拌1次；③炸制：将上述经腌制的鱼入油锅炸至金黄色；④浸卤：将经炸制的鱼浸入由上述步骤1制得的卤中，浸卤时间为2～10分钟。本发明的特点在于该快餐鱼口味浓重、鲜美，色泽好，质地松软，而且适于工业化生产。

1737. 茄汁鱼的加工方法

申请号：96109519　　　公告号：1142918　　　申请日：1996.08.23

申请人：王恩杰

通信地址：(061100)河北省黄骅市城关镇后沙洼村丽华清真罐头厂

发明人：王金龙、王恩杰

法律状态：公开/公告

文摘：本发明是一种茄汁鱼的加工方法。它的加工方法主要包括选料、洗净、盐水浸渍、脱水、浇汁、高温杀菌、低温杀菌、贮存等工艺步骤。本发明克服了现有茄汁罐头制品固形物少、保质期短、口感差等缺点，并且加工工艺简单、合理，技术容易掌握。

1738. 一种池沼公鱼罐头的制作方法

申请号：91112640　　　公告号：1063025　　　申请日：1991.12.30

申请人：马志强

通信地址：(117000)辽宁省本溪市明山区紫西街5组

发明人：马志强

法律状态：公开/公告   法律变更事项：视撤日：1995.04.19

文摘：本发明是一种池沼公鱼罐头的制作方法。制作池沼公鱼罐头的方法是：将分选好的池沼公鱼清洗、消毒，即为净鱼；然后分别将一种滋补汤汁和一种保健汤汁与净鱼一同装入包装容器中，将容器加热后，即分别加工出具有滋补作用和保健作用的池沼公鱼罐头。在制作时，应注意配好滋补汤汁和保健汤汁，可以加工成对人体具有滋补作用和保健作用(补血、祛风湿、补肾)的池沼公鱼罐头，从而提高了鱼的利用和经济价值，为鱼产品的深加工开拓了新的途径。

1739. 香酥公鱼的制备方法

申请号：96102491   公告号：1134253   申请日：1996.03.21

申请人：王开渠

通信地址：(134500)吉林省抚松县南新区淡水鱼加工厂

发明人：王开渠

法律状态：公开/公告

文摘：本发明是一种香酥公鱼的制备方法。它的主要原料为池沼公鱼，并采用酱油、胡椒粉、果葡糖浆、味素、白砂糖、生姜、白酒、盐为辅料，经过烘烤、细煮而制成。制备香酥公鱼的方法的步骤是：第一步，鱼串的制备：将一定数量的池沼公鱼进行挑选，用清水洗净，按鱼的大小进行分类，将大小相近的鱼用6厘米长的竹针穿成鱼串；第二步，烘烤：在液化气为燃料的烘炉上，将鱼串进行烘烤，时间为8分钟，烤至微黄色；第三步，细煮液的制备：将重量比为20：1：32：1：10：8：4：2的酱油、味素、果葡糖浆、胡椒粉、白砂糖、生姜、白酒(60°)、盐的辅料，放入不锈钢配料罐中，混匀备用；第四步，细煮：将烘烤后的鱼串放入细煮锅中，然后加入3倍量清水加热微沸2小时，然后将水弃去，再向锅中加入细煮液，鱼串重量等于细煮液数量，加热微沸至残留少量细煮液为止，将细煮后的鱼串用真空包装机包装，然后将包装好的鱼串在通用的灭菌柜中高温灭菌 30 分钟,产品通过质量检查、包装。

1740. 鲢鱼的熏制方法

申请号:92106013　　公告号:1074099　　申请日:1992.01.10

申请人:关文达

通信地址:(110101)辽宁省沈阳市苏家屯区枫杨路 33 号

发明人:关文达

法律状态:实　审　　法律变更事项:视撤日:1997.01.22

文摘:本发明是一种鲢鱼的熏制方法。熏制鲢鱼的方法包括对鲢鱼的预处理,即开膛清除内脏、除鳞、改刀等。其制作的具体步骤是:①将预处理后的鲢鱼投入到下述的中药和佐料对成的卤汁中腌制 1～3 小时;②将腌制完的鲢鱼放在干燥箱内干燥至鱼体表面无水迹;③将干燥完的鲢鱼放入熟油中炸熟;④将炸熟后的鲢鱼放入味精溶液中浸渍;⑤将浸渍后的鲢鱼放在干燥箱内二次干燥;⑥将二次干燥后的鲢鱼放在熏箱内,用红糖、茶叶熏制 3～10 分钟。上述所投入的中药为丁香、砂仁、茴香、桂皮、陈皮、白芷、甘草、草果;上述所投入的佐料为葱、姜、大料、花椒、料酒和酱油。用本发明方法熏制的鲢鱼鱼肉呈蒜瓣状,无土腥味,细刺碳化,口感好。本方法还可熏制成五香熏鱼、糟香熏鱼、辣味熏鱼。

1741. 鳢鱼制品的制作方法

申请号:92107635　　公告号:1069864　　申请日:1992.07.07

申请人:赵克典

通信地址:(244000)安徽省铜陵市合成洗涤剂厂

发明人:赵克典

法律状态:实　审

文摘:本发明是一种食用和制革行业鳢鱼系列制品的制作方法。其具体制作方法是:将鳢鱼活杀后,去除头、尾、骨、内脏和鳞,分离鱼皮,将鱼肉切成片风干,在由鲜鸡蛋 60%～70%和莲子粉 30%～40%组成的添加剂中将鱼肉片浸透,加入调味品,然后在模具内将肉片压制造型,送到烤箱中烘烤成鱼片干,即可包装的鳢鱼干片;将鳢鱼头部、尾、骨、内脏、鳞及血一起切碎,绞成肉泥,烘干、磨粉、加添加剂和调味品后选粒,烘烤为固体,包装成鳢鱼烤参丸;将鳢鱼头部、尾、骨、内脏、鳞及血一起切碎,绞成肉泥,烘干、磨粉、加添加剂和调味品,在28～38℃的环境下静置发酵48小时以上,定时搅拌、加水,待48小时以上成为鳢鱼参酱;将分离的完整鳢鱼皮经脱脂、脱色、乳化、软皮、拉张喷香、柔软加脂、抛光、染色风干后成为鳢鱼皮革制品原料。使用本方法制作的鳢鱼系列制品不仅不丧失其营养保健价值,而且运输、储存、销售也很方便。

1742. 冷冻麦穗鱼食品的制作方法

申请号:92109432　　公告号:1071316　　申请日:1992.08.26

申请人:河北省进出口贸易公司

通信地址:(050071)河北省石家庄市北马路58号

发明人:李青林、刘晓平、宋耀强、孙　枫

法律状态:实　审　　法律变更事项:视撤日:1996.03.27

文摘:本发明为冷冻麦穗鱼食品的制作方法。制作冷冻麦穗鱼食品的方法是:将鲜麦穗鱼水洗、挑选,在锅中放入水5～50份,加入调料,水开后放麦穗鱼,煮制1～20分钟;调料配比为:白糖0.5～20份,盐0.5～20份,1次煮鱼1～20份,煮至糖度1°～30°,盐度1°～30°(特殊调料为白糖0.5～2份,盐0.5～20份,或水1～6份,酱油1～6份,白糖0.5～3份,糖稀0.5～4份,琼脂粉0.005～0.03份),煮制后速冻,或油炸、烘烤后速冻制成的。本制品不仅便于运输、保存,而且食用方便、味道可口、风味独特,可直接食用,亦可做烹调的原料,特别是开发了过去人们未曾食用过的麦穗鱼资源。该产品营养丰富,出口国外,很受欢迎。

1743. 冷冻山根鱼食品的制作方法

申请号:92110054　　公告号:1071317　　申请日:1992.08.26

申请人:河北省进出口贸易公司

通信地址：(050071) 河北省石家庄市北马路 58 号

发明人：李青林、刘晓平、宋耀强、孙　枫

法律状态：实　审

文摘：本发明为冷冻山根鱼食品的制作方法。制作冷冻山根鱼食品的方法是：将鲜山根鱼水洗、挑选，在锅中放入水 5～50 份，加入调料，水开后放山根鱼，煮制 1～20 分钟，调料配比为白糖 0.5～20 份，盐 0.5～20 份，1 次煮鱼 1～20 份，煮至糖度 1°～30°，盐度 1°～30°(特殊调料为白糖 0.5～2 份，盐 0.5～20 份，或水 1～6 份，酱油 1～6 份，白糖 0.5～3 份，糖稀 0.5～4 份，琼脂粉 0.005～0.03 份)，煮制后速冻，或油炸、烘烤后速冻制成的。本制品不仅便于运输、保存，而且食用方便、味道可口、风味独特，可直接食用，亦可做烹调的原料，特别是开发了过去人们未曾食用过的山根鱼资源。该产品营养丰富，出口国外，很受欢迎。

1744. 淡水香鱼及其生产工艺

申请号：93111648　　公告号：1098267　　申请日：1993.08.05

申请人：谭少云

通信地址：(410007) 湖南省长沙市赤岗北路 161 号

发明人：谭少云

法律状态：公开/公告　　法律变更事项：视撤日：1996.12.11

文摘：本发明是一种淡水香鱼及其生产工艺。制作淡水香鱼的工艺是：把淡水鱼去除鳞片、内脏和头部后，用包括香精在内的佐料浸泡 2 小时，然后加植物油在温度为 200℃的烤炉中烘烤 15 分钟，再进入温度为 50～60℃的烘房中烘 12 小时即成。本发明的特点是把淡水鱼去除鳞片、内脏和头部后添加佐料，加油烘烤而成为一种可以贮存的作为鱼类食品深加工的中间产品的淡水香鱼。

1745. 增食补脑鱼及其制作方法

申请号：94112679　　公告号：1108063　　申请日：1994.12.12

申请人：宋甲祥、王隆周

通信地址：(150080)黑龙江省哈尔滨市南岗区和兴路11道街12号

发明人：宋甲祥

法律状态：实　审

文摘：本发明是一种增食补脑鱼及其制作方法。它采用淡水草鱼为主要原料，配以鸡脯、鸡蛋、猪肉、大枣、胡萝卜、绿豆粉及调料。其加工过程是：首先将鱼肉和鱼骨分离，将鱼骨高压熟化灭菌，然后将熟化的鱼骨、鱼肉、鸡脯绞成肉泥，添加大枣、胡萝卜浆泥，然后添加猪肉肉泥及调味品，将鸡蛋打碎搅拌均匀，分 3 次添加并搅拌，调制好的原材料入模具造型并烘烤，油炸后进行真空包装，最后装入食品盒。增食补脑鱼的各配料比例为：淡水草鱼 50%～56%，鸡脯 10%～12%，鸡蛋 7%～7.8%，猪肉 3.3%～4.1%，大枣 2%～2.4%，胡萝卜 3.5%～3.9%，绿豆粉 3.5%～3.9%，调料 0.2%～0.4%，豆油 10.5%～11.7%，白糖 1.3%～1.7%，醋 0.5%～0.9%，盐 0.9%～1.3%，味素 0.5%～0.9%，姜 0.5%～0.9%。采用本发明的方法制作的制品，除含有鱼本身的所有成分外，还含有大量的维生素 C、维生素 B_1、维生素 B_2、维生素 P 及微量元素钙、磷、钾、铁等，还解决了烹制鲜鱼的保鲜和贮藏问题。

1746. 野味泥鳅鱼

申请号：95113964　　　公告号：1153614　　　申请日：1995.12.07

申请人：李缙宏

通信地址：(150030)黑龙江省哈尔滨市香坊区建具街25号

发明人：李缙宏、李光至

法律状态：公开/公告

文摘：这是一种保健食品——野味泥鳅鱼。在制作 200 份重量泥鳅鱼中加入 10 份牡蛎、1 份肉桂、2 份生姜、4 份大枣、4 份山药、4 份芡实、4 份枸杞子、4 份黑芝麻、2 份桑叶中提取的有效成分。本品中含有大量的蛋白质、多种氨基酸、脂肪、各种维生素、以及钙、磷、铁、锗、锌、铜等，泥鳅鱼的生命力极强，韧性极佳，具有治阳痿、补肾气的功能，再配合上述诸药，其保健功能就更加明显了。

1747. 从废水中提取银鱼食用成分的方法

申请号：94113336　　　公告号：1107672　　　申请日：1994.12.29

申请人：徐祖堂

通信地址：（652605）云南省江川县龙街乡温泉徐家头村

发明人：徐祖堂

法律状态：公开/公告

文摘：本发明是一种利用清洗银鱼的废水而制取食用成分的方法。本发明的提取方法由以下步骤组成：收集银鱼清洗水，过滤，澄清；取上清液，加热，加凝固剂，至溶液呈弱酸性，使其中部分产生凝固；将所得物进行固液分离，液体弃之，所得固形物经灭菌处理，包装，即得成品。本发明所述的方法简单易行，所采用的原料为目前废弃且会造成环境污染的废水，所制得的银鱼食用成分具有与银鱼相类似的营养成分，各项卫生指标符合食品卫生要求。

1748. 一种银鱼制品的生产方法及其制品

申请号：96113172　　　公告号：1155396　　　申请日：1996.10.21

申请人：汪景山

通信地址：（650033）云南省昆明市虹山金鼎科技园云南新汉虫草制品厂

发明人：汪景山

法律状态：公开/公告

文摘：本发明是一种银鱼制品的生产方法及其制品。它是将干燥或冷冻干燥后的银鱼制成细粉尤其是超微细粉，并可添加其他药用或营养物质成复合银鱼粉。用上述粉剂可进一步加工成各种纯或复合银鱼颗粒剂、片剂、胶囊、口服液、酒等多种银鱼制品。

1749. 燃油船用小型鱼粉加工机

申请号：93232862　　　申请日：1993.12.18

申请人：杨荣彬

通信地址：(362100) 福建省惠安县科协

发明人：杨荣彬

法律状态：授　权　　法律变更事项：因费用终止日：1997.02.05

文摘：燃油船用小型鱼粉加工机。本燃油船用小型鱼粉加工机是由燃油装置、蒸煮锅、风机和分离器组成。其结构为：①燃油装置置于底部，由电子点火器和泡罩式盆状燃烧器构成；②蒸煮锅位于燃烧器上，内设有夹层、可调式封盖、圆锥体百叶窗式活动衬底、搅拌器和调节阀；③分离器位于蒸煮锅上，顶部设有成品出口、循环管道进口，底部与蒸煮锅相通；④风机的入风口接调节阀，出风口接循环管道。它具有快速、保鲜加工的特点。

(二)贝类水产品(虾、蟹、甲鱼等)加工技术

1750. 鱼贝类的加工方法

申请号：93118355　　公告号：1100906　　申请日：1993.09.27

申请人：彭汶飚

通信地址：(515800) 广东省澄海县南葛洋新村 30-203

发明人：彭汶飚

法律状态：实　审

文摘：本发明是一种鱼贝类产品的加工方法。其加工步骤为：①制备鱼贝类清液；②制备辅料清液；③调配鱼贝类系列制品。该方法反应条件温和，无污染，无危险，能加工出种类不同的多种制品。该方法不仅能除去鱼贝类特有的腥味，而且能提高人体对制品的吸收度。

1751. 人参甲鱼汤罐头及制作方法

申请号：92113937　　公告号：1087484　　申请日：1992.12.04

申请人：山东煤矿烹饪技术培训中心

通信地址：(277000) 山东省枣庄市薛城区永福中路 72 号

发明人：胡安臣、李鸿起、李秀才、刘均刚

法律状态：实　审　　法律变更事项：视撤日：1997.02.05

文摘:本发明是一种人参甲鱼汤罐头及制作方法。人参甲鱼汤罐头及制作方法是:将甲鱼经宰杀放血、清洗、汤制、凉水浸泡,去除表皮,开膛取出内脏后在清水内浸泡,母鸡经宰杀、脱毛,开膛取出内脏,洗去血水后与甲鱼、葱、姜一起同煮,撇出汤上层的浮沫;甲鱼在开膛取出内脏时保留甲鱼胆,使胆囊在煮汤过程中胆囊内的胆汁破入汤内,待甲鱼、母鸡煮六七成熟时向锅内加入浸泡甲鱼后的血水进行清灶,当汤汁呈竹叶青色时继续煮至高汤,此时捞出甲鱼、母鸡、葱、姜,将高汤留在锅内或将高汤舀入其他容器内与人参药液混合,然后将高汤与人参药液的混合液灌入铁桶内,同时向铁桶内加入数片人参,封盖后经高压锅消毒、冷却、贴签后即为人参甲鱼汤罐头。这种罐头含有丰富的动物蛋白质、脂肪、碳水化合物、钙、磷、维生素 B_1、维生素 B_2、尼克酸和人参的药用成分,具有补骨髓、养肝肾、补脾益肺、生津安神之功效。甲鱼胆破入汤里有辟腥气的作用。本制品是一种高营养的可佐餐可饮用的保健食品,可较长时间的贮存和长途运输。

1752. 活性全龟粉

申请号:93115826　　　公告号:1085402　　　申请日:1993.09.28

申请人:沈阳山友实业公司

通信地址:(110002)辽宁省沈阳市和平区南京北街 152 号

发明人:曹颖成

法律状态:实　审

文摘:本发明是一种活性全龟粉的生产工艺。生产活性全龟粉的工艺是:取鲜活龟至清水中,洗净后投入液氮冷却器中冷冻,待温度降至 $-80 \sim -110$℃时,破碎成 $1 \sim 3$ 厘米的小块,然后送至 $-80 \sim -110$℃低温粉碎机中粉碎成细度为 $80 \sim 120$ 目的细粉,粉碎后将细粉送至冷冻真空干燥箱,在真空状态下逐渐从 -40℃升至 30℃,时间为 $36 \sim 48$小时,使水分从冰态直接升华挥发至干燥,密闭包装后即得成品。本发明由于利用低温粉碎技术及低温干燥工艺,从而防止了受热易挥发、易氧化、易变性等成分的损失,保存了鲜活龟的有效成分。

1753. 甲鱼减肥酥

申请号：93117001　　公告号：1094587　　申请日：1993.08.27

申请人：钟以林

通信地址：（530001）广西壮族自治区南宁市明秀东路 21 号

发明人：钟以林

法律状态：公开/公告　　法律变更事项：视撤日：1996.12.18

文摘：本发明是一种天然食物减肥食品——甲鱼减肥酥。制作甲鱼减肥酥的方法是：①配方（重量比）：甲鱼 20％，黄豆 50％，玉米 20％，苡米 10％；②生产工艺：将甲鱼洗净、去肠、去胆，加酸水解，加碱中和，过滤，得到澄清水解液；将黄豆、玉米、苡米粉碎，过筛，炒熟；把水解液与熟粉混合均匀，压制成饼状。本制品利用具有滋补、医疗和减肥作用的甲鱼为原料，通过一系列制作工艺，将其转化为氨基酸的形式，再与高蛋白、低热量的黄豆、玉米、苡米熟粉混合均匀，压制成饼状而制得甲鱼减肥酥。由于将甲鱼水解的方法能充分完全的利用其特有的食疗价值，再辅以高蛋白食品取代了传统的米面主食，使人们在不知不觉中达到减肥的目的。

1754. 甲鱼爽

申请号：93117256　　公告号：1085060　　申请日：1993.08.31

申请人：钟以林

通信地址：（530001）广西壮族自治区南宁市明秀东路 21 号

发明人：闭清艳、钟以林

法律状态：公开/公告　　法律变更事项：视撤日：1997.02.12

文摘：本发明是一种甲鱼爽保健饮料。配制保健饮料甲鱼爽方法是：①将甲鱼洗净，去肠、去胆，加酸水解，加碱中和，过滤，得甲鱼水解液；②将水解液浓缩并加入适量赋型剂制成膏体，过模成珍珠粒状；③将甲鱼粒与水按 1：100 的比例装罐（瓶），并加糖，调糖度为 3～5度，封口、消毒，得成品。由于甲鱼水解液充分、完全地保留了甲鱼的营养成分，用它制成的饮料保留了其特有的风味，喝起来口感独特，加之为低糖饮料,男女老少都宜饮用。

1755. 活甲鱼原浆及其生产方法

申请号:93119306　　公告号:1102073　　申请日:1993.10.31

申请人:邓昌沪

通信地址:(330008)江西省南昌市下水巷 70 号 1 楼西座

发明人:邓昌沪

法律状态:公开/公告　　法律变更事项:视撤日:1997.02.05

文摘:本发明是一种活甲鱼原浆佐以调料的营养剂及其生产方法。它是以活甲鱼作为原料,经液氮喷洒速冻处理后用低温粉碎,在-20℃条件下粉碎至 200 目细粉,再制成粒,用微波炉烤熟,分小袋真空包装,并佐以生姜粉、胡椒粉、芝麻油、精盐、味精调料,开水冲溶即可饮用。它是适合体弱者康复和携带方便的高营养剂。

1756. 可溶性全龟和/或全鳖粉的制备方法

申请号:93121577　　公告号:1104505　　申请日:1993.12.28

申请人:朱圣田、朱　江

通信地址:(310031)浙江省浙江医科大学科研处

发明人:朱　江、朱圣田

法律状态:公开/公告

文摘:本发明是一种可溶性全龟和/或全鳖粉的制备方法。其制备方法是:将龟板和/或鳖甲用酸浸润 12～36 小时,沥干后置反应釜中,加入适量水,加热至反应釜内蒸汽压力为表压 19.6～196.1 千帕,维持 1～5 小时,减压,稍冷却后趁热过滤,滤液加蛋白酶水解,然后灭活酶,得酶解液,滤渣加适量水,使成糊状,再加入酸,配制成含酸浓度 5%～40%(体积比)的混悬液,加温至 80±40℃维持 12～48 小时,石灰水调 pH 4～6,取上清液,得酸解液,或将滤渣直接磨成 100 目以上的龟板和/或鳖甲的悬浆液,合并酶解液和酸解液,酶解液与龟板和/或鳖甲的悬浆液混匀、浓缩、真空干燥或喷雾干燥后,即制得龟板和/或鳖甲的可溶性粉产品,其含水量不超过 4%;将制成的龟和/或鳖的肉、内脏干粉末,加入到可溶性龟板和/或鳖甲粉中,混匀配制而得可溶性全龟和/或全鳖粉。其组分重量配比为:龟和/或鳖的肉、内脏干粉:可溶性龟板和/或鳖甲粉为 3~7:7~3(重量比)。采用本工艺,克服了原有全龟和/或全鳖粉末产品不溶于水,不易完全吸收的缺点,生产出易溶于水、人体消化吸收利用率高的全龟和/或全鳖粉的产品。本产品生产工艺简便,且不含对人体有害的环状衍生物。

1757. 组合式水解法制取甲鱼浸提液及甲鱼浸提液营养保健食品

申请号:94101434　　公告号:1093883　　申请日:1994.02.23

申请人:王大为

通信地址:(130021)吉林省长春市朝阳区明德胡同 30-1 号 101 信箱

发明人:王大为、张彦荣

法律状态:公开/公告

文摘:本发明是一种甲鱼浸提液的制取方法及含甲鱼浸提液的营养保健食品,即甲鱼营养口服液、甲鱼冻、甲鱼碳酸饮料、甲鱼乳酸菌饮品、甲鱼红曲米补液的配方及生产工艺。组合式水解法制取甲鱼浸提液由下述步骤组成:①甲鱼宰前饲养;②清洗;③宰杀放血;④脱腥灭酶;⑤去除不可食部分;⑥破碎;⑦水解消化;⑧嫩化处理;⑨精磨;⑩水解浸提;⑪冷却;⑫分离。上述组合式水解法是指水解消化和水解浸提:水解消化是将甲鱼、原蜜、水按重量比 1:0.5~1:1.5~2 连同血液共同搅拌均匀在 -10~5℃、4~24 小时条件下,使甲鱼体内水解酶及原蜜中水解酶及有益微生物作用于甲鱼胴体使其自溶消化;水解浸提是将甲鱼、原蜜精磨后的混合浆体加入 0.05~0.3 倍的甘草汁后在 80~90℃、4~10 小时条件下充分搅拌使脂溶性营养成分溶出。甲鱼浸提液的制备是采用组合式水解法,即水解消化、水解浸提,它是利用甲鱼体含有的水解酶及原蜜中含有的水解酶及有益微生物共同作用于甲鱼胴体进行自溶消化并使营养成分溶出。含甲鱼浸提液的营养保健食品主要含有甲鱼、香菇、银耳、原蜜、大枣、枸杞子、甘草、红曲米等原料,对人体抗疲劳,耐缺氧,增加免疫力有很高的营养保健作用。

1758. 一种甲鱼补膏

申请号:94114064　　公告号:1125594　　申请日:1994.12.29

申请人:曹柏楠

通信地址:(215000)江苏省苏州市虎丘后门 312 国道 9 号桥

发明人:曹柏楠

法律状态:公开/公告　　法律变更事项:视撤日:1998.05.13

文摘:本发明是一种中药营养滋补品——甲鱼补膏。它的主要成分是由甲鱼和麦门冬、天门冬中药材组成,其余为药用辅料。上述的甲鱼补膏主要成分为甲鱼和麦门冬、天门冬中药材的提取液,再将藕粉一起调成糊状。服用本补品对人体具有滋阴养血、补脾润肺、调中益气、轻身延年的作用。本制品能增强免疫机能,提高抗病能力,可预防癌前病变,有利于病后虚弱滋补,产妇恢复体力,是老人食疗、保健、养生之上等佳品。

1759. 一种甲鱼露

申请号:94114065　　公告号:1125595　　申请日:1994.12.29

申请人:曹柏楠

通信地址:(215000)江苏省苏州市虎丘后门 312 国道 9 号桥

发明人:曹柏楠

法律状态:公开/公告　　法律变更事项:视撤日:1998.05.13

文摘:本发明是一种中药营养滋补品——甲鱼露。甲鱼露的主要成分是由甲鱼和枫斛、麦门冬、南沙参中药材组成,其余为药用辅料。上述的甲鱼露主要成分为甲鱼和枫斛、麦冬、南沙参中药材的提取液。服用本补品对人体具有滋阴养血、补脾润肺、调中益气、生津止渴、抗衰老的作用,能增强免疫机能,提高抗病能力,延年益寿。

1760. 一种纯鳖粉的生产方法

申请号:95100107　　公告号:1108064　　申请日:1995.01.05

申请人:浙江大学

通信地址：（310013）浙江省杭州市玉古路 20 号

发明人：南碎飞、吴　嘉

法律状态：公开/公告

文摘：本发明是一种纯鳖粉的生产方法。生产纯鳖粉的加工步骤是：①将活甲鱼绝食净化 2～10 天；②对净化后的活甲鱼用液氮冷冻到无汽化取出，用破碎机破碎成甲鱼块；③把甲鱼块置于温度低于40℃的微波真空干燥箱内干燥、消毒灭菌 1～2 小时；④干燥的甲鱼块再用液氮冷冻到无汽化取出，放在粉碎机中粉碎成粉末。用本方法生产的鳖粉有效地减少活性物的破坏，微波真空干燥生产周期短、效率高、生产设备价格低，能耗也大为降低。

1761. 一种甲鱼营养液

申请号：94114063　　公告号：1125593　　申请日：1994.12.29

申请人：曹柏楠

通信地址：（215000）江苏省苏州市虎丘后门 312 国道 9 号桥

发明人：曹柏楠

法律状态：公开/公告　　法律变更事项：视撤日：1998.05.13

文摘：本发明是一种甲鱼营养液。甲鱼营养液的主要成分是由甲鱼和枸杞子、茯苓、干姜、草果、胡椒粉组成，其余为辅料。服用甲鱼营养液对人体具有滋阴补肾、强心安神、延缓衰老、延年益寿的作用，能增强免疫机能，提高抗病能力，能防御癌前病变；是消除疲劳、防暑降温、强身健体、补血明目之佳品。

1762. 全甲鱼封装食品及其制作方法

申请号：97111759　　公告号：1161808　　申请日：1997.05.09

申请人：北京克迷特技贸公司

通信地址：（100080）北京市海淀区中关村北一街 5 号

发明人：贺小威、任京南

法律状态：公开/公告

文摘：本发明是一种全甲鱼封装食品及其制作方法。全甲鱼封装食品是由分别封装的软包装甲鱼主体、配合汤料、甲鱼血粉制品和甲鱼胆浸制品共同构成的。其中软包装为甲鱼主体,是由甲鱼作为主料,附以适量的作为辅料的乌鸡、百合以及汤汁,以固形物/汤汁比例8:2配合装袋的。上述配合汤料是由包括盐、糖、味精、胡椒粉、麦芽糊精、鸡肉粉和鸡香精的混合颗粒构成的;上述的甲鱼血粉制品,是由纯净的甲鱼血干粉构成的;上述的甲鱼胆制品是由甲鱼胆浸入黄酒构成的。它是经甲鱼原料处理→乌鸡原料处理→中草药(百合)处理→汤汁调配→混合称重装袋,再经封口→杀菌→冷却,得到软包装的甲鱼成品,再附以配合汤料、甲鱼血粉制品和甲鱼胆浸制品,可使人一目了然,并充分利用了甲鱼血、胆等药用、营养价值较大的下脚料,最大限度地保持了甲鱼特有的色泽、风味和营养价值。

1763. 鳖蛋及相关蛋类之蛋粉制作方法

申请号:89102208　　公告号:1046087　　申请日:1989.04.05

申请人:甘业富

通信地址:(570003)海南省海口市海府路89号206房

发明人:黄石男

法律状态:公开/公告

文摘:本发明是一种蛋粉制作方法。制作保持天然营养成分的蛋粉程序为:将当日产的新鲜蛋类洗净,放在15～20℃冷气房中风干蛋壳表面,将干净的蛋粒置入内含40%酒精的酒液中密封浸泡,120天后取出。将浸泡后的蛋置于-40℃冷气房中用冷风风干,使蛋里水分含量低于3%。或将各种蛋品打成蛋浆,直接低温脱水。再在-40℃冷房中用研磨机将蛋研磨成粉。最后将蛋粉分量包装,制成胶囊软球、糖衣锭、丸、片,或罐装粉末。采用此法制作蛋粉具有保持蛋内养分,便于久藏,便于携带,可供任何时候食用。

1764. 一种虾蟹食品的保鲜方法

申请号:94105092　　公告号:1111937　　申请日:1994.05.19

申请人:王若丁

通信地址：(300270)天津市大港区西四区 21-3-101

发明人：王若丁

法律状态：公开/公告　　法律变更事项：视撤日：1997.11.19

文摘：本发明是一种虾蟹等水产品的保鲜方法。虾、蟹食品的保鲜方法包括清洗，溶液浸渍，装袋抽真空，蒸煮灭菌等工序。在清洗工序中，用水将虾蟹带的污物冲刷干净，洗净的虾蟹放入浸渍液中，常温浸渍 2～6 小时；浸渍液中含食盐 1％～8％，有(或没有)醋酸(或柠檬酸) 1％～2.5％，有(或没有)食糖 1％～10％，有花椒等调料少许；浸渍完毕，将虾蟹从浸渍液中捞出，装入塑料食品袋中并抽真空，封口，袋内真空度大于 93.3 千帕；再将食品袋放入蒸锅，蒸煮 20～40 分钟，温度控制在 100～105℃，最后冷却至常温储存。在此之前虾蟹等水产品多为冷冻储存，这将使水产品鲜味丧失，营养价值降低。经过本保鲜方法处理的虾蟹，常温下保存半年之久仍不丧失鲜味，而且易于保管和运输。本发明提供的保鲜方法，工艺简单，操作容易，节约能源，产品可即拆即食，方便卫生。本保鲜方法广泛适用于虾、蟹、鱼类、贝类的保鲜处理。

1765. 用扇贝边制作香肠的工艺方法

申请号：92106669　　公告号：1082354　　申请日：1992.08.15

申请人：山东烟台食品研究所

通信地址：(264000)山东省烟台市南通路 71 号

发明人：陈英乡、陶翠华、杨剑平

法律状态：公开/公告

文摘：本发明是一种用扇贝边制作香肠的工艺方法。它主要是将清洗好的扇贝边，经过热烫、速冷、沥干、速冻处理后，再进行配料、斩拌、定量灌肠、灭菌熟化制成。①扇贝边的热烫温度为 92～100℃，时间为 30～90 秒，脱水率控制在 42％～64％，速冻时间为 2.5～5.5 小时；②将处理好的扇贝边 1 次斩拌，再加入占扇贝边 10％～40％腌制瘦猪肉，调味料及 0.01％～0.1％的保水剂，0.3％～0.6％的乳化剂，0.5％～2％的凝胶剂，进行 2 次斩拌；最后加入肥猪肉和 6％～9％的增稠剂，瘦肉与肥肉的比例为 75～85：15～25，(百分比为占扇贝边的重量百分比)进行 3 次斩拌至均匀糜状。本工艺方法简单、成本低,制得扇贝边肠口感鲜嫩,不发粗、发渣、口味独特且弹性好。

(三)海洋藻类产品加工技术

1766. 用海带直接制备褐藻胶蜇皮的方法

申请号:88101999　　公告号:1036887　　申请日:1988.04.21

申请人:大连市生物化学制药厂

通信地址:(116001)辽宁省大连市西岗区昌乐街

发明人:谭攸恒、苑德仲

法律状态:实　审　　法律变更事项:视撤日:1993.07.21

文摘:本发明是一种用海带直接制备褐藻蜇皮的方法。其制备工艺过程如下:①海带脱皮:淡干海带在常温水中清洗并浸泡 8～12 小时,煮沸,待冷凉后去除褐色表皮,再置于 80～90℃食用碱液中浸泡搅拌,然后用热水漂洗;②制浆:将脱皮海带粉碎,经食用碱溶液浸泡后磨成海带匀浆;③浓缩:将海带匀浆甩干,提取清液并浓缩至原体积的 1/2～1/3;④成型:将浓缩后的母液注入成型槽与槽中凝固液接触固化成型;⑤清洗固化薄膜,去水。本制品在外观上、口感上是与天然蜇皮相似的人造蜇皮。由该法制得的蜇皮营养丰富,它含有海带中的天然成分,碘含量是褐藻蜇皮的 20 倍,可作为内陆地区的理想保健食品。该方法工艺简单、成本只为用藻酸盐制备方法的 1/2。

1767. 复合海藻酸钠及富碘食品的制法

申请号:94115821　　公告号:1117822　　申请日:1994.08.31

申请人:陈暑庭

通信地址:(043007)山西省侯马市凤城乡西赵村

发明人:陈暑庭

法律状态:公开/公告　　法律变更事项:视撤日:1993.07.21

文摘:本发明是一种复合海藻酸钠及富碘食品的制法。制作复合海藻酸钠及富碘食品的方法是:采用优质海带、海蜇等含碘丰富的海菜为原料,去杂洗净,按原料(干料)重量的 6~8 倍加入浓度为 5%~15%的食用碱水溶液,加热至 60~80℃,然后保温并同时搅拌成糊状(一般的需保温 10~14 小时),最后烘干、粉碎、包装。同时还可采用优质海带、海蜇等含碘丰富的海菜原料,经加温碱化处理制成复合海藻酸钠,并以此作为食品添加剂制作富碘食品。本发明工艺简单、成本低廉。本发明产品除含有丰富的碘外,还含有丰富的钙、磷、铁等多种人体必需的微量元素,特别适合于孕妇、儿童和老年人食用。

1768. 天然食用高碘辅助佐料

申请号:95104275　　　公告号:1134252　　　申请日:1995.04.26

申请人:洪川康

通信地址:(100077)北京市丰台区西罗园南里 2 号楼 1 门 115 号朱印萍

发明人:洪川康

法律状态:公开/公告

文摘:本发明是一种天然食用高碘辅助佐料。该料由天然植物、矿物制成。配制天然食用高碘辅助佐料的工艺是:将紫菜(用量)40%~50%,海带 40%~60%,海木耳、虾皮 5%~15%和微量的碘盐及味素,分别经洗净、干燥、碾碎成粉状,按配比混匀,每 10 克 1 包。食用时冲热水即可食用,亦可加入主、副食中食用。该料含量配比稳定,富含碘不易挥发,是人们不可缺少的保健营养品。该料中所含碘及其他维生素,更有益于健康,绝无任何副作用。

1769. 一种海带食品的加工方法

申请号:95106698　　　公告号:1138964　　　申请日:1995.06.28

申请人:隋　祁

通信地址:(110000)辽宁省沈阳市铁西区兴工街一段北一东路5-5 号 6 门

发明人:隋　祁

法律状态:公开/公告

文摘：本发明为一种海带食品的加工方法。加工海带食品的方法是：以新鲜海带为主要原料，将其经过卫生处理后，放入带有佐料的调配液中浸泡，浸泡 50～120 小时后，再进行烘干及高温热处理，然后成叠切压成所需形状和大小，包装成品。

1770. 海洋碘冰淇淋

申请号：95110258　　公告号：1136894　　申请日：1995.05.26

申请人：李缙宏

通信地址：（150030）黑龙江省哈尔滨市香坊区建具街 25 号

发明人：李缙宏

法律状态：公开/公告

文摘：本发明是一种保健食品——海洋碘冰淇淋。本制品主要为解决人体缺碘特别是儿童严重缺碘而发明的。它是由适量的海带、紫菜、海蜇、牡蛎、昆布、赤小豆等与普通冰淇淋配料组成。配制海洋碘冰淇淋的比例如下：将 500 克牡蛎、250 克赤小豆洗净后干燥粉碎，然后和 800 克海带、400 克紫菜、100 克海蜇、200 克昆布共同投入中药提取罐取汁、浓缩后再和每 1 000 根普通冰淇淋配料共同加工制成。其优点在于可以减少由于儿童碘缺乏症引起的各种疾病，久用有益无害。

1771. 一种裙带菜干制品的加工方法

申请号：95110586　　公告号：1124594　　申请日：1995.08.01

申请人：孙德武

通信地址：（264000）山东省烟台市大海阳东街 33-13 号

发明人：孙德武、张利民、宋　军

法律状态：公开/公告

文摘：本发明是一种采用漂烫盐渍裙带菜经再加工制成干制品的加工方法。它是将漂烫盐渍裙带菜经漂洗、脱盐、去杂质、脱水、一次干燥、切断、筛选分离、包装、检验、外销。其特征是：①在一次干燥工艺后增加了揉碾工艺，揉碾采用揉碾机压实揉碾；②在切断工艺后增加了二次干燥工艺，二次干燥至裙带菜水分含量小于或等于 15％。用本方法生产出的裙带菜形态均一，容重比大，结实紧密。不易破碎，便于机械定量小包装作业，为裙带菜的贮藏、外运、外销打开了新路。

1772. 含碘智力方便面食品及制作方法

申请号：94103483　　公告号：1110516　　申请日：1994.04.18

申请人：河北省科学院生物研究所

通信地址：(050081) 河北省石家庄市友谊南大街 22 号

发明人：陈有才、孙　磊、许新民

法律状态：公开/公告

文摘：本发明是一种含碘智力方便面食品及制作方法。制作含碘智力方便面食品的方法是：选用含碘海藻类干物质 1 份，加水浸渍 8～24 小时，洗净、沥水后切碎，加水到原海藻类干物质重量比的 5～15 倍，加柠檬酸，使其 pH 值为 3～5，加热煮沸 25～60 分钟，含碘海藻类物质软化，磨浆，使其粒度小于或等于 50 微米，加碳酸钠调整 pH 值为 7～8，补水至原干海藻类物质的 5～10 倍，把浆料与面粉混合，其浆料与面粉的重量比为 1：5～15。用本发明方法制作的产品含有碘、钙、钾、铁等无机盐和甘露醇、维生素、胡萝卜素、烟酸等营养成分，经常食用，可以益智，防止甲状腺肿大、动脉硬化、降血压、降血脂等。

1773. 一种海洋植物全取液及其制备方法

申请号：97101954　　公告号：1162411　　申请日：1997.03.27

申请人：河北蓝源保健饮品公司

通信地址：(071000) 河北省保定市利农街 33 号

发明人：崔志民、杨玉章

法律状态：公开/公告

文摘：本发明为一种供制备含碘果汁饮料用的海洋植物全取液。海洋植物全取液的主要成分及其配比(按 100 份重量中原料配比计)如下：干海带 2～6 份，鲜紫菜 1 份，柠檬酸或苹果酸 0.2～2 份，鲜姜 0.1～2 份，甘草 0.1～2 份，水余量。肉苁蓉 0.1%～0.3%，菟丝子 0.2%～0.4%，玉竹 0.5%～1.0%，添加剂 0.5%～1.0%，其余为纯净水或矿泉水配制而成。上述的海洋植物为海带和紫菜,故全取液含碘量高达 30～100 毫克/千克,可按不同比例与水果、蔬菜原料勾对,制成口味极佳、富含碘及其他微量元素和营养成分的果汁饮料,供人们日常饮用。此外,还提供了制备所述海洋植物全取液的方法,该方法可将海带的利用率提高到接近 100％。

1774. 适用于糖尿病患者的海糖蛋白食品

申请号:96115621　　　公告号:1154214　　　申请日:1996.01.11

申请人:兰　进

通信地址:(266003)山东省青岛市海洋大学水产学院

发明人:兰　进、侯建明

法律状态:公开/公告

文摘:本发明是一种适用于糖尿病患者的海糖蛋白食品。本食品含有蛋白质、脂类、食物纤维、海藻糖类、碳水化合物、维生素、微量元素和水。它们的重量百分比分别是 36％～42％,10％～13％,8％～10％,5％～8％,23％～25％,2％～5％,0.1％～0.5％和 5％～8％。本发明的海糖蛋白食品系纯天然食品,长期食用安全可靠,食后降糖效果显著,血糖平稳,耐饥性好,除糖尿病人外,还适用于肥胖、高血脂、高血压和中老年人食用,它能产生多种生理效应,并能防止慢性并发症。

(四)水产品综合加工技术

1775. 制备工艺品样食品的反渗法

申请号:88102345　　　公告号:1037444　　　申请日:1988.05.09

申请人:谭攸恒

通信地址:(116023)辽宁省大连市沙河口区振业街 133 号

发明人:谭攸恒

法律状态:授　　权　　法律变更事项:因费用终止日:1996.06.26

文摘:本发明是一种用反渗法制作工艺品样海藻食品的方法。制备工艺品样海藻食品的反渗法是用藻酸钠或脱皮海带碱浸浓缩液作母液,用钙剂作凝固液;将具有工艺品样形状的可浸渗的固化模具及模芯在凝固液中先浸泡,取出拭干其表面,再在模腔中注入制备母液,并插入模芯,然后浸入凝固液中,模芯与一盛凝固液的高位槽相连,而滴注凝固液。由于凝固液的反渗,模具中的母液固化成型,取出固化膜,再经水洗即得成品。该法以藻酸钠溶液或脱皮海带碱浸浓缩液为制备液,钙剂溶液为凝固液,通过反渗方法使制备液固化成工艺品样的人工食品。固化模具和模芯是由具可浸渗性的固体材料制成,预先在凝固液中浸泡,将模腔表面擦干后注入制备液,通过模芯与高位压管联接继续滴注凝固液,遂使制备液迅速固化成型。上述制备方法可用以制作包馅与不包馅的含有海藻类天然成分的工艺食品。本方法成本低,产出效率高,适宜工业化生产。

1776. 一种用于水产调味品的生产工艺

申请号:92106546　　公告号:1079373　　申请日:1992.06.03

申请人:山东省胶南市外贸冷藏厂

通信地址:(266400)山东省胶南市铁山路 203 号

发明人:崔启昌、肖丰建、杨宝武

法律状态:公开/公告　　法律变更事项:视撤日:1996.03.06

文摘:本发明是一种主要用于水产调味品的生产工艺和方法。用于水产调味品的生产工艺是将选好的原料倒入带加热装置的搅拌机内,进行搅拌取汁,再把料汁吸入加层钢锅内进行过滤、加热、储存、沉淀,然后将料汁吸入浓缩罐内,进行再 1 次的过滤和浓缩,将浓缩罐内 2/3 的原汁吸入杀菌罐内,进行杀菌、储存,最后进行产品包装入库。本工艺生产方法也适用于虾脑酱、虾膏、蛤蜊精调味品的生产。

1777. 天然海鲜营养素及其制法

申请号:93102471　　公告号:1091920　　申请日:1993.03.09

申请人:中国科学院南海海洋研究所

通信地址:(510301)广东省广州市新港西路 164 号

发明人:沈　琪、闻克威、邹晓理

法律状态：实　审

文摘：本发明为天然海鲜营养素的生产工艺。它是以新鲜海产小杂鱼为原料，先用醋酸处理，然后加入木瓜蛋白酶进行酶解，所得的酶解液再用 60%的乙醇处理。将处理完毕的溶液离心，再将上清液喷雾干燥，即可得本发明产品。其具体生产方法是：将海产鱼搅碎后，加1.2～1.6 倍于海产鱼原料重量的水，用醋酸调 pH 值至 4～5，然后加木瓜蛋白酶于 40～60℃的恒温下酶解 2～4 小时，其酶解液经过滤，取得的滤液用乙醇处理后离心分离取出上清液，再将上清液喷雾干燥即得天然海鲜营养素。本发明生产工艺简单合理，原料易得，产品富含丰富的蛋白质、氨基酸、牛磺酸、有机钙、有机磷、维生素、不饱和脂肪酸等营养成分和生理活性物质，是一种高级儿童保健滋补品。

1778. 海珍三黄浆（粉）及加工方法

申请号：93112133　　　公告号：1099581　　　申请日：1993.08.23

申请人：长岛县海洋药物研究所

通信地址：(265800)山东省长岛县长山路 23 号

发明人：陈路泉、申辉东、王国利、谢在佩、邢昭林

法律状态：公开/公告

文摘：本发明是一种海珍三黄浆（粉）及加工方法。它的特点是充分利用了被废弃的扇贝性腺、海胆性腺和海星性腺，经漂洗处理、打浆过滤，添加辅料（或增加烘半干、搓料、烘干）、杀菌、包装、检验诸工序，按一定比例制成海珍三黄浆（粉）。它含有扇贝黄 10%～80%，海胆黄10%～60%，海星黄 10%～30%和适量的辅料。本制品美味可口、成本低廉，是富含蛋白质、多种氨基酸、维生素、核糖核酸、卵磷脂等营养的佳品。

1779. 双键营养液及制备方法

申请号：93115130　　　公告号：1103556　　　申请日：1993.12.09

申请人：武进县竹园保健品公司

通信地址：(213163)江苏省常州市南门竹园

发明人：王卫泽

法律状态：公开/公告　　法律变更事项：视撤日：1997.04.09

文摘：本发明是一种双键营养液及制备方法。它是由泥鳅、药食共用植物、绞股蓝制备而成。其制备过程为：将泥鳅酶解，药用植物用水煮、醇析、过滤后得植物溶液备用；最后将酶解液、植物溶液、水溶性绞股蓝按比例配制即得。本营养液具有调节生理机能，降血脂、补气血、强健体质、延缓衰老的作用；它对人体肝、肾有特效保健功能。

1780. 一种强肾壮阳口服剂及其制作工艺

申请号：94113120　　公告号：1122666　　申请日：1994.11.07

申请人：杨品红

通信地址：（413100）湖南省沅江市湖南省水产科学研究所

发明人：杨品红

法律状态：公开/公告

文摘：本发明是一种用生物化学方法配制的动物蛋白保健药品——强肾壮阳口服剂及其配制工艺。本口服剂系采用水产品，如泥鳅、或胡子鲶、或海马、或海龙、或贻贝干等，加料加工通过酶水解，分别制成口服液、乳精冲剂和片剂等。制作水产品为主要原料的强肾壮阳口服剂的工艺是：首先将活泥鳅停食2～7天，直接入捣碎机中捣成肉泥，按1份原料加乙醇浸提数小时，而后加1～5份蜜的比例，浸提1～2昼夜。尔后过滤，滤液备用，滤渣加水1～10倍，搅拌均匀，然后加酶水解加碱液调节pH值至7.5～9.5，恒温35～65℃，加酶量1/2 000～1/8 000，水解后冷却，粗滤弃去其渣，再精滤。取上清液与浸提液混合成泥状物直接备用，供口服液、乳精冲剂、片剂的制作。这些动能性食品，具有携带和使用方便，医疗效果显著的特点。

1781. 纯天然海生物补钙制剂的制作方法

申请号：94115490　　公告号：1117821　　申请日：1994.08.31

申请人：中国科学院南海海洋研究所

通信地址：（510301）广东省广州市新港西路164号

发明人：邹晓理、闻克威

法律状态：公开/公告

文摘：本发明是一种纯天然海洋生物补钙制剂的制作方法。本发明以珊瑚和海产小杂鱼为原料，将珊瑚干燥、灭菌、微粉碎成微粒状粉末；将海产小杂鱼搅碎后用木瓜蛋白酶水解，并将酶解液用生姜和黄豆处理后过滤离心，将其上清液喷雾干燥成鱼粉，然后将鱼粉和珊瑚微粉按一定比例混合均匀即成本发明产品。制作纯天然海洋生物补钙制剂的方法步骤是：①将经高温灭菌的珊瑚原料微粉碎至200～1 000目；②将海产鱼原料搅碎后加入1.2～1.6倍海产鱼原料重量的水，然后加入反应物总重0.1%～0.3%的木瓜蛋白酶，于45～65℃恒温条件下酶解3～5小时，过滤取出酶解液；③在酶解液中加入不低于酶解液重量0.5%的生姜和不低于酶解液重量2%的黄豆，煮沸后过滤，离心，取其上清液喷雾干燥成鱼粉；④将鱼粉和珊瑚微粉按1：1～9（重量）的比例混合即得纯天然海洋生物补钙制剂。本发明生产工艺简单，合理可靠，原料资源丰富。由于产品特殊的物质结构易于人体吸收，且富含蛋白质、氨基酸、牛黄酸、维生素和不饱和脂肪酸等营养成分和生理活性物质，因此是一种理想的儿童补钙营养新制剂。

1782. 海产品提取液的抗氧化脱腥方法

申请号：95107286　　　公告号：1140563　　　申请日：1995.07.19

申请人：中山大学

通信地址：(510275)广东省广州市新港西路

发明人：许东晖、许实波

法律状态：实　审

文摘：本发明是一种海产品提取液的抗氧化脱腥方法。其工艺程序是：以黄酮类化合物5,7,4′-三羟基-3′,5-二甲氧基黄酮及5,4′-二羟基-3′,5′-二甲氧基-7-β-D-葡萄糖氧基黄酮作为抗氧化脱腥剂，在海产品提取液中加入该两种抗氧化脱腥剂或者只加入其中1种，使海产品提取液中抗氧化脱腥剂的浓度为0.01～10毫克/毫升，室温放置1～6小时，经去沉淀后得到无腥味的海产品提取液。该方法能起到理想的抗氧化脱腥效果,不论对植物类还是对动物类海产品均具有同样效果,而且具有抑菌保鲜作用,无需再加入防腐剂。本发明工艺简单,效果好,所用的抗氧化脱腥剂可从水稻茎叶中提取得到。

1783. 富含营养素的海鲜酱油生产方法

申请号:95111107　　公告号:1129078　　申请日:1995.07.13

申请人:周崇伟

通信地址:(225002)江苏省扬州市西营9号

发明人:周崇伟

法律状态:公开/公告

文摘:本发明是一种富含营养素的海鲜酱油生产方法,属于调味品生产技术。这种海鲜酱油生产方法是用多种营养丰富的海洋水产品提出液,同具有较强酱酯香气以大豆或脱脂大豆为主要原料制成的豆抽酱油,及有甜香味的以小麦或麦粉为主要原料制成的面抽酱油,三者混合制成的酱油。生产富含营养素海鲜酱油的方法步骤如下:先将海鲜原料鱼虾类、虾头、虾皮等,海藻类、紫菜、海带等内的杂质及变质部分剔除,再用清水浸泡、水煮。水煮时保证原料浸在液体内进行,水煮液用第三次压榨过滤得到的3号海鲜液,不足加水补充;水煮过的原料连汤带物送入粉碎机破碎,把粉碎后的混合物压榨过滤,得到1号海鲜液;渣子加水搅拌,加温水煮,温度80~88℃,在此温度上保持时间大于5分钟,第二次水煮后的水、渣混合物经压榨过滤,得到2号海鲜液;渣子再次加水搅拌,加温水煮,时间、温度同于第二次水煮,第三次水煮后的渣、水混合物再次压榨过滤得到3号海鲜液,渣子作为饲料添加剂处理;将1号、2号海鲜液混合得到海鲜汁;用海鲜汁同氨基酸含量大于0.4%的豆抽酱油及还原糖大于15%的面抽酱油混合,测定理化指标:氨基酸、盐分含量,如低于国标GB-2717-81,则用氨基酸含量大于1%的豆抽酱油或动、植物蛋白水解液(粉)补充氨基酸不足,用精盐补充盐分不足。本海鲜酱油具有天然海鲜味,也保持一定的酱酯香气,口感柔和味长,同时具有很强的营养保健功能。此生产方法工艺稳定性强,成本低,其理化指标完全达到酱油国标GB-2717-81。

1784. 天然营养调味盐的加工技术

申请号：95113907　　　公告号：1149989　　　申请日：1995.11.06

申请人：张　毅

通信地址：（116113）辽宁省大连市甘井子区大连海洋渔业总公司转科技处董德胜转

发明人：张　毅

法律状态：公开/公告

文摘：本发明是一种天然营养调味盐的加工技术。加工天然营养调味盐的技术是：①将沉淀物装入滤布袋中悬挂控汁2～3小时；②将沉淀物干燥，使其水分含量为2%～4%；③自然冷却；④加入碘化钾混合均匀，每千克沉淀物加入28～35毫克碘化钾。

1785. 母婴保健营养品系列及其制备方法

申请号：95107213　　　公告号：1120898　　　申请日：1995.06.16

申请人：荆树汉

通信地址：（530021）广西壮族自治区南宁市桃源路6号区人民医院

发明人：荆树汉、文翠英、荆　波、荆　涛

法律状态：公开/公告

文摘：本发明是一种尤其适合产妇用的系列保健营养品。它包括由猪蹄、花生仁和昆布组成的花生昆布蹄汁；由鲤鱼、墨鱼、章鱼、乌鸡等组成的鲜鲤墨章乌鸡粥；由鲢鱼头、丝瓜和海带组成的海带丝瓜鲢头汤；由龙眼、红枣、番木瓜和白糖组成的龙眼红枣番木瓜汤；由鹌鹑蛋、红糖和毛鸡酒组成的红糖鹌鹑蛋毛鸡酒。母婴保健营养品包括18种组分按以下组方比例（按重量计）组配成6种：①花生昆布蹄汁的组合物中包括猪蹄0.5～1.5,花生仁0.3～0.8,昆布0.05～0.2；②鲜鲤墨章乌鸡粥组合物中包括鲜鲤鱼0.5～1.5,墨鱼干0.1～0.3,章鱼干0.1～0.3,乌鸡0.5～1.5以及优质米0.5～1.5；③海带丝瓜鲢头汤组合物中包括鲢鱼头0.5～1.5,丝瓜0.3～0.8,海带0.05～0.2；④冰糖芝麻蜜果糕组合物中包括芝麻0.5～1.5,无花果0.3～0.8,冰糖

0.3～0.8,糯米粉 0.1～0.5;⑤龙眼红枣番木瓜汤组合物中包括龙眼
0.3～0.8,红枣 0.3～0.8,番木瓜 0.3～0.8,白糖 0.3～0.8;⑥红糖鹌
蛋毛鸡酒组合物中包括鹌蛋 0.5～1.5,红糖 0.3～0.8,毛鸡酒 0.5～
1.5。本发明制备工艺简单,品种齐全,营养丰富,味道鲜美,能迅速补充
妇女因生产造成的体内营养消耗,提高哺乳期乳汁的数量和质量。

1786. 海蜇保鲜技术

申请号:96120541   公告号:1154205   申请日:1996.12.12
申请人:于永清
通信地址:(264403)山东省文登市宋村镇西海庄村
发明人:于永清
法律状态:公开/公告
文摘:本发明是一种海蜇保鲜技术。这种海蜇保鲜技术的工艺流
程为:将新鲜海蜇分为海蜇头和肉,洗净,放入含有盐水的容器中,撒 1
层盐,加压并使海蜇上下运动,然后再加入海蜇,再撒 1 层盐,经 8～10
小时后加压使海蜇上下运动,再加入海蜇,撒 1 层盐,再经 8～10 小时
后再加压,上下运动,重复上述处理 4～5 次后将海蜇全部捞出放入另
1 个内盛 1/3 自来水的容器中,加入海蜇,撒 1 层盐,加压上下运动,海
蜇装满后再撒 1 层盐,溶液盐浓度为 5～32 波美度。上述操作温度为
-10～5℃。

本发明解决了海蜇保鲜问题,使百姓、宾馆、饭店长年能食用保鲜
的海蜇,且口味可与新鲜海蜇媲美,提高了经济效益。

1787. 海蜇腌制的方法

申请号:94110706   公告号:1109293   申请日:1994.07.04
申请人:李希欣
通信地址:(261419)山东省莱州朱桥镇招贤村
发明人:李希欣
法律状态:实   审
文摘:本发明是一种海蜇腌制的方法。海蜇腌制的方法包括准备

工作、海蜇预处理,以及海蜇分次腌制。经预处理的海蜇分 4 次按下列步骤进行液态式腌制:①第一次腌制向容器中加入盐度 3 波美度——饱和浓度的含盐水,加水量以能浮起海蜇腌制物为准,将腌制物逐层投放其中,层加明矾并搅拌,每 n 层加 1 层盐以使体系保持盐度在 5 波美度以上,最后 1 层上加封顶盐覆盖表面,腌制 8～15 小时;上述逐层加明矾也可按量 1 次加入体系搅拌均匀;上述腌制物是蜇体或蜇头;②第二次腌制重复①的过程,所不同的是每 n＋1 层加 1 层盐,腌制 5～20 小时;③第三次腌制在容器中撒 1 层封底盐覆盖容器底部,加入盐度达饱和浓度的含盐水,水深以能浮托起所投入的海蜇腌制物为宜;将腌制物逐层投放其中,层层加盐和明矾,最后 1 层上加封顶盐覆盖表面,腌制不少于 4 天;④第四次腌制重复③的过程,不加明矾。采用本发明腌制的海蜇成品不仅污染率低,而且出品率及 1 级品率大大提高。

1788. 海珍精提取物制品及制备工艺和用途

申请号:94117365　　公告号:1120906　　申请日:1994.10.20

申请人:国家海洋局第三海洋研究所

通信地址:(361005)福建省厦门市大学路 178 号

发明人:王初升、易瑞灶

法律状态:公开/公告　　法律变更事项:视撤日:1998.02.11

文摘:本发明是一种海珍精提取物制品及制备工艺。它是选用文蛤、牡蛎、鲍鱼、海参为原料,分别制取各组分的提取物,再加入具有成膜功能的天然高聚物,制备成一种海珍精提取物制品。这种海珍精提取物制品,不仅含有文蛤提取物,还含有牡蛎提取物、鲍鱼提取物、海参提取物,其形态为表面是天然高聚物的微粒或微囊,提取物总量(干重)占制品总量的 40%～80%。它可制成片剂、胶囊、口服液等剂型,用于制配具有保脑健脑、滋补抗衰等功效的保健食品、保健药物。

1789. 一种含碘海鲜绿色方便面及其汤料

申请号:96115092　　公告号:1145191　　申请日:1996.02.08

申请人:刘文龙

通信地址：(116041)辽宁省大连市旅顺口区铁山镇柏岚子村

发明人：刘文龙

法律状态：公开/公告

文摘：本发明是一种含碘海鲜绿色方便面及其汤料。本制品以面粉为主料配以辅料及汤料制成。其面粉主料每1 000千克中配以辅料海菜粉28千克,虾仁粉10千克,蚬子汤400千克,鸡蛋80千克,食盐41千克,纯碱4千克,棕榈油300千克。汤料为海米80千克,海带末80千克,葱末60千克,精盐24千克,味精24千克。本发明与现有各类方便面比较,其产品因加入海菜粉外观呈绿色状,配以上述辅料及汤料,使该产品不仅色泽鲜绿、营养齐全、味道鲜美,而且经常食用本产品可预防缺碘症。该产品不含糖亦适合糖尿病患者食用。

1790. 海参保健酒及其制作方法

申请号：96119590　　公告号：1152611　　申请日：1996.11.28

申请人：于传兴、谭攸恒

通信地址：(116023)辽宁省大连市沙河口区西南路190-1号

发明人：谭攸恒、谢有恩、孙　铭、谭富凯

法律状态：公开/公告

文摘：本发明是一种含有蛋白质、氨基酸、酸性粘多糖及皂甙等活性成分的海参保健酒及其制作方法。海参保健酒是以60°以下的白酒为基质,其特征在于该酒之中含有从海参中提取的蛋白质、氨基酸、酸性粘多糖及皂甙活性成分,并与白酒按蛋白质0.2%～4%、氨基酸0.5%～8%、酸性粘多糖0.1%～2%、皂甙0.05%～1%的比例(重量百分比)配制而成。或者利用鲜海参经预处理、灭菌、防腐处理后,将其整体或分割物置于60°以下的基质酒中泡制而成;还可将处理海参与虫草、仙茅等中药配伍浸泡在酒中制得。海参保健酒具有益精补肾、生血壮阳等功能。

1791. 蛙油保健制品及其制备方法

申请号：95115454　　公告号：1144661　　申请日：1995.09.08

申请人：吴成顺

通信地址：(100053) 北京市宣武区白广路 41 号楼 4 门 401 室

发明人：吴成顺、袁秀娟、尹喜珍

法律状态：公开/公告

文摘：本发明是一种用蛙油制备的保健制品及其制备方法。本制品由蛙油、维生素 A、维生素 D、维生素 E 组成，制成软胶囊，或加入白砂糖、甜蜜素、乳化剂，调味品、香精和水制成瓶装口服液。其制备方法是：将牛蛙去皮，制得蛙脂肪和性腺部分，并将其粉碎、水煮，油水分离的蛙油脱胶，皂化脱酸，脱水，配料制成胶囊或装瓶成口服液，灭菌消毒。该制品具有丰富的营养价值和优良的保健功能，适于老年人、孕妇、儿童服用。

1792. 一种野味药膳的生产方法

申请号：90104418　　公告号：1057570　　申请日：1990.06.18

申请人：中国河南武陟中野场野味高级滋补品食疗研究所

通信地址：(454971) 河南省武陟占店镇人民政府院内

发明人：邹荔杰

法律状态：公开/公告　　法律变更事项：视撤日：1993.05.26

文摘：本发明是一种野味药膳的生产方法。生产野味药膳的方法包括：①使用牛蛙为主要原料，辅以青豆、冰糖、葱结、人参、杞果、甜酒汁、姜片、骨汁鲜汤等辅助原料；②将牛蛙洗净切成块后放入水中浸泡至血汁浸出，人参洗净研磨成细度为 140 目粉末，杞果洗成颗粒状待用；③将葱结、冰糖、姜片放入容器中，抖撒上人参粉末后加骨汁鲜汤，再将浸泡过的牛蛙块放入容器，然后再将杞果、青豆放牛蛙上面，入笼蒸 30～60 分钟，冷却后采用无菌净化真空包装即可。本制品不仅口味好，而且对慢性病、年老体弱、久病体虚者具有良好的滋补效果。

1793. 用蛇提取制备营养品的生产方法

申请号：94116298　　公告号：1119499　　申请日：1994.09.29

申请人：朱圣田、朱　江

通信地址：（310031）浙江省杭州市浙江医科大学科研处

发明人：朱圣田、朱　江

法律状态：实　审

文摘：本发明是一种用蛇提取制备营养品的生产方法。它是采用生物工程和化学方法将蛇的有效成分充分提取出来，并保持其生理活性，制成的液体状或固体状可溶性营养品。其提取制备的方法是：将活蛇去首剥皮，剖腹除杂，切块加水绞成蛇的匀浆；调整匀浆 pH 成酸性、中性或碱性；添加相应的蛋白酶，所加酶的量及所需温度，作用时间，根据各种酶的质量和要求来控制；待蛇肉全部被分解，经过滤，得蛇的酶水解液；或将蛇块绞成肉糊，加入酸溶液进行酸解，待蛇肉被全部酸解后，过滤，得蛇的酸水解液；根据酶水解液、酸水解液的 pH 不同，调整水解液 pH 至中性，除去热源，制成全营养蛇注射液；或调整 pH 至 4～6，再经去腥、添味、调料，或加中药提取液，即得到用蛇制备的液体营养品；或将蛇的水解液或液体营养品干燥后，制成可溶性固体状蛇营养品。饮用本营养品人体吸收利用率高，更具营养保健作用。

1794. 一种蝌蚪营养滋补口服液及其制备方法

申请号：94115499　　公告号：1117818　　申请日：1994.08.31

申请人：袁秀娟

通信地址：（100053）北京市宣外市府大楼宿舍 4 号楼 11 门 14 号

发明人：袁秀娟、吴成顺、尹喜珍

法律状态：公开/公告

文摘：本发明是一种蝌蚪营养滋补口服液及其制备法。蝌蚪营养滋补口服液是由牛蛙、蝌蚪酶解提取母液，加入糖、蜂蜜、调味品、柠檬酸、乙基麦芽酚和水组成。通过生物酶解方法制备的蝌蚪母液，具有人体直接吸收的氨基酸和微量元素，并可保留生物原有成分不被破坏；具有促进肌体发育生长和保健强身作用；该口服液经动物实验证明安全、可靠、无毒、无副作用。

1795. 男性保健食品"海鼎"及其制作方法

申请号：94103313　　公告号：1095906　　申请日：1994.03.29

申请人：中国科学院南海海洋研究所

通信地址：（510301）广东省广州市新港西路 164 号

发明人：楼宝城、闻克威

法律状态：公开/公告

文摘：本发明是一种海洋生物天然保健食品——男性保健食品"海鼎"及其制作方法。本发明以海洋生物海燕为原料，经过食醋、黄酒、姜汁特殊加工成纯天然保健食品，包装形式为片剂或胶囊。本产品含有丰富的多糖、脂肪酸、皂甙类物质，多种氨基酸和微量元素，是一种男性壮阳补肾，延缓男性衰老的滋补佳品。

1796. "海童"口服液及其制法

申请号：94103314　　公告号：1099947　　申请日：1994.03.29

申请人：中国科学院南海海洋研究所

通信地址：（510301）广东省广州市新港西路 164 号

发明人：闻克威

法律状态：公开/公告

文摘：本发明是一种保健食品——"海童"口服液。本食品是以海洋生物海星作原料，制成口服液，该 γ 口服液略带海产味，棕黄色，pH 6～7，总氮含量大于 0.05％，氨基酸含量大于 1 000 ppm。目前现有技术的降血脂功能的保健食品，一般降血脂作用需要较长时间，才能见效。本发明利用海星和海带作原料经过特殊的浸取工艺，提取其中活性蛋白和牛黄酸，制成口服液，这种口服液在血液中可以起到类似生物酶的作用，迅速降解血液中的胆固醇起到降血脂，降血液粘稠度的作用。

1797. 卤虫干（粉）生产工艺技术

申请号：92107258　　公告号：1073836　　申请日：1992.01.04

申请人：南京市粮食科学研究设计所

通信地址：(210003)江苏省南京市福建路洪庙巷6号

发明人：刘　宁、孙瑞椒、王道力、朱振海

法律状态：公开/公告　　法律变更事项：视撤日：1997.03.19

文摘：本发明是一种名贵水产饵料——卤虫干（粉）及其生产工艺技术。生产卤虫干（粉）工艺技术是：将高盐水域中（每亩约20千克）或盐田（湖）卤水经沉淀过滤，以水与虫1～5：1分次进行卤水漂洗去泥沙（沉淀物）或用泵将淡水打入（虫与水的比为1：1～5），分次进行淡水漂洗达到去盐、去杂（漂浮物），然后离心脱水，进入微波机处理5～30分钟或用太阳能、锅炉加温处理，达到灭酶、菌和去5%～10%的水分，放在50℃以下的太阳能烘房或燃煤烘房内进行烘干处理，达到去除剩余水分约75%～80%，再进行微波机处理，使其水分控制在含水量15%以下，经冷却后包装或粉碎后包装。卤虫干（粉）含粗蛋白50%～55%，脂肪16%～18%，灰分17%～19%，水分小于或等于8%，作为饵料保存期3个月，作为食品、保健食品达相应的食品补品要求。成本5 200元/吨以下。

1798. 一种含甲壳多糖及其衍生物的人造肉及其制备方法

申请号：95103377　　公告号：1126048　　申请日：1995.05.06

申请人：陈松伟

通信地址：(515600)广东省潮州市新桥路方厝巷一横2幢601号房

发明人：陈松伟

法律状态：公开/公告

文摘：本发明是一种从虾、蟹壳等甲壳类生物的甲壳中提取甲壳多糖及其衍生物和从绿色植物茎、叶中提取高分子植物纤维素及其衍生物物理吸附与络合成类似肉类组织结构的人造肉及其制备方法。本法历经甲壳碱洗、脱钙和脱蛋白质等工艺步骤制备甲壳多糖及衍生物；历经绿色植物茎、叶碱捣烂浸泡、烘干、粉碎、加碱真空反应等工艺步骤制备高分子羧甲基纤维素；含甲壳多糖及其衍生物的人造肉是从虾、蟹壳等甲壳类生物甲壳中提取甲壳多糖和从绿色植物茎、叶中提取高分子植物纤维素及其衍生物，按其1：2～2：1的重量比物理吸附与络合交联,常温下合成人造肉。它是一种既能保持原肉制品的风味而又符合高质量低热能,脂肪和胆固醇适量的保健食品。

1799. 生物保健食品"纯蛇粉"

申请号:94102198　　　公告号:1099974　　　申请日:1994.03.10

申请人:江苏苏晋集团公司

通信地址:(215311)江苏省昆山市巴城镇新区

发明人:陆大荣、姚海荣

法律状态:公开/公告

文摘:本发明是一种天然生物保健食品"纯蛇粉"。本发明采用科学灭菌低温干燥新工艺,将健康的活蛇剖腹去掉内脏和在其尾部抽出蛇鞭后,蛇肉体经净化、灭菌、干燥、粉碎成微细粉末,再经灭菌后灌注入胶囊,压铸成铝塑片,装盒包装为成品。本蛇粉中含有 20 多种氨基酸,维生素 B_1、维生素 B_2、维生素 B_{12}、维生素 A、维生素 E,天然牛磺酸及锌、铁、铜、锰、钴、硒等微量元素。本食品服用方便,是一种优质高效天然营养保健食品。本制品具有强身健身、舒筋活血、清目护肤、免疫抗病,提神益寿等功效。

(五)人造海产品加工技术

1800. 人造海蜇的生产方法(1)

申请号:86107707　　　公告号:1019016　　　申请日:1986.11.11

申请人:俞惠楚

通信地址:(200000)上海南汇新港上海市芬芳食品厂

发明人:俞惠楚

法律状态:授　权　　　法律变更事项:因费用终止日:1991.05.22

文摘:本发明是一种人造海蜇的生产方法。生产人造海蜇的方法是,其原料由褐藻胶、淀粉和食用明胶组成,其生产工序包括:①把包括上述 3 种物质的原料和水搅拌成均匀的糊状的物料;②把上述糊状物料加工成片状并在含有成形剂的成形液中固化定形;③使固化后的片状半成品基质中渗入盐分制成含盐的成品。采用上述方法生产人造海蜇工艺简单、生产成本低,成品的色、形、味与天然海蜇相似,有一定的韧性和咀嚼脆性,口感好,可保存时间长,便于食品工业推广应用。

1801. 人工海蜇皮的制作方法(2)

申请号:87105107　　　公告号:1032734　　　申请日:1987.10.24

申请人:于延春

通信地址:(110015)辽宁省沈阳市东陵区省中药所宿舍

发明人:于延春

法律状态:公开/公告　　　法律变更事项:视撤日:1991.02.27

文摘:本发明是一种海产品——人工海蜇皮的制作方法。这种海蜇皮是采用植物蛋白质(或明胶)、蛋清、海藻酸钠为基料,加入乳虾油、味精、食盐等配料生产的人工海蜇皮。其制造工艺简单、先进,成本低,原料充足,营养价值高。

1802. 一种仿生海参的制作方法

申请号:87103581　　　公告号:1030515　　　申请日:1987.05.14

申请人:李洪雨

通信地址:(118000)辽宁省丹东市元宝区中富小区5号楼1单元702号

发明人:李晨辉、李洪雨、刘志英、王涤海、薛彩萍

法律状态:授　　权　　　法律变更事项:因费用终止日:1996.06.26

文摘:本发明是一种仿生海参的制作方法,要点是以胶原蛋白为主要原料,采用了水溶性纤维素海藻酸钠、羧甲基纤维素,再加入色素体固化剂等,经物化反应制成仿生海参。制作仿生海参的步骤如下:①将海藻酸纳用温水溶解,再将淀粉或者活性小麦蛋白、或者琼脂加冷水混匀,再将2种混合液共热并搅匀,待用;②用水将明胶溶化,再与用水溶化的羧甲基纤维素液混合后,待用;③将紫菜粉碎至60目,用水煮沸,制成紫菜糊,待用;④将上述①、②、③各种物质混合、搅匀,即制得原胶液;⑤将上述原胶液注入模具中,把成型后的海参雏体随同

模具放入固化液中,待达到一定硬度时,即可将仿参取出;⑥将已成型的仿参剖腹,取出未曾固化的原胶液。再将仿参放入固化液中浸20分钟,取出,用清水冲洗干净,即为成品。

1803. 人造海参的生产方法

申请号:87105149　　　公告号:1017292　　　申请日:1987.07.23

申请人:冯仁忠

通信地址:(116021)辽宁省大连市沙河口区泉涌街38号4-4

发明人:冯仁忠

法律状态:授　　权　　法律变更事项:因费用终止日:1996.09.11

文摘:本发明提供3种人造海参生产方法,即热浇铸成型法,电泳电铸成型法以及模具内固化成型法。它们可制作出可凉拌食用海参及可热炒食用的人造海参。①人造海参的生产方法之一的热浇铸成型法。其配方为增凝剂氯化钾15克,凝结剂琼指0.5~4克,水100克,磨碎海参浆20克。其生产方法是85℃~99℃热浇铸在金属或非金属的海参模具中,35℃以下出模;②人造海参的生产方法之二的电泳电铸成型法。本发明是由电泳槽、电源、溶液、负极板组成,其溶液是由水、海藻酸钠、碎海参磨浆液按7:0.02~0.1:2.9的比例组成;其生产方法是在正极上联有海参形状的金属模型;③人造海参的生产方法之三的模具内固化成型法。本发明的胶液配方为:水1000克,海藻酸钠20~30克,海参磨碎浆液20~400克。其生产方法是把胶液浇入金属或非金属模具,再放入3%以上氯化钙溶液固化成型。采用本发明可将碎海参制作成形状颜色逼真、营养丰富、易贮藏的人造海参。这几种方法除制作海参外,还可制作各种形状的仿生食品。这3种方法都具有简便易行、成本低、效率高的特点。

1804. 鲜味海参方便食品的制作方法

申请号:93102111　　　公告号:1077355　　　申请日:1993.03.03

申请人:李洪雨

通信地址:(118000)辽宁省丹东市元宝区中富小区5号楼1单元

发明人：李晨辉、李洪雨、李晶珠、李巍巍、王佩云、王元胜

法律状态：公开/公告　　法律变更事项：视撤日：1996.05.22

文摘：本发明是一种鲜味海参方便食品的制作方法。它是以仿生海参为主要原料。制作鲜味海参方便食品包括如下步骤：①将适量花椒、大料用900～1100克水煮开，放入30～50克盐，30～50克糖，45～60克味精搅拌，即制得调料汁；②将900～1200克仿生海参放入调料汁浸泡50～70分钟，即制得鲜味海参的半成品；③将鲜味海参的半成品捞出，放入塑料袋或罐装容器内，抽真空、封口、检查确认袋（罐）内无空气，袋（罐）口不漏气为准；④将上述袋（罐）放入压力锅内，加热到120℃持续加热30分钟，达到完全灭菌，停止加热，排气降压，待压力锅内无气压时取出，放入冷水急剧冷却，然后进行化验，检查卫生指标，合格即为成品。本发明工艺过程简单，成本较低、营养丰富、方便食用、易于储存、运输。

1805. 仿鱼翅食品的制作工艺

申请号：87107253　　　公告号：1020567　　　申请日：1987.12.04

申请人：广州市水产制品开发公司

通信地址：(510310) 广东省广州市新港东路100号

发明人：陈锦强、王燕玲、余惠琳、张丽娜

法律状态：公开/公告　　法律变更事项：视撤日：1994.12.21

文摘：本发明是一种利用明胶等为原料的仿鱼翅食品的制作工艺。其制作工艺是：原料混合→水浴加热溶解→机械成形→固化液固化→流水漂洗→急冻→精选分装→成品。本食品利用大量鱼胶等廉价原料制作一种观感、食感和营养价值都酷似天然鱼翅的食品。本发明的制作工艺制成的仿鱼翅，其氨基酸含量和外观、食感、耐热水性等均超过现有同类产品。

1806. 仿鲜干贝制品的生产方法

申请号：88103929　　　公告号：1038750　　　申请日：1988.06.24

申请人：俞惠楚

通信地址：(200000)上海市南汇县新港上海市芬芳食品厂

发明人：俞惠楚

法律状态：授　权　　法律变更事项：因费用终止日：1994.07.27

文摘：本发明是一种仿鲜干贝制品的生产方法。生产仿鲜干贝制品的原料包括：食用级褐藻胶、活性面筋蛋白、碳酸钙、禽蛋以及氢氧化钠或食用级钙盐，前3种原料的重量比依次为1：2～3.5：0.05～0.2，禽蛋的重量至少为褐藻胶的0.1倍，氢氧化钠或食用级钙盐的用量需使物料的pH值调节到7.5～10。其生产工序包括：①把上述重量比的5种原料，放入温度为25～80℃的水中，以600～1 440转/分的速度把这些物料充分搅拌均匀，成为很粘稠的粘结胶体；②把上述粘结胶体送入高压挤料机，挤压成圆条形半成品；③把上述圆条形半成品切成鲜干贝似的圆柱形半成品；④上述圆柱形半成品在含食盐等调味剂的调味液中进行高渗调味，捞出即为成品。它经加水搅拌、挤压成条、切片及浸渍调味加工，制成具有鲜干贝的色、形、味，具有排列整齐的纤维组织的成品。这种食品原料价廉易得，加工方法简便，生产成本低，便于推广使用。

1807· 一种人造鱿鱼及其生产方法

申请号：95101109　　　公告号：1126039　　　申请日：1995.01.01

申请人：陈锡骥

通信地址：(750004)宁夏回族自治区银川市商城中街5号

发明人：陈锡骥

法律状态：实　审

文摘：本发明是一种人造鱿鱼及其生产方法。人造鱿鱼主要由海藻酸钠、明胶、柠檬酸及玉米淀粉和天然色素(肉粉色)，除水外，它的具体组分如下：海藻酸钠49～51份(按重量比例)，明胶(先溶化)1份或1.5份，玉米淀粉(或蛋白粉或二者各半)2.5～3份，天然色素2～3份，柠檬酸1.5～2份，海味素0～3份，其他添加物0～30份。本产品的组分除海藻酸钠、明胶外，还有和天然鱿鱼色泽近似的天然色素、玉米淀粉以及使其产品内部固化好的柠檬酸。在制作时在各组分溶化、搅拌后静置 6～12 小时,然后滚压成鱿鱼形状放入钙盐溶液内固化。产品内、外部固化时,还可以加入其他多种添加物,如加入鸡肉,制成肉质人造鱿鱼或鱿鱼发菜香肠等。产品可以冷冻,也可以制成干品。

1808. 人造全天然螃蟹肉黄的制作方法

申请号:90105965　　公告号:1061138　　申请日:1990.11.09
申请人:杨大魁
通信地址:(210003)江苏省南京市铁路南街 45 号 401 室
发明人:杨大魁
法律状态:公开/公告　　法律变更事项:撤回日:1997.02.19
文摘:本发明是一种人造全天然螃蟹肉黄的制作方法。它是以龙虾肉为原料,其具体制作方法是:①将龙虾肉去壳粉碎成肉泥,细度在100 目以上;②将龙虾肉泥放入容器中,加入鸡蛋、油脂、乳化剂、食用粘合剂和面粉(或淀粉)以及适量盐、味精、黄酒、色素、防腐剂等,经初拌和后,将混合物放入胶体磨进一步粉碎、乳化后,得均匀一致的蟹黄浆料;③将蟹黄浆料初步成型,有两种方法可采用:其一,在加热锅中,将油烧至四成热(约 80℃),将蟹黄浆料手工或机制挤进油锅,3～5 分钟后,等入锅蟹黄浆料表面定型即可捞出备用;其二,将蟹黄浆料加进成型模子中,上笼蒸煮 3～5 分钟,等其表面热固后,即可出笼备用;④将初步定型的蟹黄称量装入铝塑包装袋中,并在袋内加入醋、姜汁(或姜末)和用龙虾壳熬取的浓缩汤汁;⑤封口,入高温消毒柜,120℃杀菌消毒 15～20 分钟,或 90℃杀菌消毒 40 分钟,即得成品。本发明制成的螃蟹肉黄中,各成分的相对组分含量范围为:龙虾肉 2～80 份,鸡蛋10～60 份,油脂1～10 份,面粉(或淀粉)1～50 份,乳化剂 0.02～0.5份,食用粘合剂 0.2～5 份,食盐 0.5～5 份,味精 0.1～5 份,黄酒 1～5份,色素 0.01～0.1 份,醋 1～10 份,姜汁 0.1～5 份,汤汁适量,防腐剂适量。最后封口放入高温消毒柜中灭菌消毒即得成品。采用本发明制得的螃蟹肉黄与天然螃蟹肉黄味道、色泽相似,而成本低。

五、饲料加工技术

(一)秸秆饲料加工技术

1809. 作物秸秆生产饲料的方法

申请号：87102045　　　公告号：1030006　　　申请日：1987.06.20

申请人：彭心笑

通信地址：(416800) 湖南省龙山县畜牧水产局种畜场

发明人：彭心笑

法律状态：公开/公告　　　法律变更事项：视撤日：1991.04.17

文摘：本发明是一种作物秸秆生产饲料的方法。作物秸秆制成饲料的生产方法包括把作物秸秆烘干，切短、粉碎、球磨成粉末状物料。将粉末状物料用盐酸溶液拌湿后，装入转化室，通入蒸汽升温，室温升至一定程度，打开排气阀门排放冷气，当室温升至转化温度时，维持转化一定时间，然后放出转化物，用等当量氢氧化钠中和后即得饲料。它是将作物秸秆经切碎、球磨成粉状后用酸性溶液拌和，在转化室中一定条件下转化成富含葡萄糖及其他戊糖的饲料，或在粉状物料中接入菌种，经生化工艺制成富含粗蛋白、粗脂肪的饲料。该饲料适口性好、易消化，可以用来饲养单胃动物。

1810. 利用植物秸秆生产菌体蛋白饲料

申请号：90105689　　　公告号：1057567　　　申请日：1990.06.28

申请人：江苏省滨海县兽药厂

通信地址：(224500) 江苏省滨海县仓库西路9号

发明人：车来滨、殷正钢

法律状态：公开/公告　　　法律变更事项：视撤日：1993.06.30

文摘：本发明是一种利用植物秸秆直接生产菌体蛋白饲料的方法。利用植物秸秆生产菌体蛋白饲料的具体加工工艺是：①在柠檬酸渣中加入适量的钙盐、钾盐、镁盐等,调节柠檬酸渣的含磷量为0.2%～0.3%,含镁量为0.1%～0.15%,含钾量为0.3%～0.4%,含氮量为2%～3%,含钙量为0.01%～0.03%,并调整pH值在5.5～7.2之间,加入食用菌进行深层发酵,制取液体菌种;②将植物秸秆粉碎,进行灭菌或半灭菌,加入适量的碳酸钙和适量的水混和成疏松潮润的植物秸秆粉料;③按重量比1:1～1.5将液体菌种接入植物秸秆粉料中进行固体发酵,水分控制在50%～75%,温度控制在14～36℃之间。用于发酵的液体菌种是利用工业废渣,例如柠檬酸渣、糖渣、淀粉渣等,直接用食用菌进行深层发酵制作液体菌种,再把该液体菌种接到粉碎的植物秸秆中进行固体发酵。本饲料生产周期短,产品质量高,蛋白含量高,生产成本低,可以广泛推广应用。

1811. 利用农作物秸秆生产精饲料的方法

申请号:92109988　　公告号:1086094　　申请日:1992.10.24

申请人:何士新

通信地址:(111215)辽宁省辽阳县柳壕乡北教村第四村民组

发明人:何士新

法律状态:公开/公告　　法律变更事项:视撤日:1996.03.27

文摘:本发明是一种利用农作物秸秆作基料来生产畜禽类精饲料的方法。利用食用菌菌丝分解转化纤维素的能力,以秸秆类农作物为基料,填加一定量的尿素、石膏及米糠,经过混合、发酵、发菌、再发酵过程生产出一种畜禽类高营养的精细饲料。利用农作物秸秆生产精饲料的方法是:①有效成分中各组分的重量百分比为:秸秆81%～95%,米糠10%～15%,尿素3%～4%,石膏0.5%～1%,食用菌液体菌种为上述总配比的10%～20%;②其工艺过程为:原料粉碎→混料处理→培养料发酵→培养料接种与发菌→再发酵→饲用。利用本工艺生产的饲料由于加入的氮源量为菌糠饲料的6倍以上,其蛋白质的增加量为普通菌糠饲料的3倍以上。

1812. 植物秸秆生物补充饲料的制备方法

申请号：93109721　　　公告号：1082826　　　申请日：1993.08.14

申请人：秦立新

通信地址：(100050) 北京市虎坊路太平街西巷 6 号

发明人：秦立新、秦　力

法律状态：公开/公告　　　法律变更事项：视撤日：1997.05.07

文摘：本发明是一种利用植物全价配合饲料调制剂制备植物秸秆生物补充饲料的方法。利用植物全价配合饲料调制剂制备生物补充饲料的方法是：将 1 号剂 2～4 份溶于 500 份无污染的水中，经搅拌完全溶化，将秸秆混合粉料(简称混料)掺入已调好的溶液中，使混料全部浸湿，再密封待用；同时将 2 号剂 0.02～0.13 份及泥土 1 份(要离地面 33 厘米深的田间泥土)溶于 60 份水中，得 2 号剂溶液，将 2 号剂溶液过夜放置 1 天或 3 天待用；到时间后，将过夜的 2 号剂溶液分为 3 等分，分别溶解 3 号剂 0.002～0.08 份、4 号剂 0.16～4 份、5 号剂 0.02～0.26 份，得 3 号剂溶液、4 号剂溶液、5 号剂溶液，要充分搅拌使之完全溶化；将上述 3 号剂溶液、4 号剂溶液、5 号剂溶液混合，另添加健康鲜鸡粪、鲜牛粪、鲜马粪各 0.5 份，不污染的水 90 份，搅拌均匀后，连残渣全部加入已浸湿密封待用的秸秆混合粉料中，密封 7～12 天，即制得有浓郁酒糟香味的植物秸秆生物补充饲料。用本发明的方法将各种植物秸秆成分混合并转化为畜禽易于食用的饲料，所得饲料具有浓郁醇香味。

1813. 植物秸秆菌类蛋白养猪饲料

申请号：95101235　　　公告号：1127600　　　申请日：1995.01.25

申请人：赵　伟

通信地址：(221600) 江苏省沛城徐沛路 30 号沛县科委食用菌开发公司

发明人：赵　伟

法律状态：实　审

文摘：本发明是一种植物秸秆菌类蛋白养猪饲料。它的制作包括：

①菌种制作:用各种粮食面粉、糠麸,加入试管菌种,清水拌匀,培养6~72小时即可成功;②饲料生产:植物秸秆经粉碎后加入菌种,清水拌匀,培养48小时后,即可用来喂猪。面粉酵母菌在各种植物秸秆经粉碎后的培养基上生长、繁殖、分解、转化为菌类蛋白猪饲料。植物秸秆菌类蛋白养猪饲料,生产周期短,方法简便,成本低,营养丰富,饲喂效果好,不受季节、地区、时间、数量的限制,容易在广大农村推广应用。

1814. 高效秸秆酵解微贮饲料的制作方法工艺和用途

申请号:95107498　　公告号:1140556　　申请日:1995.07.17

申请人:石　林

通信地址:(518067)广东省深圳市蛇口招商路北 31 栋 401 室

发明人:石　林

法律状态:公开/公告

文摘:本发明是一种由菌种营养水、发酵水和秸秆草粉发酵而生成的微贮饲料。这种高效秸秆酵解微贮饲料的配制方法是将发酵水和菌种营养水混合后,喷洒在秸秆草粉中,耙翻均匀后,在密封中发酵。其具体制法是:①菌种营养水的配制方法:将煮制的麸皮水(待其温度降至 40℃左右)倒入营养液中,并拌入菌种;②发酵水的配制方法:将 5千克的氯化钠和 5.95~10.95 千克的酵解剂倒入 1 吨草粉原料所需要的水中搅匀即成。本微贮饲料由于在发酵水中加入了酵解剂,松解了粗纤维紧密的分子链,加强了对纤维素细胞膜的渗透和亲和作用;在菌种的活化中,由于营养剂的作用,使菌体充分活化、延伸、增倍、繁殖,充分地降解了粗纤维,提高了草粉微贮饲料的消化率、可食性和营养成分。本微贮饲料的成本仅是氨化饲料的 20%,粗纤维降低 40%,粗蛋白提高了 4%左右,适口性好,动物的采食量提高 25%~30%。操作工艺简单,易于推广。

1815. 农作物秸秆生物多菌发酵饲料的生产方法

申请号:96102088　　公告号:1139520　　申请日:1996.03.05

申请人:高银相

通信地址：(100039)北京市玉泉路(甲)19号中科院研究生院应用技术研究所

发明人：高银相

法律状态：公开/公告

文摘：本发明是一种农作物秸秆生物多菌发酵饲料的生产方法。生产农作物秸秆生物多菌发酵饲料的方法包括原料的准备、培养料的准备和菌种的制备、分离、纯化；把菌种接入培养料中，进行发酵；发酵好后，即可配制全价饲料或制粒烘干贮存。其中培养料的准备为：将作物秸秆(小麦、玉米、稻草)粉碎过 5～25 目，以 80%～95% 的秸秆粉加入麦麸 0～15%，玉米面 0～12%，尿素 0～1%，过磷酸钙 0～0.8%，氯化钠 0～1%，骨粉 0～1%，磷酸氢二钾 0～1%，氯化铵 0～0.3%，氯化镁 0～0.8%，用磷酸调 pH 值到 4.5～5.5，常温灭菌半小时或不灭菌，降温到 25～35℃；接入培养料中的菌种为：酵母菌白地霉 AS 2.498 种子液 6%～14% 与绿色木霉 AS 3.3032 固体种子 0.5%～2% 配伍，或真菌黑曲霉 AS 3.350 固体种子 3%～6% 与酵母菌产朊假丝酵母 AS 2.1180 种子液 15%～25% 配伍，或酵母菌白地霉 AS 2.361/AS 2.498 种子液 6%～13% 与绿色木霉 AS 3.2928 固体种子 0.2%～1.2% 和青霉 AS 3.287 固体种子 0.4%～1.0% 配伍。以上各种配伍的菌种再加入液体光合细菌种子液 0～5%，高活性酵母菌 0～0.02%，糖化酶 0～0.8%，乳酸菌 0～0.5%；按量把菌种加入到培养料中，混合均匀，置入发酵罐或发酵机或发酵池，在温度 25～35℃ 下培养 40～80 小时。由于它采用物理、化学、生物，特别是多菌种协同发酵的方法处理农作物秸秆，使之转化为菌体蛋白饲料，产品得率及粗蛋白含量高，粗纤维含量大为降低，工艺简单，成本低，适于全国范围内推广应用。

1816. 一种秸秆饲料用处理剂及用其制造秸秆饲料的方法

申请号：96115866　　公告号：1151836　　申请日：1996.06.26

申请人：秦　霜

通信地址：(266072)山东省青岛市燕儿岛路 55 号 201 室

发明人：秦　霜

法律状态：公开/公告

文摘：本发明是一种秸秆饲料用处理剂及用其制饲料的方法。秸秆饲料用处理剂含（重量百分比）有：碱性活化剂84%～87%，矿物元素激活剂0.045%～0.05%，生物活性剂12.95%～15.95%。其中，碱性活化剂含碳酸钙44%～47%，氯化钠37%～40%，碳酸氢钠14%～16%，尿素0.02%～0.028%，糖蜜0.03%～0.04%；矿物元素激活剂含氯化钴2.5%～3%，硫酸镁4%～4.6%，硫酸亚铁17%～19%，硫酸铜10.18%～12.18%，硫酸锰26.9%～28.9%，碘化钾2%～2.1%，硫酸锌18.58%～20.58%，磷酸二氢钾12%～15%；生物活性剂含生物复合酶100%。用该处理剂可制备饲喂单胃动物的秸秆饲料。

1817. 草秸秆生物饲料催化剂制造及其使用方法

申请号：97100179　　公告号：1161157　　申请日：1997.01.16

申请人：林焕文

通信地址：(150010) 黑龙江省哈尔滨市道里区红霞街132号6单元6楼1号

发明人：林焕文

法律状态：公开/公告

文摘：本发明是一种制备节粮型饲料所用的生物制剂的制造方法和应用。本节粮型生物饲料催化剂，是一种无毒、无味、不燃、不爆的一种新型生物制剂。它在特定条件下能把各种作物的秸秆转化为饲料。它的具体配方要求是：按秸秆的干粉百分比加入：①糖化酶2%～5%；②氯化钠0.6%～2%；③苛性钠0.6%～5%；④活酵母0.1%～1%；⑤乳化剂1%～15%；⑥乳酸菌1%～5%；⑦催化剂2%～10%；⑧软化剂2%～10%。以上8种生物制剂，可工厂批量生产，也可自己加工制作，方法简便，有利于推广，是较理想的节粮型生物制剂。

1818. 稻草饵料制法

申请号：86101265　　公告号：1015349　　申请日：1986.02.26

申请人：刘蒂仪、刘　环、代培茹

通信地址：(611630) 四川省蒲江县东北乡龙潭村六组

发明人：代培茹、刘蒂仪、刘　环

法律状态：实　审

文摘：本发明是一种稻草饵料制法。制造用于养鱼的稻草饵料的方法是：以全稻草粉与用石灰水、小苏打、食盐、稻草灰配制的调制液，或与用石灰水、小苏打、食盐、稻草灰、氧化锰、氧化锌、五氧化二钒、氯化钴配制的调制液拌和后嫌氧发酵，制得饵料。本法操作简便极易掌握，所需设备不多、容易购置、花钱少，制得的饵料成本低、饵料系数低(2～4)。本饵料营养丰富，完全可以代替亲鱼、鱼苗和成鱼饲养的粮食饵料。本法既适于个体农户自制养鱼饵料，又能适应工业生产的需要。

1819. 稻草转化饲料及其制备工艺

申请号：87103054　　公告号：1033147　　申请日：1987.11.10

申请人：戴运生

通信地址：(610064) 四川省四川大学 720 所

发明人：陈孝泉、戴运生、孙绍宽

法律状态：公开/公告　　法律变更事项：视撤日：1991.04.10

文摘：本发明是一种以稻草粉作为主要原料，加入食盐、生石灰、稻草灰、温水、盐酸等调制剂，并加入碳酸氢铵、某些微量元素和酶转化而成的饲料以及这种饲料的制备方法。这种饲料无需再进行烧煮即可直接用于喂养家禽、家畜。

1820. 一种用稻草等作物秸秆制造饲料的方法

申请号：88102503　　公告号：1037070　　申请日：1988.04.25

申请人：余元洲、彭心忠、彭　稠

通信地址：(430060) 湖北省武汉市武昌区武铁村 14 栋 3 单元

发明人：彭　稠、彭心忠、余元洲

法律状态：公开/公告　　法律变更事项：视撤日：1991.08.28

文摘：本发明是一种利用稻草及其他作物秸秆生产饲料的方法。它是将粉碎好的物料装入专门设计的一种高压容器(即物理转化器)，同时通入蒸汽在高温高压作用下促使物料中的粗纤维和木质素发生转化制成饲料的。本发明具有原料来源广、工艺过程简单、营养含量高和生产成本低等优点,易于实施推广。

1821. 利用干草、蒿秕类基料生产精饲料的方法

申请号:92111852　　公告号:1086390　　申请日:1992.10.31

申请人:何士新

通信地址:(111215)辽宁省辽阳县柳壕乡北教村第四村民组

发明人:何士新

法律状态:公开/公告　　法律变更事项:视撤日:1996.04.03

文摘:本发明是一种利用粗饲料(干草、蒿秕类)作主料生产精饲料的方法。利用食用菌菌丝分解转化纤维素、木质素、半纤维等物质的能力,以干草类、蒿秕类粗饲料为基料,添加一定量的尿素、石膏等物质,配成碳氮营养比为 20:1 左右的培养料,通过多次接入食用菌菌种多次发菌,多次降解转化粗饲料中的纤维素、木质素、半纤维素等物质,从而生产出高营养的精饲料。利用干草、蒿秕类基料生产精饲料的方法是:①有效成分中各组分的重量百分比为:干草、蒿秕类 81%～86.5%,米糠、麸皮类 9%～15%,尿素 3.5%～4%,石膏 0.5%,食用菌液体菌种量为上述培养料总干重的 20%～40%;②其工艺过程为:原料粉碎→混料处理→培养料接种与养菌→发好菌出厂→饲喂。

1822. 用香蕉蕉茎为主原料生产菌体蛋白饲料的方法

申请号:94105205　　公告号:1111947　　申请日:1994.05.16

申请人:福建平和菌草蛋白饲料有限公司

通信地址:(363700)福建省平和县坂仔镇人民政府大院内

发明人:赖济文、李战华、林陆山、林平南、卢明火、叶涌清

法律状态:公开/公告　　法律变更事项:视撤日:1998.02.18

文摘:本发明是一种利用香蕉蕉茎、食用菌废料为主原料生产菌体蛋白饲料的方法。其原料组成配方是:40%～50%蕉茎粉,20%～30%废菌料,15%～25%麸皮,5%～10%酒糟,以及少量促酶剂和营养

添加剂。其生产工艺包括蕉茎粉制作、废菌料制作、备料、拌料、发酵、干燥、粉碎、包装等。用本发明生产的产品营养全面,粗蛋白含量近14%,还有丰富的碳水化合物、多种氨基酸和酶、生长激素、微量元素等,可替代10%~25%的进口饲料,社会效益和经济效益明显。

1823. 葵花盘颗粒粕及其制造工艺

申请号:95106844　　公告号:1137866　　申请日:1995.06.14

申请人:王树林、张青春

通信地址:(136000)吉林省四平市二里街139号

发明人:王树林、张青春

法律状态:公开/公告

文摘:本发明是一种用于牛、羊、猪的饲料,特别是一种葵花盘颗粒粕及其制造工艺。它是以葵花盘、酒糟、玉米秸为主要原料,经粉碎、配料、烘干、造粒等步骤加工而成的。其配比是(重量百分比)粉碎的葵花盘:晒干的酒糟:粉碎的玉米秸为70~85:10~15:5~10。该颗粒饲料原料易得,营养成分含量高,价格低,生产工艺简单。

1824. 一种助膨剂及其稻壳或统糠膨化处理新工艺

申请号:95113064　　公告号:1149411　　申请日:1995.11.08

申请人:罗学刚、绵阳市军地两用人才实业开发总公司

通信地址:(621000)四川省绵阳市高等经济技术专科学校

发明人:罗学刚、李　林、胡淳林、赵宗元

法律状态:公开/公告

文摘:本发明为一种助膨剂及其稻壳或统糠的膨化处理新工艺。用于稻壳或统糠膨化处理的助膨剂是由下列组分按重量配制并均匀混合而成:碳酸盐类1.5~2,油脂类饼粕5~10,水20~25。本发明由于选用了用碳酸盐类、饼粕和水制成的助膨剂,在一定的进料及出料温度下,可在膨化机内对稻壳或统糠进行连续的膨化处理,因而处理效率高,其产品的膨化度、粗纤维、粗淀粉、碳水化合物总量等指标都大大提高。本发明充分利用了现有的稻壳或统糠资源,变废为宝,投资小,成本

低,生产工艺无有毒有害的物质排放。本发明的膨化产品,可部分地代替粮食作饲料,还可广泛地用作发酵、化工和食用菌等生产的原料。

1825. 无粮饲料

申请号:93117946 公告号:1101226 申请日:1993.10.07
申请人:刘蒂信
通信地址:(611630)四川省蒲江县鹤山镇河东路 26 号
发明人:刘蒂信
法律状态:实 审
文摘:这是一种用作物秸秆或野草制成的无粮饲料。它是经石灰水湿润后加入调制剂,经厌氧发酵转化而成。所用调制剂包括配剂 A、配剂 B、生物助剂,生物助剂在转化完成后加入。用于制作无粮饲料的调制剂是由复胃功能调控配剂 A(简称配剂 A)、复胃功能调控配剂 B(简称配剂 B)、复胃动物消化功能复合生物助剂(简称生物助剂)组成;配剂 A 的重量百分比组分为:碘盐 20%~40%,可溶性石脂 20%~40%,可溶性硫 20%~40%,嘌呤衍生物载体 8%~10%,风化岩层提取液风干物 0.5%~2%;所用配剂 B 的重量百分比组分为:异型乳酸菌种载体 40%~60%,复合多孔菌种载体 20%~30%,复胃单孢菌种载体 20%~30%;所用生物助剂的重量百分比组分为:异型乳酸菌种载体 60%~80%,复合多孔菌种载体 10%~20%,复胃单孢菌种载体 10%~20%。该饲料可消化蛋白含量大于 7%,氨基酸齐全,蛋白质全价性高于常规饲料。这种无粮饲料富含乳酸菌体,加之诱导单胃动物产生复胃消化功能,能良好地消化吸收;用无粮饲料饲喂的猪、家禽肉质好,略带野生动物肉香。

1826. 以细绿萍为原料制取饲料的方法

申请号:87101506 公告号:1020716 申请日:1987.03.04
申请人:辽宁省环境保护科学研究所
通信地址:(110032)辽宁省沈阳市皇姑区泰山路 3 段 10 号
发明人:蔡铭昆、王 玲

法律状态：实 审 法律变更事项：视撤日：1993.05.26

文摘：本发明是一种以水生植物细绿萍为原料制取高维生素、高氨基酸含量精饲料的方法。它是将细绿萍进行简单脱水，然后放入高温快速烘干机内进行高温快速烘干，并加入饲料添加剂，而后得到了脱水细绿萍。其特点是资源丰富、加工方法简单，投资少，可广泛开发天然资源的利用。

1827. 牧区压缩饲料加工工艺

申请号：87103215 公告号：1022094 申请日：1987.04.30

申请人：内蒙古自治区粮食科学研究所

通信地址：(010020) 内蒙古呼和浩特市中山东路 23 号

发明人：丁道弘、宁 瑛、张志仁

法律状态：公开/公告 法律变更事项：视撤日：1990.08.22

文摘：本发明为牧区压缩饲料加工工艺。它是由纤维性物料(即牧草、树叶、秸秆)、玉米、高粱、麸皮、糖蜜、无机盐经粉碎、混合、加温、搅拌、压制而成。本饲料是一种专用于牧区反刍动物抗灾保畜过冬、春的饲料。本饲料适宜于反刍动物吸收，便于运输。

1828. 压缩饲料

申请号：92236705 审定公告号：2137441 申请日：1992.10.22

申请人：王 西

通信地址：(100053) 北京市宣武区西便门内大街 79 号

发明人：王 西

法律状态：授 权 法律变更事项：因费用终止日：1995.12.13

文摘：本发明为一种压缩饲料。它是将常规型、浓缩型、功能型饲料，通过粉碎、干燥、消毒、压缩、塑封、包装等工序研制而成的。将物料粉碎成段状、粒状、粉状，投入模具筒中加压，使其紧密粘联压缩成体积小巧、坚硬的圆盘或方盘块饲料块，在圆盘或方盘块饲料块的上下端面分别附着保护层，在圆盘或方盘块饲料块的径向端面上设有塑封条。为便于开启塑封条,还设有开启口,使开启塑料封条方便简单。

1829. 青饲料砖的加工方法

申请号:94111482　　　公告号:1103244　　　申请日:1994.10.18

申请人:陆　恒

通信地址:(221005)江苏省徐州市淮海东路149号

发明人:陆　恒

法律状态:授　权

文摘:本发明是一种青饲料砖的加工方法。该方法是将切碎后的青饲料放入青饲料打浆机打成草浆,然后放入浸渍式混合机;将甲醛和浓度在28%以下的蚁酸以1:3混合后,按青绿草重量的0.35%～0.55%加入浸渍式混合机与草浆混合,混合后的草浆倒入砖形模具成型,再置阳光下自然干燥。其加工方法简单,不需要青贮窖或青贮塔。加工的青饲料砖安全无毒,蛋白质含量丰富,便于远途运输,耐储存。本方法可用于青饲料的贮藏加工。

1830. 一种制造羊草颗粒粕的方法

申请号:94112686　　　公告号:1125056　　　申请日:1994.12.19

申请人:杨玉昌、杨瑞红、杨文武

通信地址:(137100)吉林省洮南甜菜育种研究所

发明人:杨玉昌、杨瑞红、杨文武、赵义民、杨大海

法律状态:公开/公告　　　法律变更事项:视撤日:1998.04.22

文摘:本发明是一种制造羊草颗粒粕的方法。羊草颗粒粕由羊草、糖蜜和水组成。以其重量百分比计算:羊草为80%～85%,糖蜜为0.25%～0.35%,水为15%～20%。其制造工艺为:先将整株羊草切割粉碎,然后送入拌料机搅拌,同时加入水及糖蜜,再送入造粒机造粒,制成颗粒粕。本发明制成的羊草颗粒粕易于家畜消化吸收,喂料时基本无损失,贮运也很方便,具有很高的经济价值。

1831. 以草代粮复合饲料

申请号：96119834　　　公告号：1155391　　　申请日：1996.09.26

申请人：顾一忠

通信地址：(224100) 江苏省大丰市大新路 104 号

发明人：顾一忠

法律状态：公开/公告

文摘：本发明是一种以串叶松香草干粉为基质，配以经生物饲料制作剂处理的秸秆及贝壳或骨粉、饼粕和少量粮食加工的颗粒型饲料。其组成(重量)为：串叶松香草干粉 35％～50％，生物饲料制作剂处理的秸秆粉 15％～25％，饼粕 5％～15％，粮食 20％，贝壳 2％～7％。上述的串叶松香干草是指以鲜串叶松香草经晒干或烘干、粉碎的干草粉；上述的生物饲料制作剂处理的秸秆粉是由草粉生物饲料制作剂处理的油粮作物秸秆粉。本复合饲料用于饲养猪、鸡、鸭、兔等畜禽，营养丰富，适口性好，具有抗病、治病，促进畜禽提前发情，产仔或产蛋率高，生存率强的特点。其肉料比与普通配合饲料相同，但肉质更鲜美可口。每100 千克饲料可节约粮食 45～50 千克，对解决人畜争粮的矛盾具有重大的现实意义。这种复合饲料成本低，易于工厂化生产，因此价格低廉，仅为市售配合饲料的 60％。

(二)糟渣饲料加工技术

1832. 用啤酒糟养殖蚯蚓生产动物蛋白的方法

申请号：87105507　　　公告号：1031172　　　申请日：1987.08.08

申请人：华南师范大学

通信地址：(510631) 广东省广州市石牌

发明人：廖金才、刘庆茂、徐晋佑

法律状态：授　　权

文摘：本发明是一种利用啤酒糟养殖蚯蚓生产动物性蛋白饲料的方法。它是通过晾干、堆沤发酵的办法使啤酒糟纤维分解，升高磷/氮比值,使氨气逸出,减少其有害作用;使用醋酸或磷酸二氢铵调节其pH值。养殖时加入一定比例的统糠,提高其透气性和碳/氮比值,使啤酒糟便于蚯蚓消化吸收、正常生长繁殖。采用本发明可使利用价值低的啤酒糟转化为动物性蛋白饲料,为处理啤酒糟和养殖蚯蚓提供了一条新的途径。

1833. 谷物液态酒糟高效浓缩蛋白固体饲料的制备方法

申请号:88103393　　公告号:1022911　　申请日:1988.06.02

申请人:廖　毅、廖　权

通信地址:(547000)广西壮族自治区河池地区歌舞团

发明人:廖　权、廖　毅

法律状态:实　审　　法律变更事项:视撤日:1991.10.09

文摘:本发明是一种关于浓缩饲料的制备方法,特别是谷物液态酒糟高效浓缩蛋白饲料的制备方法。其制备方法是:针对谷物液态酒糟的pH 2～5,在常温下不能长期贮存、极易发霉变质、污染环境和目前对其综合利用率低的状况,对谷物液态酒糟进行厌氧发酵、中和反应、沉淀、脱水,最后制备成蛋白质含量44%以上的高效浓缩蛋白固体饲料。厌氧发酵产生的可燃气体甲烷,可用于发电和烘干饲料,从而能使物质、能量得到多层次的利用。

1834. 酒糟配合饲料及其制造工艺方法

申请号:90106259　　公告号:1059836　　申请日:1990.09.20

申请人:山东省枣庄师范专科学校山东省枣庄市台儿庄酒厂

通信地址:(277160)山东省枣庄市北郊郭村

发明人:程贵良、刘福成、刘慎传、王洪凯、张延增

法律状态:公开/公告　　法律变更事项:视撤日:1993.09.15

文摘:本发明是一种以酒糟,特别是薯干酒糟为主要成分的配合饲料及其制造工艺方法。本酒糟配合饲料由玉米粉、薯干粉、麦麸皮、豆饼粉、鱼粉、微量元素及食盐等组成,并含有一定比例的干酒糟和蚌螺粉。它采用了离心固液分离、常温发酵、混入载体的混合烘干、载体分

离、粉碎和加入配料混合方法制成。它解决了传统酒糟不易加工成商品干饲料的难题。这种酒糟配合饲料适口性好,成本低,喂养效果明显,节约粮食、减少环境污染。

1835. 利用啤酒废渣生产单细胞蛋白

申请号:91106337　　　公告号:1064310　　　申请日:1991.02.13

申请人:山东省生物研究所

通信地址:(250014)山东省济南经十路东首科院路

发明人:赵立勋

法律状态:实　审　　法律变更事项:视撤日:1998.09.09

文摘:本发明是一种利用啤酒废渣生产单细胞蛋白的工业化生产工艺。它是以啤酒废渣为原料,在一定条件下,通过糖化菌、纤维素菌和酵母菌 3 菌株深层液体同时糖化发酵,经高温消毒、恒温液体培养,脱水、干燥而制得。本发明使淀粉糖化、纤维素分解及酵母培养在同一容器、同一条件下同步进行,既缩短了生产周期,降低了能耗,又提高了产品蛋白含量(55%以上),大大缓解了养殖业中单细胞蛋白的紧缺问题。

1836. 曲酒丢糟的综合利用技术

申请号:91108310　　　公告号:1059557　　　申请日:1991.09.29

申请人:四川省射洪沱牌曲酒厂

通信地址:(629209)四川省射洪县柳树沱

发明人:李家明、李家顺

法律状态:实　审　　法律变更事项:撤回日:1997.02.19

文摘:本发明是一种曲酒丢糟的综合利用技术。本曲酒丢糟的综合利用技术是用丢糟粗壳取代新稻壳回窖酿制大曲酒和用多余的丢糟粉配制饲料,其具体步骤是:①先将曲酒丢糟烘干,使其含水分量为18%～25%,用 9～16 目筛过筛第一次,筛上面的为丢糟粗壳,再用40～100 目筛过筛第二次,筛上面的为丢糟细壳,筛下面的为丢糟粉;②用丢糟细壳取代新稻壳加入香糟中,拌匀、装甑、蒸馏生产串香白酒,丢糟细壳的用量为 4%～8%;③丢糟粉用于生产大曲、酯化液、发酵液、培养人工窖泥。它先将曲酒丢糟烘干、筛分成丢糟粗壳,丢糟细壳、丢糟粉,再按其营养成分分别利用,即用丢糟粗壳回窖酿制大曲酒,丢糟细壳用于生产串香酒,丢糟粉用于制大曲、酯化液、发酵液、培养人工窖泥、配制饲料。本发明具有综合利用曲酒丢糟,变废为宝,节省酿酒用粮和原料,降低生产成本,提高酿酒质量等特点。

1837. 酒糟调质工艺及设备

申请号:94106097　　公告号:1113695　　申请日:1994.05.26

申请人:杨　发、贺　健

通信地址:(010051)内蒙古自治区呼和浩特市海拉尔西路6号呼和浩特锅炉制造总厂

发明人:贺　健、杨　发

法律状态:公开/公告　　法律变更事项:视撤日:1997.11.19

文摘:本发明是一种酒糟调质工艺及设备。其调质工艺采用干法生产,将湿酒糟加固体碱除酸性并烘干至适宜的水分,再筛分为稻壳与粮食发酵剩余物两部分,稻壳可作为制酒辅料重复使用,粮食发酵的剩余物即为饲料。调质设备是由进料提升绞龙、烘干机、传送绞龙、分筛机所组成。本发明采用专用的调质设备实施干法生产,经调质加工以后的酒糟饲料较之原酒糟粗蛋白质提高50%,粗纤维降低50%,实现了酒糟饲料的商品化、优质化,可作为畜禽鱼的蛋白饲料,分筛所得稻壳可作为制酒辅料重复使用。本发明的调质设备加热适度,热能利用率高,运行可靠,饲料得率高,加工成本低。

1838. 用酒糟生产活性蛋白饲料的方法

申请号:94111906　　公告号:1119495　　申请日:1994.09.15

申请人:四川省宜宾五粮液酒厂科研所

通信地址:(644000)四川省宜宾市岷江西路150号

发明人:唐万裕、张　健、王　戎、龙　萍、李　天

法律状态:公开/公告　　法律变更事项:视撤日:1998.02.18

文摘:本发明是一种用酒糟生产活性蛋白饲料的方法。用酒糟生

产活性蛋白饲料的方法是：①制备菌种,用底锅水稀释调酸至 pH 值为3.0 左右作为培养液,将培养液倒入敞口盆中,接入酵母菌株,在 30±1℃温度下间歇搅拌培养至当 pH 值升至 6.0 左右时菌种制备完毕;②将新鲜酒糟晾晒至 35℃左右温度时,以 10%的接种量加入菌种,拌合均匀,入池或堆积发酵,以酒糟初始 pH 值 3.0 左右升至 6.0 左右,酒糟中布满白色菌体停止发酵。在酒糟中混入用底锅水制备的酸母菌种,入池或堆积发酵,制得活性蛋白饲料。所得饲料蛋白质含量增加 1 倍以上,粗脂肪及氨基酸等营养成分也有所增加,具有显著的经济效益和社会效益。

1839. 斜式双网法回收酒精糟液湿粗蛋白饲料工艺方法

申请号：95100168　　公告号：1108054　　申请日：1995.01.20

申请人：陕西省商洛地区食品饮料厂

通信地址：(726402)陕西省商州市南郊

发明人：陈研韬、黄志忠、刘红良、牛效俊、于平波

法律状态：公开/公告

文摘：本发明是一种斜式双网法回收酒精糟液湿粗蛋白饲料工艺方法。它是由酒精糟液余热利用、回收湿粗蛋白饲料和酒糟滤液拌料工艺组成,采用套管式换热器,使糟液与软水进行逆向循环热交换,使软水温度上升,并经泵送到滤网分离器,使其经过 40～60 目、倾斜角20°～70°的滤网和 80～120 目、倾斜角 20°～50°的滤网两级过滤,分离出湿粗蛋白饲料和滤液,湿粗蛋白饲料得到进一步回收,滤液用于酒精生产中粉碎工段拌料,既节约大量的水、能源,又可减少环境污染,同时,使滤液中的残淀粉、残糊精得到重新利用。

1840. 白酒酒糟发酵培养生产菌体蛋白饲料的方法

申请号：95113211　　公告号：1151834　　申请日：1995.12.14

申请人：泸州老窖股份有限公司

通信地址：(646000)四川省泸州市市中区桂花街 46 号科技部

发明人：陈学林、梁泽新、李　浩、张余盛

法律状态：公开/公告

文摘：本发明是一种利用微生物菌体液、固结合发酵生产菌体蛋白饲料的方法。包括选用经筛选适宜在白酒酒糟培养基上迅速生长，菌体含蛋白质丰富的白地霉 AS.2.361 菌株，将培养料与白地霉菌种进行液态、固态结合发酵培养。本发明工艺简单合理、成本低、生产出的产品粗蛋白在 30% 以上，18 种氨基酸含量在 20% 以上，产品安全无毒。这一发明的推广应用不仅可解除众多白酒厂家酒糟处理之忧，而且还开辟了新的蛋白源，这对促进饲养业发展及节约粮食具有重大意义。

1841. 清香型白酒糟的综合利用方法

申请号：96114725　　　公告号：1160760　　　申请日：1996.11.15

申请人：邢贯森

通信地址：(236820) 安徽省亳州市谯陵北路亳州市棉麻公司

发明人：邢贯森

法律状态：实　审

文摘：本发明是一种清香型白酒糟的综合利用方法。其工艺流程如下：白酒糟经烘干，分离成粮渣和稻壳，粮渣可以筛选成蛋白饲料，也可以加入添加剂混合成精料补充料和混合饲料，混合饲料可以加入能量饲料和添加剂混合成配合饲料；将上述分离出来的稻壳与脲醛树脂混合，再经热压成树脂稻壳板，经贴面即成板材。本发明是将白酒糟加工成猪、鸡、鸭、牛等动物饲料和高级板材的方法。

1842. 处理酒精废醪污水回收固形物方法

申请号：90105822　　　公告号：1056400　　　申请日：1990.05.16

申请人：陈跃明

通信地址：(610041) 四川省成都市南一环路四段 25 号

发明人：陈跃明

法律状态：实　审　　　法律变更事项：视撤日：1993.06.02

文摘：本发明是一种综合处理酒精废糟液、净化污水、回收固形物作饲料的方法。通过在糟液中加入用食盐脱氟处理后的普钙，控制糟液

pH 值为 3.4~4.9,进行沉淀,分离沉淀物和澄清液。沉淀物为含多种元素的蛋白饲料,而澄清液也同时达到污水区域性排放标准。

1843. 酒精酒糟废液处理工艺

申请号:91103002　　公告号:1056526　　申请日:1991.05.07

申请人:湖北省环境保护研究所

通信地址:(430072)湖北省武昌八一路22号

发明人:蒋茂贵、沈　青、宋国强、喻力行

法律状态:授　权

文摘:本发明是一种酒精酒糟废液处理工艺。它是将酒糟废液经热交换器降温至80℃左右,余热用于拌料,再向其中投加混凝剂混凝处理,再离心分离出废水废渣,废水作为制备酒精的工艺用水,实现酒精生产工艺用水的闭路循环,废渣用于培育食用菌,或用于生产饲料饵料、植物生长刺激素。本发明充分利用了酒糟废液中的有用物质,节能节水,经济效益显著,处理工艺简单,投资省,生产的酒或酒精质量合乎标准,产量可提高 0.5%~3%,适合于各类生产酒或酒精厂家采用。

1844. 食用菌下脚料的开发利用

申请号:89109563　　公告号:1052595　　申请日:1989.12.22

申请人:杨　琳

通信地址:(430071)湖北省武汉市中南路街15号湖北省水文总站

发明人:杨　琳

法律状态:公开/公告　　法律变更事项:视撤日:1993.05.05

文摘:本发明是一种食用菌下脚料的开发利用。它是利用下脚料和下脚料以及棉籽壳中的真菌所含的菌体蛋白、氨基酸、维生素、矿物质等营养成分,来代替和补充现有配合饲料的营养成分,从而达到改善饲料结构、降低饲料成本、节约粮食的目的。为尽量降低棉酚的毒性,在配合饲料中加入少量硫酸亚铁。根据畜禽不同生长期对营养的要求,配合饲料中食用菌下脚料的比例可由 5% 增加到 40%。

1845. 利用酱醋渣生产微生物蛋白饲料(MPF)

申请号：92105525　　公告号：1082825　　申请日：1992.07.24

申请人：中国科学院武汉病毒研究所

通信地址：(430071)湖北省武昌小洪山

发明人：蒋亚平

法律状态：公开/公告　　法律变更事项：视撤日：1995.10.25

文摘：本发明是一种利用酱、醋渣生产微生物蛋白饲料的方法。发酵原料用酱、醋渣配比。本生产工艺可行，设备简单，取材方便，各种规模的酿造厂均有条件生产实施，可节省粮食，减轻环境污染。该方法生产的蛋白饲料含有多种成分，是饲喂猪、鱼、虾的良好配合饲料。该发明有很好的经济效益、社会效益和环境效益。

1846. 一种利用中性亚硫酸铵造纸法制浆废液制备动物蛋白饲料的方法

申请号：89108640　　公告号：1051952　　申请日：1989.11.22

申请人：北京农业大学

通信地址：(100094)北京市海淀区圆明园西路2号

发明人：高齐瑜、刘敏雄、王柱三、赵时来

法律状态：授　　权　　法律变更事项：因费用终止日：1990.01.11

文摘：本发明是一种造纸制浆废液处理技术及动物代蛋白饲料的制备方法。其工艺流程是：通过废液加热、蒸发、浓缩与草粉或混合饲料搅拌混合，再经通风加热烘干及成型等，将中性亚硫酸氨法制浆废液加工成不同品种的反刍动物的代蛋白饲料(浓缩废液代蛋白饲料、原粉代蛋白饲料、粉状混合代蛋白饲料、粒状混合代蛋白饲料)。按含氮量计算，至少可以替代20%的日粮蛋白饲料。采用该发明方法，不仅可以有效地解决废液自然排放造成的环境污染问题，而且还可以有效利用资源，节约粮食、化肥。

1847. 用造纸废液处理秸秆作粗饲料的工艺

申请号：93100278　　公告号：1090135　　申请日：1993.01.16

申请人：北京农业工程大学

通信地址：(100093)北京市海淀区清华东路

发明人：范秀英、郭佩玉、韩鲁佳、孙连超、谭奈林、吴克歉、夏建平

法律状态：授　权

文摘：本发明是一种用造纸废液处理秸秆作粗饲料的工艺，主要用于草食家畜的粗饲料，属于 A23K 类。本发明采用造纸后的废液处理秸秆作粗饲料，不仅变废为宝，而且从根本上解决氨化秸秆与农田争化肥的难题。本发明将造纸废液均匀地喷洒在秸秆上，密封后在自然温度中处理或在密闭容器中加温处理，为使秸秆含更多粗蛋白，可增加秸秆重 5% 的尿素。用本发明处理后的秸秆的有机物消化率可提高 18%。

1848. 用亚铵法制浆废液生产饲用舔砖和草饼的方法

申请号：94116982　　公告号：1103259　　申请日：1994.10.21

申请人：张晓典、刘敏雄、赵时来、曲连成

通信地址：(100871)北京市海淀区北京大学全斋 115 号

发明人：刘敏雄、王　贤、张晓典、赵时来

法律状态：授　权

文摘：本发明是一种用亚铵法制浆废液生产饲用舔砖和草饼的方法。它是利用在造纸工业中亚铵法制浆废液经提取、过滤、蒸发、浓缩后，与玉米、麸皮、草粉、食盐、磷酸钙、碳酸钙和防腐剂制成饲用舔砖，与秸秆制成饲用草饼。废液浓度为，含干物质量达 40%～50%。以浓缩废液为原料与下列组分按下述重量比制作：玉米 25%～36%，浓缩废液 10%～14%，麸皮 20%～30%，食盐 0.48%～0.52%，草粉 26%～34%，碳酸钙 1.8%～2.2%，磷酸钙 0.28%～0.32%，防腐剂 0.18%～0.22%。其具体制法是：将玉米磨碎，其粒度要求 90% 以上通过直径 2.5 毫米的圆孔筛，麸皮及草粉粒度要求通过 1.0～1.5 毫米的圆孔筛，碳酸钙和磷酸钙分别研成细末，其粒度小于麸皮和草粉直径；用少许水

将食盐溶解与浓缩液混合;将碳酸钙、磷酸钙与麸皮、草粉混匀后再与玉米相混,搅拌均匀;把加有食盐的浓缩液与碳酸钙、磷酸钙、麸皮、草粉、玉米的固体混合物混合,搅匀;送入压块机压制成型、干燥。本制作方法简单易行,充分利用了造纸工业中亚铵法制浆废液,因此价格便宜,可充分利用于冬春之交的牛、羊饲养或救灾急需。

1849. 回收淀粉类发酵糟液中固形物的方法

申请号:89104139   公告号:1052247   申请日:1989.12.08

申请人:陈耀明、李国钦、陈志强

通信地址:(610041)四川省成都市南一环路四段 25 号

发明人:陈耀明、陈志强、李国钦

法律状态:实 审   法律变更事项:视撤日:1993.11.24

文摘:本发明是一种处理淀粉质原料发酵废糟液,回收其固形物作饲料的方法。通过在糟液中加入石灰乳和磷酸或酸式磷酸盐,控制糟液最终 pH 值为 4～7,进行沉淀,然后分离沉淀物和澄清液为饲料。本发明方法操作工艺简单、适用范围较广,既回收了糟液中的有用物质,又减少了发酵废糟液对环境的污染。

1850. 含栲胶废渣饲料及其制法

申请号:89104635   公告号:1039347   申请日:1989.07.03

申请人:思茅县畜牧兽医站

通信地址:(665000)云南省思茅县思茅镇环城路 200 号

发明人:杨中元

法律状态:授 权   法律变更事项:因费用终止日:1994.07.27

文摘:本发明是一种利用含栲胶废渣生产畜禽配合饲料的方法和配方。该方法的特点在于可以直接将含栲胶废渣干燥磨粉后以全组分代替或以单组分代替方式添加到原全价配合饲料中去,添加废渣的比例在总量的 40% 以内。

1851. 以铬稀土革皮屑提取蛋白质的方法

申请号：92108290　　　公告号：1084357　　　申请日：1992.09.21

申请人：彭为华

通信地址：（610016）四川省成都市学道街省科委4幢2单元

发明人：彭为华

法律状态：授　权

文摘：本发明是一种用制革行业的铬稀土革皮屑提取饲料蛋白粉的方法。它是以铬稀土革皮屑为原料,经在酸性介质和碱性介质中两次除铬,用蒸汽蒸煮水解,沉降、过滤使液渣分离,在溶液中加酸中和成中性或接近中性,再加水解蛋白酶进行生化处理,然后浓缩、干燥,得到含蛋白质在90%以上、铬含量在10 ppm以下的优质蛋白粉。

1852. 用铬革渣制取饲料蛋白粉、盐基性硫酸铬和颗粒肥料的方法

申请号：88107119　　　公告号：1041547　　　申请日：1988.10.17

申请人：中国科学院生态环境研究中心

通信地址：（100083）北京市934信箱

发明人：蒋挺大、张春萍

法律状态：授　权

文摘：本发明是属于工业废渣处理的技术——用铬革渣制取饲料蛋白粉、盐基性硫酸铬和颗粒肥料的方法。为解决制革工业中排放的大量铬革渣（固体废弃物）污染环境的问题,对废弃物最好进行资源化处理。本发明用铬革渣生产饲料——蛋白粉、盐基性硫酸铬和颗粒肥料,就是一个变废物为资源的好办法。其提取方法是:将畜皮铬革渣在碱性介质中脱铬并提取蛋白质,以尿素作反应的催化剂,以3粉（或次粉、玉米粉、米糠、麦麸等）为蛋白质的载体制成优质饲料蛋白粉,以碳酸钠调节硫酸铬的pH制取盐基性硫酸铬,用作皮革鞣制剂,余下的残渣用石灰粉中和后制成颗粒肥料。

1853. 芦丁渣畜禽鱼饲料制造方法

申请号：92108291　　　公告号：1084358　　　申请日：1992.09.22

申请人：张明义

通信地址：(611930)四川省彭县氮肥厂

发明人：刘明辉、张明义、周冠槐

法律状态：实　审

文摘：本发明是一种利用槐米提取芦丁后的废弃芦丁渣制造畜禽鱼饲料的方法。它是采用加水置换、稀酸中和以及微生物发酵等方法降低芦丁渣的碱度；废渣加水置换后使 pH 由 13 以上降为 8～9，然后脱水，并使温度保持 25℃小于或等于温度 45℃，自然堆放发酵；最后烘干，种曲发酵需加入 2％～3％酵母菌等多种霉菌。用以上方法制作的饲料嗅感完全除去，味感大大改善，解决了畜禽鱼的适口性问题，保持了所需营养成分，不仅提供了一种新的成本低廉的优良饲料替代和节约传统饲料，而且处理了废物减少环境污染。

1854. 味精母液与造纸黑液合成饲料法

申请号：92111862　　　公告号：1073837　　　申请日：1992.11.05

申请人：抚顺市环境保护研究所

通信地址：(113006)辽宁省抚顺市新抚区浑河北路 21-2

发明人：王东生、谢　维

法律状态：公开/公告　　　法律变更事项：视撤日：1996.04.03

文摘：本发明是一种利用味精母液与造纸黑液合成饲料的方法。该方法是利用碱性造纸黑液和酸性味精母液按比例进行中和反应，合成饲料产品，供猪、鸡、鸭、兔食用。本发明的全部原料利用三废，成本低，工艺流程短，设备简单，投资少，易于推广使用。采用本发明不仅处理了严重的污染水质的酸、碱有机污水，而且将废液中含有的高浓度有机营养物合理利用，合成高营养价值的饲料。

1855. 利用工业废渣和 EM 活菌生产畜禽和水产动物饲料

申请号：96111883　　　公告号：1148939　　　申请日：1996.08.30

申请人：广西壮族自治区宾阳县大桥糖厂

通信地址：(530408) 广西壮族自治区宾阳县大桥镇

发明人：何华柱、宋坚强、吴启球、邓聚斌、周仕胜、陈其聪、陆喜誉、江初阳

法律状态：公开/公告

文摘：本发明是一种利用制糖工业废料糖厂滤泥、蔗糠、酒精工业废液废渣和稻谷糠、花生麸，麦麸以及玉米粉、鱼粉等物料加入 EM 活菌在常温下发酵 3～7 天，造粒、烘干得到畜禽、水产动物饲料。它是利用工业废渣和 EM 活菌生产的畜禽和水产动物饲料是由糖厂滤泥、蔗糠、酒精废液干粉或酵母渣以及植物蛋白、动物蛋白、少量氨基酸、微量元素组成。其成分和重量含量如下：糖厂滤泥 15％～20％，蔗糠8％～15％，稻谷糠 18％～30％，酒精废液干粉或酵母渣 6％～10％，花生麦麸或大豆粉 5％～14％，麦麸或玉米粉 6％～20％，鱼粉 5％～8％，微量元素和氨基酸适量。该饲料的生产方法是先将上述原料粉碎混合，然后按每 100 千克原料加入液体 EM 活菌 50～100 克，放置密闭容器中常温发酵 3～7 天，再将发酵物造粒、烘干而得到。这种饲料成本低，不易变质，饲养动物生长迅速、健康、抗病性强。

1856. 利用蔗糖蜜发酵酒精废液(渣)生产活性酵母高蛋白饲料方法

申请号：96101587　　　公告号：1161155　　　申请日：1996.04.04

申请人：杨碧新

通信地址：(530031) 广西壮族自治区南宁市 21 中学

发明人：杨碧新

法律状态：公开/公告

文摘：本发明是属于工业"三废"综合利用技术——利用蔗糖蜜发酵酒精废液(渣)生产活性酵母高蛋白饲料方法。糖厂在生产酒精的过程中产生大量废液。废液排入江河，造成污染。本发明是用农副产品为

吸附材料、吸附酒精废液,使膏状的废液成为分散疏松的物料,再用这种吸附物料来培养酵母菌,使之变成含有活酵母菌的高蛋白饲料。本饲料首先将酒精发酵废液进行浓缩处理使其含有较高的固形物,或将废液浓缩干燥为粉末状(即废渣)。这种饲料可代替鱼粉,用于配合饲料的生产,可降低饲料成本,为糖厂酒精废液的综合利用提供了一条新途径。本法既解决了排放酒精废液对河流的污染,又能为糖厂增加可观的收益。

(三)饼粕饲料加工技术

1857. 用不去毒的棉籽饼粕制造饲料的方法

申请号:85107769 公告号:1001565 申请日:1985.10.21

申请人:华中农业大学

通信地址:(430070)湖北省武汉市武昌狮子山

发明人:陈义凤

法律状态:实 审 法律变更事项:视撤日:1989.08.09

文摘:本发明是一种饲料配方的改进——用不去毒的棉籽饼粕制造饲料的方法。它提出了用未去毒的棉籽饼粕和菜籽饼粕直接作为生长肥育猪基础日粮的配发,专用于生长肥育猪的基础日粮配方,含有未去毒的棉籽饼粕、菜籽饼粕、高粱、玉米、麦麸、混合糠、尾粉(等外级面粉)、鱼粉、碳酸钙($CaCO_3$)、食盐(氯化钠)和多种维生素类添加剂"多维粉"(中国上海市杨浦兽药厂制造)等成分。该配方中的棉籽饼粕和菜籽饼粕(配方 I)的最佳配比分别为 10%和 5%,单用棉籽饼粕(配方 II)的最佳配比为 15%,用于配方 I 或 II 的微量元素添加量硫酸锌(工业用)为 440 ppm,硫酸铜(工业用)为 40~98 ppm,最佳量为 48~68 ppm,用本配方育肥猪(瘦肉型),日增重 600 克以上,瘦肉率 60%左右,肝脏棉酚含量低于 30 ppm,肌肉微量。在配方 I 和配方 II 其他成分最佳配比为:高粱 15%,玉米 27%,麦麸 15,混合糠 10%(或 5%),尾粉(等外级面粉)15%,鱼粉 3%,碳酸钙 8%,食盐 0.5%,"多维粉"0.02%,并添加有某些微量元素。本配方成本低廉,可全部代替大豆饼粕。

1858. 饼粕分离脱壳脱毒生产蛋白质饲料

申请号：94115828　　　公告号：1114864　　　申请日：1994.09.02

申请人：吉林大学

通信地址：（130023）吉林省长春市解放大路 89 号

发明人：赵宗建

法律状态：公开/公告

文摘：本发明是一种属于微生物发酵方法——饼粕分离脱壳、脱毒生产蛋白质饲料。它是将饼粕粉碎后，用振荡筛分离，利用风选方法脱壳，制得蛋白质含量 50% 以上的产品，经灭菌后与调配的蛋白质原料用酵母菌、糖化菌共同作用，发酵培养 20 小时，干燥后便得到本产品。本产品生产酵母与脱毒同步进行，极大地扩大了产品的利用范围，具有广泛的应用前景。

1859. 菜籽饼粕添加剂发酵脱毒方法

申请号：88102942　　　公告号：1022095　　　申请日：1988.05.17

申请人：叶德权、涂国尧

通信地址：（643020）四川省自贡市贡井区科委

发明人：叶德权

法律状态：授　权　　　法律变更事项：因费用终止日：1996.07.03

文摘：本发明是一种菜籽饼粕添加剂发酵脱毒方法。为了充分利用我国 27.5 亿千克菜籽饼粕蛋白质资源，我们发明了加入添加剂的发酵脱毒方法。它是在饲料中加入 20% 的菜籽饼粕和添加剂，经过 24 小时发酵后，除去菜籽饼粕中异硫氰酸酯使其含量近似于 0，唑烷硫酮含量低于0.011毫克/克。这种脱毒方法的推广应用，扩大了菜籽饼粕蛋白质饲料资源，促进养猪事业的发展。本方法具有脱毒方法简单、脱毒时间短的特点。

1860. 菜籽饼粕脱毒新方法

申请号：88108922　　公告号：1043427　　申请日：1988.12.21

申请人：贵州省农业科学院中心实验室

通信地址：(550006)贵州省贵阳市郊金竹镇省农科院

发明人：陈志琳、高　雪、韩　峰、李正华、廖　恒、阮庆华、周淑平

法律状态：授　权

文摘：本发明是一种菜籽饼粕脱毒新方法。菜籽饼粕脱毒(除去硫甙及其分解物)的方法是对已经分解处理(酸、碱处理,酶解)的菜籽饼粕,采用瞬间高温高压脱毒,使菜籽饼粕脱毒(除去硫甙及其分解物),残毒小于0.3%,从而免去了传统的炒锅蒸炒和蒸汽蒸煮的繁杂工艺。

本新法可使用简便的设备就能实现菜籽饼粕脱毒的高生产效率。脱毒饼粕蛋白质既无损失又除去臭味,故可作为饲料蛋白之用。

1861. 菜籽饼脱毒制备饲料蛋白的方法

申请号：90104543　　公告号：1057950　　申请日：1990.07.10

申请人：中山大学

通信地址：(570275)广东省广州市新港西路

发明人：陈家平、吴玲娟、肖军民、钟英长、周世宁、朱汝舫

法律状态：公开/公告　　法律变更事项：驳回日：1996.06.05

文摘：本发明是一种菜籽饼脱毒制备饲料蛋白的方法。本发明是利用对菜籽饼具有脱毒作用的根霉或曲霉属菌种,再加入占菜籽饼原料干重50%～60%的水,混匀后在25～35℃温度下发酵,保温22～30小时,然后烘干、粉碎,即为产品。本产品符合饲料安全要求,其蛋白含量可达45%,营养价值高于未脱毒的菜籽饼,可直接作为饲料蛋白使用。

1862. 一种菜籽粕化学脱毒方法

申请号：90105775　　公告号：1044386　　申请日：1990.02.28

申请人：中国科学院成都有机化学研究所

通信地址：(610015)四川省成都市人民南路四段 9 号

发明人：陈祥云、胡之杰、黄漱石、蒋俊杰、刘多敏、吴祥锦、许素兰

法律状态：授　权　　法律变更事项：因费用终止日：1997.04.16

文摘：本发明是一种菜籽粕化学脱毒方法。它是在菜籽粕中加入一定量的化学添加剂硫酸锌，再用蒸汽和氨气在一定温度和湿度下进行脱毒。脱毒反应中不加水，在常压下进行。其脱毒是由以下步骤完成：①将菜籽粕置于混料器中，在搅拌下均匀喷入浓度为 1％～3％的硫酸锌的水溶液，其喷入量为 7～15 千克/吨粕；②将①步骤中所得物料在搅拌下喷入蒸汽以增温增湿，增温至 80～100℃，增湿至物料的水分含量为 15％～25％；③将②步骤中所得的物料在搅拌下再喷入蒸汽和氨气进行脱毒，蒸汽使物料加温至 100～110℃，通入氨气量为 2～4 千克/吨粕，通气时间大于或等于 20 分钟，通氨后，使物料在 100～110℃下继续搅拌 8～15 分钟；④将③步骤中所得物料加温至 105～115℃下进行干燥处理，以使物料的水分含量为 5％～10％时为止，即制得脱毒率达 90％以上，氨基酸成分基本无损失，可作为饲料使用的菜籽粕产品。本发明方法适用于处理由各种榨机榨出的菜籽粕及经浸出回收残油后的浸出粕，使其中的芥子甙降解脱毒，其脱毒率 90％以上，氨基酸成分基本无损失，赖氨酸成分降低较少；产品可作为饲料使用。

1863. 高效饲料蛋白制取及菜籽饼脱毒联合方法

申请号：91100237　　　公告号：1063021　　　申请日：1991.01.08

申请人：杨文明、金文刚、曲言春、黄玉斌、王元富

通信地址：(653100)云南省玉溪市州城镇九曲巷 3 号玉溪地区环境监测站

发明人：黄玉斌、金文刚、曲言春、王元富、杨文明

法律状态：公开/公告　　法律变更事项：视撤日：1996.08.21

文摘：本发明是一种高效饲料蛋白制取及菜籽饼脱毒联合方法。该方法利用同一个既能加热又方便于搅拌、炒拌操作的水解液化器和同一份碱连续对人发、畜禽杂毛、皮屑、蹄壳等水解料进行水解液化和菜籽饼脱毒。其联合方法的工艺流程是：将清除泥沙，粪便等杂物后的水

解料置入水解液化器内,加水和烧碱进行水解液化,加菜籽饼粉进行炒拌,用盐酸调节 pH 值,干燥得成品。本方法与现有技术相比,具有操作流程简便,成本低于天然鱼粉的 50%,质量完全可和秘鲁鱼粉相媲美,用其替代秘鲁鱼粉配制的全价配合饲料的喂养效果等于或优于用秘鲁鱼粉配制的全价配合饲料。

1864. 油菜籽饼粕固体发酵去毒制饲料的方法

申请号:92103166　　公告号:1066369　　申请日:1992.04.17

申请人:武汉粮食工业学院

通信地址:(430022)湖北省武汉市汉口顺道街 97 号

发明人:方立中、罗远洲、王亚林、吴中桥、叶国桥、邬本超

法律状态:公开/公告　　法律变更事项:视撤日:1997.06.18

文摘:本发明是一种油菜籽饼粕固体发酵去毒饲料的方法。它采用乳酸杆菌作为固体发酵去毒菌种,以 10%~20% 的油菜籽饼、1%~3% 的工业用葡萄糖和 80%~90% 的水配至体积为 10~20 升的溶液,在 0.1~0.2 兆帕压力下灭菌 10~30 分钟,冷却至 40~50℃ 时接液体增殖菌种,接种量为 5%~15%,在 40~50℃ 下,培养 40~50 小时;然后在相同培养条件下,经 2~3 级扩大培养将菌种扩培至 5 000 升或更多。按接菌量 20%~40% 将去毒菌种加入油菜籽饼粕,同时喷入 30~40℃ 温水,喷水量为 40%~50%,经混合均匀入发酵池发酵,在 30~45℃ 温度下发酵 15~20 天,去毒湿料经干燥脱水即为成品饲料。

1865. 菜籽粕瞬时去涩脱毒法

申请号:95111266　　公告号:1130477　　申请日:1995.03.08

申请人:刘世信

通信地址:(610041)四川省成都市九如村 1 号

发明人:刘世信

法律状态:实　审

文摘:本发明是一种菜籽粕的去涩脱毒方法。连续将菜籽粕送入加热器内与带压过热蒸汽接触而加热,加热中过热蒸汽所产生的冷凝

水快速润湿菜籽粕并溶解其含毒而成含毒过热水且浓缩,随即瞬时排出加热器而突然释压,含毒过热水和过热蒸汽爆炸形成含毒雾的高速流体,然后经分离器分离去除毒雾而获得去涩脱毒菜籽粕。上述蒸汽压力为0.3～1.2兆帕,温度为160～280℃,加热时间5～30秒。本去涩脱毒法处理时间短,毒雾浓缩冷凝,量小易收集,营养保持完整,节能,可连续工业化生产。

1866. 棉籽饼的微生物脱毒方法

申请号:89100503　　　公告号:1044497　　　申请日:1989.01.25

申请人:中山大学

通信地址:(510275)广东省广州市新港西路

发明人:陈家平、吴玲娟、钟英长、朱汝舫

法律状态:实　审　　　法律变更事项:视撤日:1995.04.19

文摘:本发明是一种利用微生物脱毒棉籽饼制备饲料蛋白的方法。它是利用从霉变的棉籽饼或施用棉籽饼作肥料的土壤中分离出来的对棉酚具有脱毒作用的曲霉属菌种,接种于棉籽饼原料,经发酵后烘干。本方法是在棉籽饼原料中加入占原料干重50%～60%的水,然后接入对棉酚具有脱毒作用的曲霉属(Aspergillus－Micheli)菌种,混匀后在25～30℃温度下保温22～30小时,然后烘干即为产品。所得产品的游离棉酚含量低于规定的安全使用指标,其营养价值则高于未经脱毒的棉籽饼;如适量加入屠宰下脚料,产品蛋白含量可达50%～55%,氨基酸组成接近鱼粉水平,可直接作为饲料蛋白使用。本发明采用固体开放式发酵,所用菌种容易获得。

1867. 一种棉籽饼粕化学脱毒方法

申请号:89105899　　　公告号:1038202　　　申请日:1989.04.24

申请人:中国科学院成都有机化学研究所

通信地址:(610015)四川省成都市新南门外磨子桥

发明人:邓金根、邓润华、蒋耀忠、刘桂兰、刘锦初

法律状态:授　权　　　法律变更事项:因费用终止日:1996.05.15

文摘：本发明为一种棉籽饼粕化学脱毒方法。它是在含 0.052%～0.185%游离棉酚的棉籽饼粕中，添加重量比为 5%～10% 的混合化学脱毒剂溶液，经 105～125℃蒸汽处理 0.5～1 小时，可使棉粕中游离棉酚降到 0.016%～0.036%。棉籽饼粕化学脱毒方法的成分组成重量比为：碳酸氢铵 12%～18%，铵 2.5%～6.1%，尿素 0～5%，其余为水，配制为水溶液的混合化学脱毒剂，再将重量比为 5%～10% 的混合化学脱毒剂均匀加到重量比为 95%～90% 的含有 0.052%～0.185%游离棉酚的棉籽饼粕中，经 105～125℃蒸汽处理 0.5～1 小时，便得到含 0.016%～0.036%游离棉酚的棉籽饼粕。经上述方法处理的脱毒棉粕达到饲料标准要求，可直接作为蛋白饲料用。本法适用于预榨浸出法和直接浸出法油厂生产脱毒棉粕。

1868. 棉籽饼(粕)脱毒制取棉籽蛋白法

申请号：93112069　　公告号：1097274　　申请日：1993.07.14

申请人：中国科学院大连化学物理研究所

通信地址：(116023)辽宁省大连市 110 信箱 2 分箱

发明人：郭和夫、赵成文

法律状态：授　权

文摘：本发明是一种植物性蛋白质饲料——棉籽饼(粕)脱毒制取棉籽蛋白的工艺。它是将过 10～100 目筛的棉籽饼(粕)10～35 份，加入 0.01%～10% 的酸类溶液 40～100 份，在温度为 50～100℃条件下反应 0.1～5 小时后，离心分出液体得固体物料；再用浓度为 0.01%～10% 碱类溶液 40～100 份，在温度为 50～100℃条件下反应 0.1～5 小时，经分离、干燥得产品。按本发明所制得的产品，脱除了游离棉酚和结合棉酚，提高了棉籽蛋白含量，具有脱毒能力强，技术先进、生产安全可靠、产品档次高等特点。

1869. 棉籽饼粕脱毒方法

申请号：93117168　　公告号：1083671　　申请日：1993.09.13

申请人：山东省聊城地区粮食局冠县畜禽开发公司饲料厂

通信地址：(252000)山东省聊城市道署西街 9 号

发明人：程荣祥、张广华、张景春、张树义

法律状态：实　审　　法律变更事项：视撤日：1998.07.15

文摘：本发明是一种对棉籽饼粕进行脱毒的方法。棉籽饼粕脱毒方法包括下列步骤：①将棉籽饼粕粉碎并过筛,使其粒度小于或等于 3 毫米；②将尿素溶液与上一步骤得到的粉料混合,尿素溶液的浓度为 1%～3%；③在步骤②中的混合物料中加入硫酸或盐酸,将混合物料的 pH 值调节为 3.8～6,再加入少量磷酸二氢钾；④对步骤③中得到的物料在 80～95℃温度下,在 147.1～196.1 千帕压力下进行灭菌处理；⑤在灭菌后的物料冷却至 40℃以下时,采用由假丝酵母、啤酒酵母、糖化菌、乳酸菌、白地霉和脂肪酵母组成的菌种组中的至少一种进行接种；⑥对已接种的物料进行发酵培养,培养温度为 25～34℃,培养时间为 24～48 小时；⑦将培养后的物料在不高于 60℃的温度下干燥。在尿素与棉籽饼粕中的有毒成分游离棉酚反应生成低毒的结合棉酚后,利用微生物的作用使残留游离棉酚进一步转化为结合棉酚,从而将游离棉酚含量降至 0.003%以下,同时使脱毒后的棉籽粕中的粗蛋白含量至少增加 10%。

1870. 棉籽粕复合脱毒法及生产工艺

申请号：94110717　　公告号：1102951　　申请日：1994.07.25

申请人：韩立本

通信地址：(272113)山东省济宁市关帝庙街 9 号济宁市化工宿舍

发明人：韩　莉、韩立本、韩　森、韩　欣、张存资

法律状态：公开/公告

文摘：本发明是属于棉籽粕复合脱毒法及生产工艺。它的复合脱毒剂为：硫酸亚铁占总量的 45%～65%,四氧化二氰占总量的25%～35%,氢氧化钙和氧化钙的混合物占总量的 10%～30%,硫酸亚铁混合 0.5%～0.85%的抗坏血酸效果最佳。其生产工艺为：将采取称量棉籽粕和占其总量 0.8%～1.2%的复合脱毒剂充分混合,经筛孔直径 4～6 毫米锤式粉碎机粉碎后,装入蒸料罐中,蒸料罐自转的同时,通入

蒸汽加热到 65～110℃,罐内压力为 0.09 兆帕时保持 5～20 分钟,停止通气,罐内压力降为零时,将脱毒后的棉籽粕放出,进行检验,其游离棉酚含量控制在 250 毫克/千克以下为合格产品,即可包装储存。

1871. 一种生产脱毒棉籽蛋白饲料的方法

申请号:95112171　　公告号:1127077　　申请日:1995.10.25

申请人:伍智文

通信地址:(271018)山东省泰安市文化路 36 号

发明人:伍智文、王统柱、连恒才、韩祥铭、刘克长、汤珍山

法律状态:实　审

文摘:本发明是一种生产脱毒棉籽蛋白饲料的方法。该方法的具体加工过程是:在粉碎的棉籽饼粕中加入 5%～10% 的复合增效脱毒剂,搅拌均匀后输入到脱毒反应罐中,随即通入饱和蒸汽,当压力达到 0.3～0.5 兆帕、温度升到 120～140℃时,骤然泄开放料阀,物料在高压膨化作用下,可使脱毒后的棉籽饼残余游离棉酚在 0.03% 以下。复合脱毒剂由占 10% 的硫酸锌、20% 的硫酸亚铁、1%～5% 的磷酸氢铵和 60%～65% 含稀土的天然饲用矿物组成。脱毒后棉籽蛋白饲料完全符合国家饲料卫生标准。

1872. 利用大豆油脚制取饲料的方法

申请号:92106307　　公告号:1082823　　申请日:1992.07.11

申请人:本溪市油脂厂

通信地址:(117003)辽宁省本溪市溪湖区大连寨乡

发明人:李德胜、赵信志

法律状态:实　审　　法律变更事项:视撤日:1996.08.21

文摘:本发明是一种利用大豆油脚制取饲料的方法。利用大豆油脚制取饲料的方法是:先将油脚在常压下加热至 100℃,持续时间 3～4 小时,然后静置沉降 3～4 小时,使油水分离,并排出下部的水,使油脚浓缩;脱水浓缩后的油脚中添加辅料玉米面或麦麸子,经搅拌使其混合均匀,干燥后粉碎,得到成品饲料。本饲料用于掺加在普通饲料中饲养

动物,营养价值高,是油脚综合利用的新途径。

1873. 一种饲用粉剂豆油脚的生产方法

申请号:94110474   公告号:1107303   申请日:1994.02.28

申请人:山东省滨州地区畜牧兽医研究所

通信地址:(256618)山东省滨州市黄河三路510号

发明人:索玉芳

法律状态:授　权

文摘:本发明是一种饲用粉剂豆油脚的生产方法。饲用粉剂豆油脚的生产方法是:取新鲜(即未被氧化的)豆油脚,加入β-环糊精或白糊精,再加水,在混匀机中充分搅拌混合1~4小时,搅拌均匀后,在60~100℃范围的温度下干燥2~3小时,或在常温下自然晾干,即可得粉剂豆油脚。采用β-环糊精时,配比按重量计为:豆油脚与环糊精、水之比为2~6:1:1~4,而采用白糊精时,配比按重量计为:豆油脚与白糊精、水之比为1:1.5~2:1.5~2。用这种方法制造的饲用粉剂豆油脚,可为畜禽提供一种新的能量饲料原料来源,既能解决饲料生产中豆油脚直接添加难以混合均匀的难题,避免了其氧化,同时又可以将豆油脚全部利用起来,消除了其对环境的污染,工艺简单,成本低廉。

1874. 海星脱毒蛋白饲料及其加工方法

申请号:95113946   公告号:1151835   申请日:1995.11.26

申请人:韩福山

通信地址:(116031)辽宁省大连市甘井子区金泡路110楼西门栋1号

发明人:韩福山

法律状态:公开/公告

文摘:这是一种海星脱毒蛋白饲料的加工方法。它首先用10%~20%的盐酸对鲜海星进行脱毒2~4小时,后用淡水冲洗,再用8%~10%的碱性溶液进行皂化10~20分钟,后再用淡水冲洗;在120~130℃的温度下蒸煮30~40分钟;再对其进行烘干处理,最后粉碎成粒度为 60～80 目的粉状即可。本加工方法的特点是,蛋白含量高,加工过程简单,操作方便,成本低。

(四)粪土饲料加工技术

1875. 人粪饲料及其制法

申请号:85100756　　公告号:1002080　　申请日:1985.04.01

申请人:程仲伟

通信地址:(030600)山西省榆次市食品公司肉联厂

发明人:程仲伟

法律状态:授　权　　法律变更事项:因费用终止日:1991.08.28

文摘:本发明是一种以人的鲜粪为主要原料的鸡、鸭或猪的饲料。各组分的重量比为:新鲜人粪与谷物、生石灰、硫酸亚铁之比为 100:40～60:2～10:0.2～1.2。其制法为:把人粪、硫酸亚铁或除臭剂,生石灰和谷物以计量依次混合、干燥、粉碎而制成。这种饲料原料来源广泛,制法简单易行,成本低廉,经济效益显著。

1876. 畜禽粪便转化为动物饲料的方法

申请号:87106349　　公告号:1037260　　申请日:1987.09.18

申请人:天津市东郊农牧场

通信地址:(300300)天津市东郊区飞机场东

发明人:马立锡

法律状态:授　权　　法律变更事项:因费用终止日:1993.07.28

文摘:本发明是一种用充氧动态发酵处理畜禽粪便,特别是鸡粪便使之转化为高蛋白质的动物再生饲料的方法。它是畜禽粪便与干粉状天然原生饲料组成的辅料混合并加水。混合物含水重量为 30%～55%,辅料加入量为混合物料重的 20%～60%;在机械搅拌下物料处于活动状态,热空气直接与混合物料接触,将物料加热并与物料混合,同时发酵机夹套对物料进行间接加热,混合物料在温度为 30～60℃下进行恒温发酵,畜禽粪便转化为高蛋白质动物饲料。发酵后的物料在

90～120℃温度下消毒、灭菌20分钟,便制成直接喂养动物的饲料(pH值5.5～7)。上述即是动物再生饲料的充氧动态发酵处理方法。其优点是所到得的畜禽再生饲料可直接喂养动物,可将当日产生的畜禽粪便转化为动物再生饲料,消除畜禽粪便对环境的污染,制取的再生饲料品质优良,动物喜食。

1877. 禽畜粪制蛋白饲料加工方法及其设备

申请号:91101426   公告号:1064595   申请日:1991.03.11

申请人:中国水产科学研究院渔业机械仪器研究所

通信地址:(200092)上海市赤峰路63号

发明人:沈义章、杨汉明

法律状态:公开/公告   法律变更事项:视撤日:1994.05.11

文摘:本发明是一种禽畜粪、特别是鸡粪制蛋白饲料加工方法及其与该方法相适应的成套设备。将禽畜粪便、特别是鸡粪转化为动物蛋白饲料的加工方法是:将禽畜粪便袋装堆压滤水后与干粉状辅料及以麸皮为载体的鸡粪真菌搅拌混和成含水率为45%～53%的混合物料,以麸皮为载体的鸡粪真菌一般加入量为混合物料的1%,混合物料在螺旋状散热管下与热空气接触,同时转子与发酵罐热水夹套从里、外两个方向对物料进行加热,物料在35～55℃恒温下快速发酵,经发酵后的糊状物料连续定量地挤压成条柱状颗粒体进行快速脱水烘干,从而将新鲜鸡粪制成含水率在14%以下的成品颗粒动物蛋白饲料。加工禽畜粪制蛋白饲料关键的问题在于快速发酵及成型、干燥。由于发酵加温迅速、均匀、发酵周期短,烘干脱水效率高,这样制出的动物再生饲料品质优良,动物喜食,饲养效果好,设备自动程度高。

1878. 禽粪发酵技术及其所配制的猪用浓缩饲料

申请号:94119358   公告号:1124582   申请日:1994.12.17

申请人:王厚德、张兰秋

通信地址:(061001)河北省沧州市北环路光明街电厂北韩家场村

发明人:王厚德

法律状态：实　审

文摘：本发明是一种新型的禽粪发酵技术及其所配制的猪用浓缩饲料。本浓缩饲料是指以禽粪为基料并补充适当添加物作为培养基,利用特选的2类6株微生物为发酵菌种,采用好氧与厌氧相结合的发酵方式进行发酵,再对发酵产物进行甲醛处理,瞬时高温灭菌和干燥、粉碎,最后与一定配比的玉米、饼粕、赖氨酸、类氨基酸、微量元素制剂、食盐、活性剂等饲料原料相混合而成猪用浓缩饲料。这项技术能彻底消除禽粪臭味、杀灭其中的病原菌和寄生虫;能使禽粪中的粗蛋白和钙、磷的消化吸收率提高16%。由于3种厌氧菌均为益生菌,故有利于猪的生长发育,并大幅度降低肠道发病率,产品成本比同类浓缩饲料降低25%而使用效果相当。

1879. 一种将鸡粪处理为无臭肥料或饲料添加剂的方法

申请号：91111666　　公告号：1073418　　申请日：1991.12.21
申请人：首都钢铁公司
通信地址：(100041) 北京市石景山区厂东门
发明人：聂广富
法律状态：公开/公告

文摘：本发明是一种用于鸡粪除臭,特别是把鸡粪处理成为无臭肥料或饲料添加剂的方法。该方法采用酸碱固化剂,在鲜鸡粪中加入重量比10%～15%的强酸,搅拌均匀,固定鸡粪中的氨,使之不流失或少流失,制止或减少臭味挥发。然后再加入适量的强碱或中强碱,搅拌均匀,固定鲜鸡粪中有机磷及中和部分过量的强酸。在固化剂中,又有一定的杀菌成分可以杀死鸡粪中的大量环球菌,使它们不能大量的繁殖,分解不出大量的硫化物,以此除臭。鸡粪中的氨和磷被固化成盐类,鸡类中的有机物在酸的作用下则被水解成人工腐殖质,这样既臭又烧苗的鸡粪在短时间内就转化成了稳定、无臭、无公害的优质肥料,或饲料添加剂。

1880. 废蚕粪制作对虾饵料的配方工艺

申请号：91107928　　公告号：1063996　　申请日：1991.11.22

申请人：淄博市营养保健食品研究所

通信地址：(255010) 山东省淄博市张店潘南西路 20 号

发明人：唐祚远

法律状态：公开/公告　　法律变更事项：视撤日：1996.01.17

文摘：本发明是一种利用废蚕粪制作对虾饵料的配方工艺。它主要是利用废蚕粪作为制作对虾配合饵料的原料，由 20％～35％ 的废蚕粪、15％～25％ 的动物性原料、35％～60％ 的植物性原料、4％～5％ 的微生物组成，还可加入天然配合添加剂。本发明能促进对虾生长，起到防病治病，提高成活率，降低饵料系数及饵料成本，增加产量，提高效益的作用。

1881. 牛粪厌氧发酵转化饲料的方法

申请号：95120635　　公告号：1130990　　申请日：1995.12.09

申请人：杨兴容、陈松涛

通信地址：(830077) 新疆维吾尔自治区乌鲁木齐市东郊盐湖化工厂

发明人：杨兴容、陈松涛

法律状态：实　审

文摘：本发明是一种将牛粪转化成饲料的牛粪厌氧发酵转化饲料的方法。它是按以下步骤进行：①调配液的配制；②中草药粉配制；③调配牛粪；④发酵过程；⑤饲料成品。其组分的重量比分别如下：调配液的配制：将 0.600 重量份的碳酸钠、0.010 重量份的碳酸氢钠和 0.600 重量份氯化钠加入 10 重量份的水中配制成溶液，并使水溶液的 pH 值控制在 10.5～11.20；中草药粉的配制是：将 0.030 重量份的神曲、0.030 重量份的淮山、0.025 重量份的山楂、0.015 重量份的厚朴、0.050 重量的酸筋草和 0.050 重量份的艾叶粉碎成细末；调配牛粪是：将调配液和中草药粉加入 100 重量份的牛粪中，并均匀搅拌，控制水分含量在 22％～25％ 时，得到调配好的牛粪；发酵过程为：将调配牛粪装入池或缸或无毒塑料袋,并压紧后进行密封,在温度为 17～23℃时发酵 7 至 10 天;饲料成品为:将发酵好的牛粪晾干到含水量为 13%～18%时就得到饲料成品。本发明不但使废弃的牛粪得到再生利用,而且生产方法简单,生产成本低,用本发明所得的牛粪饲料配成的配合饲料喂养家畜和家禽时,不但料肉比低,而且出肉率高、瘦肉率高。

1882. 土壤饲料及其专门生产工艺

申请号:93114917　　公告号:1096416　　申请日:1993.12.02

申请人:王厚德

通信地址:(300102)天津市南开区西南角新庆里 1 号 7 门 201 号

发明人:王厚德

法律状态:实　审

文摘:本发明是一种以土壤为基料的饲料及其专门生产工艺,其步骤是:按一定配方将高比例的土壤同碳水化合物、饼粕和无机盐混合,用 4 类微生物作菌种,运用专门发酵工艺进行固体发酵的生成物。本产品安全无毒,无副作用。生产过程无三废产生,有益于防治畜禽肠道传染病,并促进其他配合饲料的消化吸收,具有营养互补作用,并可提高饲料转化率,以此饲料饲养的动物肉、蛋、奶的品质和风味不变。

1883. 复合型土壤饲料的配制及生产工艺

申请号:94116072　　公告号:1106217　　申请日:1994.09.24

申请人:王厚德

通信地址:(061001)河北省沧州市团结小区 5 号楼 6 门 202 室

发明人:王厚德

法律状态:实　审

文摘:这种复合型土壤饲料(TR-2 饲料)技术是将由特制的蛋白原料,生物活性原料,鱼粉,无机盐等组成的浓缩物(浓缩 TR-饲料)与无毒、无污染、无杂质的普通土壤均匀混合而成的新型配合饲料的制备方法及其生产工艺。它是以土壤为基本原料的复合型土壤饲料及其生产和使用方法。该方法是按一定比例将浓缩复合型土壤饲料与普通土壤等原料均匀混合配制而成,并以一定的替代比例混入全价配合饲料,喂养畜禽鱼虾动物。该产品可替代普通全价配合饲料的 3%～25%,喂养畜禽,无毒,无副作用,既不影响适口性,也不影响肉蛋奶产量、质量和风味。料肉比和料蛋比不变。由于产品中含有益生菌等生物活性物质,可防治畜禽肠道传染病,提高其免疫能力。该饲料生产和使用方法简便,具有可观的社会效益和经济效益。

(五)鱼虾饲料加工技术

1884. 水产养殖颗粒饵料

申请号:86104906　　公告号:1009236　　申请日:1986.07.23

申请人:陶遵平

通信地址:(264200)山东省威海市新华药厂

发明人:陶遵平、王君协

法律状态:授　权　　法律变更事项:因费用终止日:1998.09.16

文摘:本发明是一种鱼、虾养殖用的颗粒饵料。它是利用掺入到颗粒饵料中的氢氧化钙很容易吸收空气中的二氧化碳,形成不溶于水的碳酸钙网膜,而拢络住饵料,投放水中 4～12 小时颗粒不崩解疏散。这种以水为混合剂,由饵料粉末、粘合剂组成的水产养殖颗粒饵料的重量百分比为:饵料粉末 77.5%～83.3%,氢氧化钙粉末 1.7%～4%。该发明粘结性好,成本低,原料充足,制造简单;对鱼、虾无伤害,且有利于鱼、虾的生长。

1885. 鱼虾饲料粘合剂和方法

申请号:87107103　　公告号:1017891　　申请日:1987.10.20

申请人:温　飘

通信地址:(524003)广东省湛江市霞山工农西一路二巷 27 号

发明人:何能安、温　飘

法律状态:实　审　　法律变更事项:视撤日:1992.06.17

文摘:本发明是一种鱼虾饲饵粘合剂和方法。生产鱼虾饲饵的粘合剂和方法是:采用动物(牲畜、禽类等)的新鲜血液为主,辅以木茹淀粉加淡水煮成糊精,将上述主、辅料为粘合剂,掺和到鱼虾饲饵精细原料中,按比例配制,经模压成颗粒或线条状,在控制的温度下快速烘干。本发明的关键是采用动物新鲜血作为粘合剂的主要材料。饲饵成品的各种成分的重量构成比率是:动物新鲜血 4%,木茹淀粉 4%,淡水12%,鱼虾饲饵原料 80%。将以上 4 种成分按上述比率先后混合。根据本发明的工艺生产流程加工,模压成型,其含水量为 25%(包括其各成分中原来的水分)的半成品,然后将这些半成品,置于 170℃ 以下的电烘炉中经 3～5 分钟快速烘烤干即成。

1886. 鱼虾饲料防腐抗氧化剂

申请号:90100533　　公告号:1044035　　申请日:1990.02.06

申请人:北京市营养源研究所

通信地址:(100054)北京市右安门外东滨河路

发明人:付晴鸥、高学敏、靳　莉、李　平、马金城、汪锦邦

法律状态:授　权

文摘:本发明是一种鱼虾饵料防腐抗氧化添加剂。它是由44.4%～49.4%的复合防腐剂,0.5%～1.5%的复合抗氧化剂,0.1%～0.3%的柠檬酸增效剂,50%～55%的白陶土载体等成分组成。本配方具有防腐、抗氧化、保持饲料营养成分、延长饵料贮藏期之功效。它在使用过程中无毒,无刺激性臭味,不影响饲料的品质及适口性,不污染饵料及作业环境,抑菌抗氧化效果显著,成本低廉。

1887. 一种提高颗粒饲料水中稳定性的方法

申请号:90106844　　公告号:1059259　　申请日:1990.08.20

申请人:河北省滦南县水产饲料厂冯海清

通信地址:(063506)河北省滦南县柏各庄

发明人:冯海清、郭成斌

法律状态:公开/公告　　法律变更事项:视撤日:1993.08.18

文摘:本发明是一种提高颗粒饲料水中稳定性的方法。它是在原

有饲料生产工艺的基础上,增加了一个恒湿保温处理过程,即对成粒后温度为 56～93℃、水分含量为 17%～20% 的颗粒饲料进行恒湿保温处理。经处理过的颗粒饲料在水中的稳定性比原饲料增加 1 倍以上,提高了饲料的利用率,减少了对水质的污染,且不需添加任何粘合剂,成本低,所需设备简单,适用于现有饲料厂家生产。

1888. 一种鱼虾颗粒饲料的制作方法

申请号:92105742　　公告号:1075855　　申请日:1992.07.18

申请人:山西省水产科学研究所

通信地址:(03006)山西省太原市平阳路 28 号

发明人:陈文忠、崔　红、宋晓非、左中原

法律状态:授　权　　法律变更事项:因费用终止日:1996.09.04

文摘:本发明是一种鱼虾颗粒饲料的制作方法。制作鱼虾颗粒饲料的方法包括对干粉状饲料进行调制,将调制后的饲料压制成颗粒饲料,并对其颗粒饲料烘烤干燥。其烘烤干燥的方法是:将配制颗粒饲料所用的配合干粉状饲料置于带有搅拌装置的容器中,搅拌均匀;再将碳酸氢铵或碳酸氢钠或两者的混合物的水溶液用喷雾法喷入容器中处于搅拌状态下的干粉状饲料混合物中;然后再将糊化淀粉糊用喷雾法喷入容器中处于搅拌状态下的饲料混合物中,直至饲料混合物达到通常的颗粒饲料机制所要求的湿度,进一步搅拌;最后将调制好的饲料混合物送入颗粒饲料机压制成颗粒饲料,并在 200～230℃ 的条件下,由燃煤烘烤装置干燥,使含水分为 2%～5%,自然冷却即可。用这种方法制作的颗粒饲料在水中能长时间地保持颗粒性状,同时呈柔软状,此外通过调节饲料成分的比重可使颗粒饲料在水中呈漂浮性或下沉性,适于鱼虾饲养用。

1889. 鱼用悬浮颗粒饲料及制造方法

申请号:93100469　　公告号:1089100　　申请日:1993.01.08

申请人:郑州市金水区种禽示范场

通信地址:(450045)河南省郑州市金水区姚桥乡黄庄村

发明人：陈百川、丁成群、丁二安、黄长安、史广敏、杨遂辛、岳炯盛

法律状态：公开/公告　　法律变更事项：视撤日：1996.05.22

文摘：本发明是一种鱼用悬浮颗粒饲料及制造方法。它采用喷涂方法，在颗粒饲料外面喷涂明胶保护层。本产品容重小，能在水中不同层次悬浮 31～60 分钟，适合分层鱼吞食。本发明解决了鱼饲料长期存在的饲料下沉快、浪费严重并污染水质的技术难题。可节约饲料 10%～15%，且制造过程中可避免温度过高对饲料营养成分造成的破坏。

1890. 一种胶原蛋白浮性水产饵料及其生产方法

申请号：93102029　　公告号：1081580　　申请日：1993.02.23

申请人：易鹤翔

通信地址：(342300) 江西省于都县生物化工厂

发明人：易鹤翔

法律状态：实　审　　法律变更事项：视撤日：1998.10.21

文摘：本发明是一种胶原蛋白浮性水产饵料及其生产方法。胶原蛋白浮性水产饵料的配方是：以胶原蛋白为主要蛋白源，添加膨松剂，外裹包衣的材料为 α-淀粉和诱食剂，α-淀粉用量为 5%～18%。本发明针对国内名贵水产饲养饵料不足等存在的问题，采用配方以胶原蛋白为主要蛋白源，添加膨松剂，经加水、揉匀、造粒，又经低温膨松、干燥一步完成，外加包衣。经检测，其蛋白大于 46%，粗脂肪 L 大于 3%，粗纤维小于 1%，粗灰分小于 10%，水分小于 10%。本发明方法生产的浮性水产饵料营养丰富，颗粒均匀，入水后膨胀软化，耐撞击，吞食性好，且价格低廉。

1891. 鱼虾菌体蛋白饵料组成及其制备方法

申请号：93107555　　公告号：1096640　　申请日：1993.06.25

申请人：福州三得利菌草蛋白技术开发公司

通信地址：(350003) 福建省福州市鼓楼区公正第一新村 11 座 3 号

发明人：林陆山、彭时尧

法律状态：公开/公告

文摘：本发明是一种鱼虾菌体蛋白饵料组成及其制备方法。鱼虾菌体蛋白饵料是以海藻工业废渣为主原料，配以食用菌子实体粉末、氮源、酵母、促酶剂、营养添加剂等原料组成，经废渣处理、配料拌料、发酵、干燥包装等工艺步骤制得。该鱼虾菌体蛋白饵料配方的重量百分比组成是：海藻工业废渣 50%～60%，菌体粉末 8%～15%，氮源 15%～30%，酵母 2%～10%，以及少量的促酶剂和营养添加剂。本发明含有30%以上粗蛋白，16 种以上氨基酸和多种酶，以及丰富的钙、磷、钾、铁、钠、镁等微量元素，既可直接饲喂，又可以作为原料可替代 10%～35%的配合饵料，成本只及配合饵料的 65%，而且还具有原料易取、工艺简单、使用方便、饲喂效果好等特点。

1892. 观赏鱼饲料

申请号：86105108　　　公告号：1016712　　　申请日：1986.08.18

申请人：陈志忠

通信地址：（050051）河北省石家庄市新华区民族路木义胡同 12 号

发明人：范素华

法律状态：公开/公告　　　法律变更事项：视撤日：1991.06.12

文摘：本发明是一种用于喂养观赏鱼（如金鱼、热带鱼）的饲料及其制造方法。它是由鱼松、豆饼、花生饼、麸皮、玉米、酵母粉、土霉素粉及多种维生素组成。观赏鱼饲料的成分范围（重量）为：鱼粉 5%～40%，豆饼 5%～30%，花生饼 5%～15%，芝麻饼 5%～15%，玉米粉0～30%，麸皮 15%～25%，酵母粉 5%～40%，土霉素粉 0.5%～1.0%，猪、羊肝 0～15%，育孵灵 0.1%～0.5%，多种维生素 0.1%，各组分的总和为 100%。本鱼饲料与常用的活水虫相比，除蛋白质、脂肪含量相近外，还含有其他多种营养成分。本饲料可随喂随制，便于贮存，使用方便，而且经高温灭菌，具有防治鱼病的作用。鱼摄食本饲料后，生长发育快。其费用仅为活水虫的 1/10 左右。

1893. 鳗鱼配合饲料

申请号：88106818　　　公告号：1033346　　　申请日：1988.09.17

申请人：翁金丕、翁智敏、郑守理

通信地址：(351100)福建省莆田市城厢区梅峰街画屏巷 2 号

发明人：翁金丕
法律状态：授　权　法律变更事项：因费用终止日：1995.11.08

文摘：本发明是一种鳗鱼配合饲料，不含添加剂。它是由鱼粉、贝类肉、虾壳糠、酵母粉、花生仁饼、豆饼、小麦筋质料、小麦、α-淀粉、海带干、食盐、苦卤和生鸭蛋等 13 种天然原料组成。本饲料不但具有生产工艺简单、产品成本低、效率高、质量稳定和贮存方便等优点，而且无不良反应和副作用。

1894. 人工孵化鱼花药物壮花方法

申请号：90101828　　公告号：1055459　　申请日：1990.03.30

申请人：刘青俊

通信地址：(571933)海南省澄迈县瑞溪镇山琼鱼苗养殖场

发明人：刘青俊
法律状态：公开/公告　法律变更事项：视撤日：1993.12.08

文摘：本发明的人工孵化鱼花药物壮花方法是一种利用药物对人工孵化鱼类幼苗催壮促长的技术。它包括药物饲料的配方、制备方法和投喂方法。它是利用人参和或葡萄糖与蛋黄配搭制成微粒药饵，在鱼花刚进食时投喂。本饲料可加快鱼花生长速度，成活率提高达 80%～90%。

1895. 淡水垂钓诱鱼配合饵料及制备工艺

申请号：90103186　　公告号：1057753　　申请日：1990.06.26

申请人：向　东、王治军

通信地址：(430030)湖北省武汉市汉口宝丰一路 99 号

发明人：王治军、向　东
法律状态：授　权　法律变更事项：因费用终止日：1996.08.07

文摘：本发明是一种淡水垂钓配合诱鱼饵料及其制备工艺。淡水垂钓诱鱼配合饵料是由植物蛋白、动物蛋白、诱鱼香料引味剂、赋型剂、防腐剂等混合而制成。植物蛋白为豆类蛋白粉(蚕豆或碗豆粉)、3 等粉;大米淀粉或豆类蛋白粉、3 等粉;动物蛋白粉为动物肝脏、鱼粉、肉骨粉或动物肝脏、鱼粉或动物肝脏或鱼粉、肉骨粉;诱鱼香料为鱼腥草、山奈或鱼腥草;引味剂为食用香草香精;赋型剂为魔芋精粉;防腐剂为苯甲酸钠或山梨醇等。其各组分配比(重量百分比)为:植物蛋白 82%,动物蛋白 4.5%,诱鱼香料 11%,引味剂 0.3%,赋型剂 1.5%,防腐剂适量。以上配料适用于淡水鱼的垂钓。本发明制备工艺简单,加工成本低。饵料对水无污染,不毒害鱼,尤为垂钓者喜爱。

1896. 渔用复合肥及其制造工艺

申请号:91108133　　公告号:1058514　　申请日:1991.08.08

申请人:南京市水产科学研究所

通信地址:(210036)江苏省南京市茶亭东街 246 号

发明人:刘一荣、施允日

法律状态:实　审　　法律变更事项:视撤日:1996.09.18

文摘:本发明是一种渔用复合肥及其制造工艺。该复合肥除含有氮、磷、钾、硅等营养元素外,还含有一定量的钙、镁、铁及微量元素。其组分重量百分比为:氮(以氮计)、磷(以五氧化二磷计)含量之和为 19.5%~21%,钾(以氧化钾计)为 1.2%,硅(以氧化硅计)为 2%~2.5%,钙(以钙计)2.6%~3%,镁(以镁计)1%~2%,螯合铁 1%~1.4%,微量元素盐类 0.2715%~0.3815%。其制造工艺是在常温下将尿素、硫铵、过磷酸钙、氯化钾、螯合铁及微量元素等原料混合搅拌后堆放 2~3 小时使其磷铵化,然后投入圆盘造粒机旋拌 1~2 分钟,此时根据混合料干湿程度喷洒适量水,继续旋拌 6~8 分钟,加入钙镁磷肥,旋拌 3~5 分钟后,即可将成型的渔用复合肥输入烘干窑,烘干冷却后装袋包装。

1897. 鱼用饲料配方

申请号:94112545　　公告号:1123617　　申请日:1994.10.05

申请人:吕连岐

通信地址：（110025）辽宁省沈阳市铁西区保工北街 20 号

发明人：吕连岐

法律状态：实　审

文摘：本发明是一种鱼用饲料配方。它是由鱼粉、豆饼，无机盐、麸皮等物质组成，在上述成分中加入棉籽饼、无机盐、赖氨酸、鱼用多维添加剂等。鲤鱼饲料配方组分的重量百分比是：鱼粉 4%～10%，豆饼 25%～35%，棉籽饼 5%～10%，贻贝粉 5%，矿物质混合物 2.5%，蛋氨酸和赖氨酸 5%，麸皮余量。每吨上述原料加猪油 25 千克，利特灵 0.25 千克，鱼用多维添加剂 3.34 克。本配方既保证鱼的营养需要，又降低饲料成本，能保证鱼吃这种饲料后增重快，增加产量。本实用新型的配方适用于鲤鱼、罗非鱼的饲料。

1898. 包膜饵料

申请号：93114584　　公告号：1102952　　申请日：1993.11.20

申请人：中国科学院化工冶金研究所

通信地址：（100080）北京市 353 信箱

发明人：陈丙瑜、冯海清、郭成斌、夏麟培

法律状态：授　权

文摘：本发明是一种水产养殖业中的配合饲料——对虾养成期的强化营养包膜饵料。包膜饵料由两层构成：从里向外分别是颗粒配合饵料基体层和抗水包膜剂层。颗粒配合饵料基体层主要由玉米粉、鱼粉、豆饼及营养物质组成，外层的抗水包膜剂主要由抗水性强、具有粘结力的物质组成；在基体层与抗水包膜剂层间有由多种维生素、活性物质和淀粉组成的营养强化剂层，抗水包膜剂层是酒精蜂胶液。本制品采用分双层制造包膜生产工艺及为使包膜均匀、操作配料方便的流化床和旋转圆筒设备。本发明的强化营养包膜饵料抗水性能强，富有弹性，营养成分高，在海水中溶失少，污染小，饵料利用率高，投饵系数低，养成期对虾喜食，促进虾成长，尤其配制的"药饵"更能有效防治对虾病害。

1899. 泥鳅人工配合饲料工艺及配方

申请号：93115586　　公告号：1102953　　申请日：1993.11.21

申请人：常德高等专科学校

通信地址：(415003) 湖南省常德市武陵区东郊

发明人：陈清泉、胡良成、宋光泉

法律状态：公开/公告　　法律变更事项：视撤日：1997.09.24

文摘：本发明是一种泥鳅人工配合饲料配方及工艺。它是根据泥鳅最佳生长量时的营养需求，全面满足泥鳅对蛋白质、脂肪、碳水化合物、纤维素、维生素及无机盐基础上配制而成的。泥鳅人工配合饵料工艺及配方包括粉碎、制粒、干燥等。该工艺通过2次低温干燥：第一次干燥温度为64～66℃，产品水分降至13%～14%，再添加维生素类、矿质元素、丙酸钠；第二次干燥60%～64%，产品水分降至11%～12%。饵料配方为两种：LMF-Ⅰ型(苗种阶段使用)、LMF-Ⅱ型(商品鳅养殖阶段使用)。本产品在水中散失率低，稳定性强，可大大节省养殖成本，减少浪费。同时能最大限度地发挥各营养成分的作用，以利于泥鳅充分消化吸收，因而获得最大生长量和最佳经济效益。

1900. 微生态淡水鱼饲料

申请号：96109527　　公告号：1146865　　申请日：1996.08.26

申请人：吕青

通信地址：(300162) 天津市河东区程林庄路中国人民武装警察部队医院军需处

发明人：王厚德

法律状态：公开/公告

文摘：这是一种微生态淡水鱼饲料。它是由3种微生态饲料原料为半成品，以正交实验确定的比例加入全价鱼饲料而成产品。新型鱼饲料——微生态淡水鱼饲料包括以下3种特制的微生态饲料原料：①以双歧杆菌、地衣芽孢杆菌等益生细菌，对一定配比的动物蛋白原料和植物性蛋白原料的混合物发酵而得的"动物活性蛋白粉"；②以符合特定要求的由光合细菌、蜡样芽孢杆菌和某些酵母菌组成的混合菌群对特制的液态培养料和由植物性蛋白原料组成的固态培养料以 0.5：1 的比例混合并发酵而制得的"光合益生酵母"；③分别用热带假丝酵母以及由地衣芽孢杆菌、双歧杆菌和蜡样芽孢杆菌组成的混合菌群对两部分同样配比的由纯净无污染土壤、植物性蛋白原料、碳水化合物和无机盐组成的混合物发酵并将两种发酵产物混匀而制得无污染土壤的"TR 饲料"(即"土壤饲料")，作为半成品，以正交实验确定的比例加入全价鱼饲料而成产品。本产品以农副产品下脚料为原料，采用固体发酵新工艺，成本较低，最终产品中益生菌细胞数大于 5 亿/克，为国内外同类产品的 50～100 倍以上。以本产品养鱼可使消化道传染病的预防保护率保持在 92% 以上，并起到提高消化吸收率、促进生长等作用。

1901. 对虾饵料的生产方法

申请号：87102566　　　公告号：1019759　　　申请日：1987.03.31
申请人：中国生物工程开发中心江门单细胞蛋白试验基地
通信地址：(529000) 广东省江门市江海路
发明人：刘洁芸
法律状态：公开/公告　　　法律变更事项：视撤日：1990.07.18
文摘：本发明是一种改进对虾饵料的生产方法，特别是在配方成分中不含专门粘合剂的对虾饵料的生产方法。这种以含淀粉和蛋白质的原料生产对虾饵料的方法步骤是：①将含淀粉和蛋白质的原料粉碎，即将固体原料粉碎，将固体和粉状混合原料粉碎；②在粉碎后的原料中加入适量添加剂并充分搅拌；③用蒸汽进行膨润，用液体类物质膨润(其中液体类物质和所膨润的原料的重量比为 0.05～0.3：1)，膨润时间控制在 5～20 分钟，尔后用水和稀释的动物血液膨润，再用稀释的杂鱼酱膨润，最后用稀释的贝类肉酱膨润；④用制粒机将膨润后的原料制成粒状；⑤冷却或晾晒后包装；⑥进行烘烤，烘烤的温度控制在 70～250℃，烘烤的时间控制在 5～30 分钟；⑦将烘烤后的粒状原料冷却后包装。

1902. 虾饵料粘合剂

申请号：87108278　　　公告号：1033924　　　申请日：1987.12.31

申请人：胜利油田莱州湾基地建设指挥部、胜利油田采油工艺研究院

通信地址：(257000) 山东省东营市东营区莱州湾基地建设指挥部

发明人：杜云修、余成刚、袁子荣、钟正华、朱恒春

法律状态：公开/公告　　法律变更事项：视撤日：1991.05.08

文摘：本发明是一种虾饵料粘合剂。虾饵料粘合剂是由田菁、褐藻胶与适当交联剂配合而成。它是以褐藻胶作成胶剂、钙盐作交联剂形成的冻胶，或者以田菁作成胶剂、硼砂作交联剂形成的冻胶。它主要在于饵料颗粒面上形成交联的弹性膜，通过造粒机使弹性膜再度粘接交联起来。采用本粘合剂加工成型的配合饵料，抗浸时间长，饵料表面光滑无刺，能保持原料的鱼腥味、饼粕类的芳香和原料的本色，有利于对虾生长，并可减少水质污染，节省饵料，提高对虾养殖产量。

1903. 对虾及鱼贝蟹育苗增益剂

申请号：89106807　　　公告号：1040481　　　申请日：1989.09.01

申请人：戴钟道

通信地址：(266071) 山东省青岛市辛家庄二小区龙岩路 2 号

发明人：戴钟道

法律状态：授　　权　　法律变更事项：因费用终止日：1997.10.22

文摘：本发明是一种对虾及鱼贝蟹育苗高效增益剂及制法。对虾及鱼贝蟹育苗高效增益剂制法的配方分为甲、乙两个组分，而甲组分又分为：①各种纯度的铁或锰或铝或硅的化合物与前列康（花粉制剂）之比（重量）按 1：0.1～5 相混合；②各种纯度的铁或锰或铝或硅的化合物加上麦饭石与花粉制剂之比（重量）按 1：0.1～5 相混合；乙组分都是 E、D、T、A（乙二胺四乙酸二钠）。其制作工艺是先将上述的甲组配好拌匀并和乙组分别包装或盛放，临用前再按甲组与乙组之比为 2：1 混合拌匀后用淡水溶化成浓度为千分之一的溶液。用本法制备的成品能结

合水中各种有害重金属杂质,改善水质,增加天然营养物质,有防病除害能力,水质透明度高,不起泡沫,可提高所养虾、鱼、贝、蟹育种的出苗率,缩短出苗周期,确保苗全苗壮。

1904. 对虾高蛋白、脂肪的全价饲料

申请号:89107868　　公告号:1042292　　申请日:1989.10.09

申请人:青海省复合饲料厂林世琛

通信地址:(810007)青海省西宁市德令哈路197号

发明人:林世琛、任惠泉、宋延年、周维径

法律状态:实　审　　法律变更事项:视撤日:1994.12.21

文摘:本发明是一种高蛋白、脂肪的全价饲料。它适用于名贵水产动物对虾品种、沼虾及龙虾等虾类动物。它的制作方法是:经清理、粉碎、混合、包衣或造粒或压粒等生产工艺制成微粒囊、微粒及颗粒状饲料。这种饲料的组分及用量(重量百分比)为:①苗虾期(小于0.01克体重):鱼粉、植物蛋白粉、豆奶粉20%～50%,酪朊酸纳、全脂奶粉、脱脂奶粉20%～25%,葡萄糖、砂糖、蜂蜜15%～20%,肉骨粉、骨粉、肉粉3%～6%,肝粉、氯化胆碱(50%)4%～14%,多种维生素2%～4%,微量元素2%～3%,饲料粘结剂Ⅰ2%～4%,饲料粘结剂Ⅱ2%～4%,饲料粘结剂Ⅲ1%～2%,动植物油、鱼肝油10%～13%,天然诱虾剂10%～15%,防腐防霉剂及抗氧化剂量,水分6%～10%;②幼虾期(0.01～1克体重):鱼粉、植物蛋白粉、豆奶粉20%～50%,酪朊酸纳、全脂、脱脂奶粉2%～18%,葡萄糖、砂糖、蜂蜜5%～10%,肉骨粉、骨粉、肉粉4%～10%,肝粉、心肝渣8%～15%,多种维生素2%～4%,微量元素1%～2%,饲料粘结剂Ⅰ2%～6%,饲料粘结剂Ⅱ2%～4%,饲料粘结剂Ⅲ1%～2%,动植物油、胆固醇2%～10%,天然诱虾剂10%～50%,防腐防霉剂及抗氧化剂适量,水分6%～10%;③育成期(1～5克体重):鱼粉20%～40%,植物蛋白粉20%～40%,天然诱虾剂、对虾氨基酸添加剂4%～30%,酵母粉、饲料着色剂8%～20%,豆饼粉6%～16%,玉米粉8%～15%,肉骨粉、骨粉、肉粉、羽毛粉3%～10%,饲料粘结剂Ⅰ2%～6%,饲料粘结剂Ⅱ2%～4%,饲料粘结剂Ⅲ

1%～2%,多种维生素、蜕皮素 2%～4%,微量元素 2%～7%,动植物油、胆固醇 4%～12%,防腐防霉及抗氧化剂适量,水分 6%～10%;④成虾期(5 克以上体重):鱼粉 30%～40%,植物蛋白粉 20%～30%,血粉、羽毛粉 6%～12%,酵母粉 2%～14%,豆饼粉 1%～6%,玉米粉1%～14%,小麦粉 1%～10%,肝粉、肉骨粉、骨粉 4%～14%,饲料粘结剂Ⅰ 2%～6%,饲料粘结剂Ⅱ 2%～4%,饲料粘结剂Ⅲ 1%～2%,多种维生素、蜕皮素 2%～6%,微量元素 2%～6%,天然诱虾剂、对虾氨基酸添加剂 10%～50%,动植物油、鱼肝油、胆固醇 4%～12%,防腐防霉剂及抗氧化剂适量,水分 6%～10%。这种饲料产品,是依照对虾生物学时期对营养不同需求而制作的。每 100 克饲料中总能量不低于2008.32 千焦,蛋白质含量达 45%～65%,脂肪含量 5%～22%,从而解决了现有对虾饲料中蛋白质和脂肪比例失调、含量偏低的问题。其营养成分齐全,氨基酸含量配比稳定、平衡,适口性好,使用方便,性能稳定、安全、可靠,撒布水中,颗粒立即下沉,不崩解,便于推广。

1905. 一种对虾幼体饵料的制作方法

申请号:89109276   公告号:1052775   申请日:1989.12.25

申请人:杨东辉

通信地址:(116023)辽宁省大连市大连水产学校

发明人:杨东辉

法律状态:公开/公告   法律变更事项:视撤日:1993.05.05

文摘:本发明是一种对虾幼体饵料的制作方法。它特别适于水产人工养殖对虾育苗幼体饵料的生产。它是以沙蚕为主要原料,将若干分量的沙蚕用绞肉机绞成肉酱,并反复绞 2～3 次后,加入 10 ppm 土霉素,再用沸腾开水冲烫使之蛋白质凝固并搅拌成豆腐脑状,然后再加水稀释即可使用。本方法工艺简单易行,对虾的幼体特别喜食,并且对虾幼体生长发育良好,又不污染育苗池水质,不次于卤虫幼体的效果。在同样出苗量的情况下,该饵料经济适用,其成本是卤虫卵的 1/6～1/8,是经济、实用的理想饵料。

1906. 一种对虾饵料及其制作方法

申请号：90103486　　公告号：1057758　　申请日：1990.07.06

申请人：漳州市芗城区海力饲料加工厂

通信地址：(363000) 福建省漳州市胜利路42号

发明人：林剑秋

法律状态：授　权　法律变更事项：因费用终止日：1995.08.30

文摘：本发明是一种能全部为对虾摄食、消化和吸收的饵料的制作方法。这种对虾饵料是由鱼粉、花生饼、大豆饼、黄豆粉、麦麸、面粉、血粉、酵母、鱼油、碳酸钙组成，各成分按一定比例混合，粗料经粉碎、过筛、混匀后成型，再经烘干或晒干而制成。上述的饵料还含有虾头粉、赖氨酸、蛋氨酸、豆油和硫酸钙；所说的鱼粉、花生饼、大豆饼、黄豆粉、麦麸、面粉、血粉、酵母、鱼油、碳酸钙、虾头粉、赖氨酸、蛋氨酸、豆油和硫酸钙的含量分别是 30%～40%，25%～35%，7%～10%，3%～5%，3%～8%，2%～5%，0.5%～2%，1%～3%，0.2%～0.5%，1.5%～4.0%，4%～7%，0.5%～0.7%，0.3%～0.5%，0.3%～0.5%和1.5%～4%。

1907. 微生物发酵法生产具有对虾诱食功能的贻贝蛋白粉

申请号：92111616　　公告号：1086093　　申请日：1992.10.24

申请人：于连生

通信地址：(100080) 北京市海淀区倒座庙2号

发明人：于连生

法律状态：实　审

文摘：本发明是一种用微生物发酵法生产蛋白质饲料（贻贝蛋白粉）的制造方法和配方。它是以多种植物蛋白作为载体、动物贻贝浆作为重要的蛋白来源，由多种微生物经双温固体连续发酵，产生一种新型动物蛋白饲料。主要用来作对虾、鱼类和鸡、牛等的诱食剂和蛋白质来源。动物蛋白来源于鲜贻贝，经破碎、去壳、分离得贻贝浆，其余为植物蛋白，发酵过程会产生一定量的微生物蛋白和生物酶类。贻贝的性腺具有强烈的诱食效果,可提高饲料利用率,缩短生长周期,减少养殖水域污染。此产物不含任何杀菌剂,制造过程无污染,工艺安全可靠。

1908. 高效对虾生物饵料的加工工艺

申请号:93102715　公告号:1084020　申请日:1993.03.17

申请人:李林呈、杨玉忠、贾淑清、李林来、李绍志

通信地址:(100037)北京市西城区百万庄大街 3 号

发明人:贾淑清、李林呈、李林来、李绍志、杨玉忠

法律状态:授　权

文摘:本发明是一种高效对虾生物饵料加工工艺。它是将米糠、木质锯末、白糖、奶粉、米醋、尿素、马粪、海水,其重量比按上述顺序为 48:12:0.8:0.8:3:5.2:12:16.2 构成配料,搅拌成均匀混合物。其加工工艺步骤如下:①搅拌成均匀混合物,搅拌时米醋先用其总量的 50%,海水先用其总量的 65%,放入培殖池内,压实后用海泥封闭层封闭,并在培殖池用火焰加温至 60℃,保温 48 小时后,在培殖池海泥封闭层上方出现"晕光"后加入占其海水总量 35% 的海水;②再经 4~6 小时后降温至 40℃,在海泥封闭层(上方出现"红光"时加入与上述各配料重量比为 2 的淡水;③自然降温 4~6 小时后,出现"青光"时,再加入占其米醋总量 50% 的米醋;④继续自然降温 4~6 小时后出现"白光",开启海泥封闭层;⑤由海泥封闭层换为塑料封闭层,自然降温 48 小时;⑥出池装袋;⑦投入 18~24℃海水中,24 小时后形成可供对虾直接食用的生物饵料。该饵料质量好,幼虾食用后生长速度快,成活率高、疾病少、又节省工时和水电,使养虾饵料成本显著降低。

1909. 牛蛙全价颗粒饲料及其制备方法

申请号:89103648　公告号:1038574　申请日:1989.05.18

申请人:尹龙滨

通信地址:(561000)贵州省安顺市第 40 号邮政信箱职工学院

发明人:尹龙滨

法律状态:实　审　法律变更事项:视撤日:1993.03.17

文摘:本发明是一种牛蛙全价颗粒饲料及其制备方法。本制品填补了现有技术的空白。牛蛙全价颗粒饲料及其制备方法是:将黄豆粉浸泡至颜色发生变化后将水放干,将鱼粉和麦麸搅拌均匀并置于浸泡过的黄豆粉的上面,加入开水再浸泡几小时,然后将其全部取出并干燥,再与玉米粉、骨粉、贝壳粉和抗氧防腐剂一起搅拌均匀,制成颗粒状并立即置入搅拌均匀的胃蛋白合剂中浸泡几分钟,捞出晒干后即成。本发明主要用于喂养牛蛙。

1910. 牛蛙生长膨化配合饲料

申请号:92108389 　　**公告号**:1068712 　　**申请日**:1992.04.27

申请人:朱妙云

通信地址:(314500)浙江省桐乡县崇福镇西虹桥 1 号

发明人:朱妙云

法律状态:授　　权　　**法律变更事项**:因费用终止日:1998.06.24

文摘:本发明是一种根据牛蛙不同的生长期而设计的牛蛙生长膨化配合饲料。该饲料系采用动物蛋白、植物蛋白、能量饲料配加维生素、纤维素,经高温、高压挤压而成。该饲料的组分及用量(重量百分比)为:①蝌蚪期:鱼粉 3%～5%,蚕蛹粉 10%～20%,豆饼 25%～30%,小麦四号粉 18%～25%,玉米粉 12%～20%,蚕沙 12%～15%;②幼蛙期:鱼粉 4%～11%,蚕蛹粉 9%～16%,豆饼 16%～26%,小麦 4 号粉 16%～22%,玉米粉 12%～20%,蚕沙 7%～15%;③成年蛙:鱼粉 3%～5%,蚕蛹粉 3%～6%,豆饼 15%～25%,小麦 4 号粉 25%～35%,玉米粉 15%～25%,蚕沙 10%～15%。这种饲料不仅含有很高的营养价值,而且原料来源充足,成本低廉,从而有效地解决了牛蛙家养的饲料问题。

1911. 牛蛙专用有色颗粒饲料

申请号:93111687 　　**公告号**:1085737 　　**申请日**:1993.09.06

申请人:黄清云

通信地址:(411104)湖南省湘潭市下摄司半边街 23 号

发明人：方劲东、黄清云、伍异成、朱自杰

法律状态：公开/公告　　法律变更事项：视撤日：1997.01.22

文摘：本发明是一种养殖牛蛙的专用有色颗粒饲料。它是在牛蛙饲料中加入诱食和刺激牛蛙食欲的食用色素、干艾叶和强味素。本饲料成本低，营养丰富，有色颗粒饲料对牛蛙有诱食和刺激增强食欲的作用，能满足牛蛙生长的需要，有利于提高饲料利用率，有利于牛蛙的生长。这种饲料能在水面上漂浮 2 小时以上，适于人工集中大量喂养牛蛙。

1912. 蛇饲料

申请号：96100970　　公告号：1161158　　申请日：1996.03.09

申请人：贾玉山

通信地址：(474450) 河南省淅川县城关镇冬青村

发明人：贾玉山

法律状态：公开/公告

文摘：本发明为一种蛇饲料。它是由谷物、动物下杂、动物骨粉和诱食剂等混合而成。其配料按重量组成如下：动物下杂 20～40，谷物 25～70，诱食剂 0.1～10，动物骨粉 2～4，加水适量。与现行蛇饲料相比，本饲料解决了蛇不食谷物、不食动物下杂的问题，从而降低了养殖成本。并且这种饲料营养均衡，原料容易获取，可足量供食，不会因蛇争食斗打而伤亡。

(六)畜禽饲料加工技术

1913. 一种猪饲料的配制方法

申请号：88103926　　公告号：1030172　　申请日：1988.06.22

申请人：陶三石

通信地址：(756000) 宁夏回族自治区宁夏固原民族师范学校

发明人：陶三石

法律状态：实　审　　法律变更事项：撤回日：1991.08.14

文摘：本发明是一种猪饲料的配制方法。它是以农作物的秸秆、杂草、糟渣等制成的草粉为原料,与含有尿素、磷酸二铵、石灰、草木灰等配制的合成剂混合搅拌并装池密封,时效处理 20～30 天后即可饲用。本发明的方法经济实用,适应范围广,原料成本低,且来源丰富。用本法配制的饲料具有营养价值高而全、适口性好、饲育收益快效益高的特点。本法既可适于个体饲养户自配饲用,也可实现工业化批量生产。

1914. 乳猪奶粉

申请号:95110830　　**公告号**:1120897　　**申请日**:1995.07.03

申请人:贺柏生

通信地址:(412400)湖南省茶陵县饲料复合添加剂厂

发明人:贺柏生

法律状态:公开/公告

文摘:本发明是一种供乳猪食用的奶粉。它是由冻干鲜奶、鱼粉、豆粕粉、玉米粉、白糖、喹乙醇、蛋氨酸、赖氨酸和乳猪用添加剂复合而成。其组分的重量配比如下:冻干鲜奶 10～13 份,鱼粉 3～4.5 份,豆粕粉 30～40 份,玉米粉 25～35 份,白糖 18～25 份,喹乙醇适量,蛋氨酸适量,赖氨酸 1～1.5 份,乳猪用添加剂 0.5～1 份。乳猪奶粉既是营养料,又是调味保健料,目的在于维持和平衡乳猪生长所需营养成分,因而它具有促进畜体新陈代谢、增强体质、促进生长发育的作用,对少奶和无奶母猪来说,本发明是一种理想的替代哺乳营养品。

1915. 猪用高蛋白浓缩饲料的造粒方法及其工艺

申请号:95118049　　**公告号**:1129073　　**申请日**:1995.11.17

申请人:刘燕南

通信地址:(330200)江西省南昌市南昌县横岗江西正兴饲料厂

发明人:刘燕南

法律状态:实　审

文摘:本发明是一种高蛋白浓缩猪饲料的造粒方法及其工艺。该饲料的造粒方法是:将高蛋白浓缩饲料的原料送入粉碎机进行粉碎,经粉碎后的原料再与添加剂预混料一起送入混合机进行混合,再把油料通过高压喷涂装置喷涂到混合好的饲料上,然后将混合饲料送入造粒机,从造粒机的模孔挤压出细长条的饲料经过破碎机破碎,即可制得符合标准要求的颗粒状高蛋白浓缩饲料。经过加工后的饲料颗粒均匀一致,营养成分分布均匀,且吸收利用率提高、抗营养物质减少,便于加工和运输,并且减少了终端产品中营养成分的分离变异,即使因某种原料价高货紧,也可通过其他原料的调质调色使产品获得稳定的使用效果及外观形状,从而增强了产品的竞争力度。

1916. 奶牛蛋白颗粒料及其制备方法

申请号:92109404   公告号:1082339   申请日:1992.08.17

申请人:王景和、王景阳

通信地址:(161000)黑龙江省齐齐哈尔市建华区文化街道办事处

发明人:王景和、王景阳

法律状态:公开/公告   法律变更事项:视撤日:1997.07.16

文摘:本发明是一种适用于奶牛的蛋白颗粒饲料及其制备方法。它包括将配置原料粉碎、混合搅拌、压制颗粒、干燥和质检。该饲料以尿素、玉米面和膨润土钠(钙)、沸石、蛋白营养强化剂、油脚和食盐为主要原料,添加其他原料,通过高温高压制成颗粒,在反刍兽瘤胃中起到缓释作用,提高尿素的利用率和饲喂量。其成分组成比例为(重量百分比):尿素 13%～25%,玉米面 60%～85%,糖蜜 20%～30%,膨润土钠(钙)4%～6%或沸石 4%～8%,蛋白营养强化剂(硫酸钠或硫酸镁或硫酸铵任选 1 种)1%～2%,油脚 2%～3%和食盐 3%～4%。用本品可代替倍量豆饼饲喂奶牛,对乳量,乳质(乳脂率、密度)均有提高,并具有降低饲料成本、提高经济收入、使用方便等特点。

1917. 制造瘤胃饲料的方法及专用设备

申请号:90106192   公告号:1061891   申请日:1990.12.08

申请人:四川省自然资源研究所

通信地址:(610015)四川省成都市一环路南二段 24 号

发明人:邓茂常、胡代泽、郎家文、鲜义坤、周国忠

法律状态：公开/公告　　法律变更事项：视撤日：1998.02.11

文摘：本发明是一种制造瘤胃饲料的方法及专用设备。制造瘤胃饲料的方法为：第一步是粉碎富含纤维素的植物如稿秆、荚壳、干草等为原料；第二步是碱化原料粉屑；第三步为接种，向经第二步碱化的反应物产物中加入以新鲜瘤胃内容物制成的固体曲或前一轮流程发酵醪的1/4和营养液；第四步为厌氧发酵，向在密闭状态下的发酵醪液中加入氨水作为氮源和缓冲剂，保持 pH 值 5.8～7.0，间歇搅拌发酵；第五步为制种，用特制的固体曲压块机将经第四步发酵完毕的发酵醪液压制成块曲，并用塑料袋密闭常温保存。发酵中专用发酵罐或发酵池具有特制搅拌器，可保证醪液不产生浮壳，使细菌和发酵液能够充分接触。本法中的纤维素分解率不小于 20%，细菌活性强，可在肠道中继续分解纤维素，有利于畜禽消化。曲种便于运输，有利于推广，成本低廉。

1918. 一种饲养反刍动物的料精及其生产方法

申请号：94116073　　　公告号：1119071　　　申请日：1994.09.24

申请人：王厚德

通信地址：(061001) 河北省沧州市团结小区 5 号楼 6 门 202 室

发明人：王厚德

法律状态：实　审

文摘：这是一种饲养反刍动物的料精(CY 料精)及其生产方法。它是以特选的组合菌种对一定比例植物性蛋白原料等进行固体发酵，并与一定比例的非蛋白氮原料以及适当的无机盐相混合而制成的新型料精。CY 料精是由特选的组合菌种对植物性蛋白原料进行固体发酵后与非蛋白氮(NPN)原料按一定的比例混合，并加入适当的无机盐，经一定的生产工艺加工而成。本发明采用添加缓释尿素与尿素结合，以缓释尿素为主的配方和生产工艺。使用 CY 料精不会出现单独使用其他(NPN)原料所导致的动物中毒现象，产品富含消化酶及免疫因子的生物活性物质，从而可增强动物的抗病能力。

1919. 尿素糖蜜舔块及其工艺方法

申请号：96102648　　　公告号：1160495　　　申请日：1996.03.26

申请人：张云程

通信地址：(154002)黑龙江省佳木斯市四丰山种禽场

发明人：张云程

法律状态：公开/公告

文摘：本发明是一种反刍动物饲料尿素糖蜜舔块及其工艺方法。它的主要配方成分是由糖蜜、尿素、麦麸、水泥、盐、硫酸钠组成。经过搅拌固化、脱膜、切割而成。其配方成分为：糖蜜 35%～40%，尿素 10%～20%，麦麸 25%～30%，水泥 5%～15%，盐 3%～5%，硫酸钠 0.5%～2%。其配方合理，提高了秸秆的消化率，原料来源丰富，成本低廉，工艺简单，每畜 1 块任其自由舔食，不但不影响正常饲养操作，而且可提高产奶率，技术也易于推广。

1920. 马鹿花饲料及其制备方法

申请号：94109286　　　公告号：1117804　　　申请日：1994.08.27

申请人：中国林业科学研究院资源昆虫研究所、云南省林业厅、曹坤贤

通信地址：(650216)云南省昆明市人民东路王大桥

发明人：吕福基、段永明、曹坤贤

法律状态：公开/公告

文摘：本发明包括 3 种马鹿花饲料及其制备方法。其特征在于将马鹿花籽实、叶作为饲料的主要营养源，经加工处理制成马鹿花全价饲料、马鹿花浓缩饲料和马鹿花肉鲜蛋白饲料。本饲料的成分含：代谢能 12.27 兆焦/千克，粗蛋白 19%，钙 1.16%～1.31%，磷 0.51%～0.54%，赖氨酸 1.0%，蛋氨酸 0.36%及其他。它们均含有较高的蛋白质和氨基酸。经实验证明，用此饲料喂养的商品肉鸡的胸肉和腿肉的蛋白质含量高，色、香、味、嫩度都明显的优于对照组，因此马鹿花作为肉鸡的蛋白添加料，对于提高商品肉鸡肉味的鲜美具有良好的效果。

1921. 水貂高蛋白高脂肪颗粒饲料

申请号：88108397　　　公告号：1034848　　　申请日：1988.12.02

申请人：青海省畜产进出口公司、周维经、林世琛

通信地址：(810007) 青海省西宁市树林巷2号

发明人：董德宽、贾文华、林世琛、任惠泉、周维经

法律状态：公开/公告　　法律变更事项：视撤日：1993.11.03

文摘：本发明是一种高蛋白高脂肪颗粒饲料。它适用于水貂及其他珍贵毛皮动物。其制作方法是：经清理、粉碎、混合、熟制、2次混合、搅拌、制粒、冷却、喷涂等工艺制成。其饲料的组分及用量（重量百分比）为：①水貂繁殖期：鱼粉 15%～35%，喷雾血粉、酶化血粉或发酵血粉 8%～25%，肉骨粉、犊牛粉、肝心粉、骡马驴肉粉、蚕蛹粉或高温肉、兔肉、牛羊肉、貂肉 16%～30%，鸡蛋或毛蛋 6%～10%，羽毛粉 3%～6%，玉米、小麦全粉或豆饼 8%～20%，骨粉、贝壳粉或钙粉 8%～14%，骨胶、蹄角粒或胶 10%～15%，炼猪油、油渣或肥膘条、菜籽油、豆油、油脚或油副产品 18%～24%，食盐 0.3%～0.5%，防腐防霉剂、葱粉或催情剂适量，水分 6%～10%；②水貂哺乳期：鱼粉 12%～30%，喷雾血粉、酶化血粉或发酵血粉 8%～26%，犊牛粉、肝心粉、骡马驴肉粉、蚕蛹粉或高温肉、兔肉、貂肉 16%～24%，鸡蛋或毛蛋 6%～8%，羽毛粉或膨化羽毛粉 2%～4%，骨粉、贝壳粉或钙粉 8%～10%，骨胶、蹄角粒或胶 8%～12%，炼猪油、油渣、肥膘条或菜籽油、豆油、油脚或油副产品 24%～30%，水貂添加剂、赖氨酸、蛋氨酸适量，食盐 0.3%～0.5%，水分 6%～8%，防腐防霉剂适量，沸鲜奶冲化饲喂仔貂；③水貂生长期与换毛期：鱼粉 14%～25%，喷雾血粉、酶化血粉或发酵血粉 8%～20%，肝心粉、犊牛粉、蚕蛹粉或高温肉、骡马驴肉、貂肉、兔肉 16%～20%，羽毛粉或膨化羽毛粉 4%～6%，骨粉、贝壳粉或钙粉 8%～10%，骨胶、蹄角粒或胶 8%～12%，炼猪油、油渣、肥膘条、菜籽油、豆油、油脚、油副产品、牛羊油脂、骨髓油 22%～30%，食盐 0.3%～0.5%，水分 6%～9%，水貂添加剂、水貂氨基酸添加剂适量，防腐防霉剂适量；④水貂维持期：鱼粉 10%～30%，喷雾血粉、酶化血粉或发酵

血粉 6%～20%,肉骨粉、犊牛粉、肝心粉、骡马驴肉粉或高温肉、兔肉、貂肉 14%～26%,羽毛粉 3%～6%,玉米、小麦全粉或豆饼 5%～18%,浓缩蛋白粉或植物蛋白粉 14%～65%,骨粉、贝壳粉或钙粉 6%～12%,炼猪油、菜籽油、油脚或油渣 20%～24%,食盐 0.3%～0.5%,水分 7%～9%,赖氨酸、水貂添加剂、防腐防霉剂适量。这种饲料依水貂各生物学时期日粮营养不同需求而配制,蛋白质含量达 35%～45%,脂肪含量达 20%～32%。从而解决了现有水貂饲料蛋白质和脂肪含量偏低、比例失调的问题。其营养成分齐全,适口性好,使用简便,性能安全可靠,便于推广。

1922. 水貂饲料防腐抗氧化剂

申请号:90100534　　　公告号:1043865　　　申请日:1990.02.06
申请人:北京市营养源研究所
通信地址:(100054)北京市右安门外东滨河路
发明人:付晴鸥、高学敏、靳　莉、李　平、马金城、汪锦邦
法律状态:授　　权
文摘:本发明是一种水貂饲料防腐抗氧化添加剂。它是由 35%～44%的防腐剂,5%～7%的抗氧化剂,0.5%～3%柠檬酸,50%～56%的白陶土等成分组成,各组分总和为 100%。本配方具有防腐、抗氧化、保持饲料营养成分、延长饲料贮藏期之功效。在使用过程中无毒,无刺激性臭味,不影响饲料品质及适口性,不污染饲料及作业环境。它集中了各配方的优点,在防腐抗氧化方面达到了最佳效果。

1923. 热土饲料

申请号:92107073　　　公告号:1081579　　　申请日:1992.07.27
申请人:黄明和
通信地址:(422300)湖南省洞口县委办公室
发明人:傅双峰、黄明和
法律状态:授　　权
文摘:本发明的热土饲料是属于一种饲喂禽畜的饲料。热土饲料中

除含有米糠、麦麸、玉米与大豆外,还含有 10%～70% 的取自 50～100 厘米土层之间、经干燥、粉碎、去杂的红黄土。红黄土与上述配料按一定比例配合,且接种一定量的酵母与酒曲,用 30～45℃ 的温水调和,在 60%～80% 的湿度条件下堆置一段时间即成。用热土饲料投喂禽畜,虽有一段短时间的适应期,但禽畜生长很好,无异常反应,饲喂效果与全价饲料接近,特别是肉猪的瘦肉率可达到 70% 左右。

1924. 生产高碘鹌鹑蛋的配合饲料

申请号:94102099　　公告号:1107662　　申请日:1994.03.02

申请人:刘华桥

通信地址:(432600)湖北省安陆市农腾实业公司

发明人:冯立志、刘华桥

法律状态:授　权

文摘:本发明是一种用来饲喂鹌鹑以生产高碘鹌鹑蛋的配合饲料。它是由经过预处理的谷实类饲料、糠麸类饲料、豆粕、棉粕、鱼粉、活性酵母、高碘无机盐预混料、维生素、氨基酸、药物预混料和补钙无机盐饲料混合而制成。其配比(按重量计)如下:谷实类饲料 40%～55%,糠麸类饲料 4%～20%,豆粕 18.6%～31%,棉粕 0～6%,菜粕 2%～4%,鱼粉 2%～5%,活性酵母 0～5%,高碘矿物质预混料(含碘量为 0.01%～0.1%)2.5%,维生素、氨基酸、药物预混料 0.5%,补钙无机盐饲料 5.5%～7.0%。本发明通过控制碘化物的添加量和其他原料的用量来促使碘在鹌鹑蛋中富积,并使其含碘量稳定于一定的范围内,从而生产出不同含碘量的鹌鹑蛋,以满足人们日常食用中的不同需求。

1925. 保健饲料

申请号:95112210　　公告号:1149981　　申请日:1995.11.16

申请人:姜国华

通信地址:(262500)山东省青州市云河乡涝洼村

发明人:姜国华、王　霞

法律状态:公开/公告

文摘：本发明是一种增效保健饲料。它是以蚕沙为培养基栽种出蘑菇，再以蘑菇为培养基培养出名贵食药用多种菌丝体，再用已培育出的名贵食药用菌丝体，如冬虫夏草、猴头、香菇、牛肝菌等近10种各类菌丝体配制出维菌增效保健饲料。其组合配方(重量百分比)为：冬虫夏草菌丝3%～10%，猴头菌丝5%～15%，香菇菌丝5%～15%，牛肝菌丝8%～30%，双苞菇菌丝30%～70%，鸡腿菇菌丝8%～20%。该项饲料含蛋白28%以上，价格比配合饲料每500克低0.2元以上，每养1 000只肉鸡仅饲料费即可节省2 000多元，且在水中有悬浮作用，不仅对禽畜而且作鱼的饵料也很好。

1926. 生产低胆固醇高碘鸡蛋的饲料配方

申请号：94102550　　　公告号：1108482　　　申请日：1994.03.18
申请人：北京市种禽公司、化工部北京化工研究院环境保护研究所
通信地址：(102209) 北京市昌平县东沙各庄
发明人：陈石登、葛健英、胡翔、彭海珠、王峰、左金友
法律状态：公开/公告　　　法律变更事项：视撤日：1997.12.31

文摘：本发明是一种生产低胆固醇高碘鸡蛋的饲料配方。它包括玉米、饼粕、糠麸、石粉、骨粉、食盐、维生素和微量元素添加剂(包括碘酸钙0.01%～0.025%)。生产该饲料的配方是：玉米56%～63%，饼粕15%～25%，动物蛋白原料0～6%，糠麸3%～10%，石粉7%～8%，骨粉1%～2%，食盐0.2%～0.3%，维生素和微量元素添加剂0.5%～1%，含碘酸钙0.01%～0.025%。本配方原料易得，成本低，制作简便，喂养效果好。红壳蛋鸡经上述饲料喂养后，鸡蛋中胆固醇下降20%～30%，平均每枚鸡蛋含碘100微克以上，生产1枚低胆固醇高碘鸡蛋所增加的成本仅0.4分钱。本发明为大量提供新食疗保健食品——低胆固醇高碘鸡蛋创造条件，可普遍推广使用。

(七)蜜蜂饲料加工技术

1927. 一种解毒养蜂法

申请号：87106827　　　公告号：1032484　　　申请日：1987.10.13

申请人：北京养生科学研究所

通信地址：(100032)北京市西城区屯绢胡同16号

发明人：赵尚武

法律状态：授　　权　　法律变更事项：因费用终止日：1995.11.29

文摘：本发明是一种在油茶产区使用的养蜂饲料——解毒养蜂法。这种饲料是由酸性果汁,如山楂、山杏、酸枣、草莓汁中的任何1种和水组成,或由酸性果汁浓缩成的固体溶于水中组成。这些酸性果汁与水的配比均可为0.2%～0.4%。它使在油茶产区采蜜的蜜蜂食用后能生存下去,从而可以给油茶授粉,提高油茶产量,开发油茶蜜源。

1928. 蜂王产卵刺激剂

申请号：87106828　　　公告号：1032483　　　申请日：1987.10.13

申请人：北京养生科学研究所

通信地址：(100032)北京市西城屯绢胡同16号

发明人：赵尚武

法律状态：公开/公告　　法律变更事项：视撤日：1991.02.27

文摘：本发明是属于一种人工合成的蜂王产卵刺激剂。它是由砂糖粉、葡萄糖、蜂花粉、奶粉、酵母粉、刺激粉和食盐粉,按一定比例用浓糖水或蜜水合成的面团组成。其组分重量百分比是：砂糖粉38%～42%,葡萄糖12%～8%,蜂花粉29%～30%,奶粉12%～5%,酵母粉3%～7%,刺激粉3%～7%,食盐粉3%～1%(上述原料用比例为10：3的糖水或蜜水合成面团)。这种刺激剂适合蜜蜂口味,易被蜜蜂消化吸收,含蜜蜂所需全部营养,优质无毒菌,成本低。

1929. 蜂宝组合物及其制造方法

申请号：88109111　　公告号：1035229　　申请日：1988.10.08

申请人：王玉良

通信地址：(134000)吉林省通化市人参研究所

发明人：王玉良

法律状态：实　审　　法律变更事项：视撤日：1992.10.21

文摘：本发明为蜂宝组合物及其制造方法。它含有取自人参的皂甙、刺五加粉、蛋白质、氨基酸等 10 几种物质。该组合物是由以下成分组成：人参皂甙(有较高含量的单体皂甙 Re 和 Rg_1、三醇型皂甙 6％以上、二醇型皂甙 3.5％以上)6％，刺五加花粉 15.68％，维生素 B_1 2.9％，维生素 B_2 3.0％，烟酸 2.7％，蛋白质 25％，氨基酸 13％，果糖 19.1％，抗菌素 2.8％，生长素 2.9％，钾 4％，钠 0.28％，钙 1.7％，镁 0.94％。采用本制品饲喂蜜蜂，可提高产蜜量和延长工蜂寿命。

(八)动物及活性饲料加工技术

1930. 全营养活性饲料

申请号：92108260　　公告号：1082824　　申请日：1992.08.24

申请人：四川省自然资源研究所

通信地址：(610015)四川省成都市一环路南二段 24 号

发明人：邓茂常、胡代泽、郎家文、谭祖群、汪树泽、鲜义坤

法律状态：公开/公告　　法律变更事项：视撤日：1996.07.10

文摘：本发明是一种全营养活性饲料。它含有能量饲料、蛋白饲料，还含有具有活性瘤胃纤维分解菌的瘤胃饲料和发酵菌液。其组分及其含量为：瘤胃饲料 10～75 份，发酵菌液 5～44 份，能量饲料 10～35 份，蛋白饲料 10～20 份。瘤胃饲料的连湿湿度为 60％。全营养活性饲料的连湿湿度为 47％～53％，镜检活菌量为 5 亿～15 亿个/克。本发明赋予了能量饲料及蛋白饲料的湿润性和生物活性，能达到不同动物所需的营养水平。本制品生物活性高，适口性好，适用广，成本低。

1931. 活性饲料及其配方

申请号：92112296　　公告号：1085047　　申请日：1992.10.08

申请人：董全忠

通信地址：(463400) 河南省平舆县畜牧站

发明人：董启森、董全忠、董瑞华、谢学风

法律状态：公开/公告　　法律变更事项：视撤日：1996.01.03

文摘：本发明是一种适用于种猪、母猪、仔猪及育肥猪的饲料配方。HL 活性饲料及其配方包括粮食、树叶及中药。它主要含有玉米、粉渣、豆饼、麦麸、酒糟、大麦、小麦、高粱、黄豆、米糠、绿豆、鱼粉、干酵母骨粉、桐叶、杨叶、紫穗槐叶、桑叶、洋槐叶、国槐叶、柏叶、松叶、当归、白芍、茯苓、白术、甘草、陈皮、五味子、艾叶、穿心莲、黄柏、黄芪、杜仲、雄黄、五加皮、柳叶、益母草、附子、蒲公英、麦芽、神曲等共 40 多种成分。经试验证明，与常用饲料相比，育成 1 头商品猪可节约粮食 45% 以上，降低成本 25% 以上，肉与料之比为 1：2.79,6 月龄出栏。

1932. 灭蝇生蛆器及其使用方法

申请号：94115943　　公告号：1117791　　申请日：1994.08.30

申请人：刘志兵

通信地址：(848000) 新疆维吾尔自治区和田市纳瓦格路 42 号和田地区植物检疫站

发明人：刘志兵

法律状态：授　　权

文摘：本发明的灭蝇生蛆器是繁殖蛆虫同时诱杀苍蝇的工具,利用广泛易得的生物废料,诱蝇生蛆,消灭苍蝇,净化环境。灭蝇生蛆器由底盆、粘液槽、饵料盘、三脚架、孔盖、顶盖 6 部分组成。灭蝇生蛆器的设计是利用了苍蝇的趋化性(逐臭而趋)和趋光性(逃离时主要靠视觉),以透气不透光的顶盖、孔盖结构,诱使苍蝇循着腥臭气溢出的孔道逆向爬入器中,待其食饱、产蛆之后,便会向着明亮的粘液槽上飞去,跌入槽中淹死。成熟蛆虫会爬出饵料盘,落入浓盐水中,及时滤出,清水冲洗便可作饲料,直接饲喂或晒干备用。

1933. 合成鱼粉

申请号:89105509　　　**公告号:**1042291　　　**申请日:**1989.08.19

申请人:北京东城区开元新技术公司

通信地址:(100007)北京市东城区国子监街15号

发明人:胡继红、胡茂森、李建凡、刘维祥

法律状态:实　审　　**法律变更事项:**视撤日:1995.12.20

文摘:本发明是一种畜牧业中的饲料——合成鱼粉的制备方法。配制动物饲料使用的天然鱼粉,由于各个国家所处的地理位置不同,影响天然鱼粉资源的来源。对此本发明采用以毛发或猪毛为原料,经水解提取胱胺酸后,浓缩制成浓缩水解母液,再与高蛋白粉、血粉、麦麸、赖氨酸、蛋氨酸、磷酸氢钙及肉骨粉等混合而成鱼粉。这种合成鱼粉可替代天然鱼粉,且成本降低,饲养效果好,是一种理想的饲料原料。

1934. 一种代鱼粉

申请号:95107449　　　**公告号:**1120896　　　**申请日:**1995.07.11

申请人:张东波

通信地址:(056003)河北省邯郸市复兴区邯钢百家村生活区53

发明人:张东波

法律状态:公开/公告

文摘:本发明是一种替代畜禽饲料中鱼粉的组合物代鱼粉。这种代鱼粉的组合物的各组分及含量比例为:玉米淀粉 1%～3%、食盐0.5%～1.5%、蛋氨酸 0.5%～1%,微量元素添加剂 0.1%～0.5%、鱼粉或肉粉、血粉 5%～15%,大豆饼粕 80%～90%。本发明的代鱼粉经检测与国产鱼粉营养构成基本相同,其中粗蛋白为 50%～55%,可替代鱼粉制作畜禽配合饲料。其成本按市场价计算每吨可降低 45%,同时能够克服鱼粉易发霉变质等缺陷,可作为一种鱼粉替代产品应用于配合饲料中。

1935. 高效能添加饲料

申请号：89103185　　　公告号：1038572　　　申请日：1989.05.15

申请人：王转京、高和平、王　磊、王传守、马学清、王伟京、王安京

通信地址：(102100) 北京市延庆县川北小区 25 号楼 401 号

发明人：王转京

法律状态：公开/公告　　　法律变更事项：视撤日：1992.10.07

文摘：本发明是一种高效能添加饲料。它是由鸡、鸭、兔的屠宰废弃物、水、红曲粉、硫酸铵、高锰酸钾、丁基大茴香醚、二丁基羟基甲苯、啤酒糟(干)、谷芽粉(干)、苦参粉(干)配料制成。制造工序有切碎、蒸煮、沉淀、除油、浓缩、复合、干燥、粉碎等。制作高效能添加饲料每 1 千克所用的添加饲料的配料为：鸡、鸭、兔的屠宰废弃物 3.3～4.0 千克，水 3.3～4.0 千克，硫酸铵 0.5 克，高锰酸钾 5.5 克，红曲粉 10 克，丁基大茴香醚 0.1 克，二丁基羟基甲苯 0.1 克，啤酒糟(干)0.3～0.4 千克，谷芽粉(干)0.05～0.1 千克，苦参粉(干)0.05 千克。本制品所用原料比同类产品少，含粗蛋白一般为 45%～60%，脂肪 10%左右，无机盐 5%～15%，粗纤维 3%左右，氯化钠 3%。本制品在实际饲养中能提高猪、鸡的生长速度，提高鸡的产蛋率，蛋鸡可提前产蛋。

1936. 高效能饲料复合添加剂

申请号：95110831　　　公告号：1127076　　　申请日：1995.07.03

申请人：贺柏生

通信地址：(412400) 湖南省茶陵县饲料复合添加剂厂

发明人：贺柏生

法律状态：公开/公告

文摘：本发明是一种高效能饲料添加剂。它含有家畜生长必需的氨基酸、多种微量元素和维生素等营养成分。其中铁、铜、锌、锰、镁、钾、钠的含量为超常量，如每千克添加剂中铁为 25～45 克，铜为 15～35 克等，并采用海泡石粘土为载体，从而降低成本。高效能饲料复合添加剂含有铜、铁、锌、锰、一氧化碳、硅、喹乙醇、赖氨酸、抗氧剂和猪用多种维

生素等。其组分含量为：①上述的添加剂中掺有镁、钾、钠、氯化胆碱、蛋氨酸、香粉和土霉素碱;,上述的微量元素的载体为海泡石粘土；②上述的添加剂组分的含量范围为(重量配比):铜 1.5～3.5 份,铁2.5～4.5 份,锌 1.0～2.5 份,镁 0.5～1.5 份,锰 0.5～2.0 份,一氧化碳 0.03～0.06 份,硅 0.03～0.05 份,钾 0.02～0.04 份,钠 0.04～0.08 份,海泡石粘土 55～62 份,香粉 4～7 份,土霉素碱 0.2～0.6 份,氯化胆碱1.5～3 份,抗氧剂 0.5～1 份,喹乙醇 0.3～0.8 份,猪用多种维生素0.3～0.8 份,赖氨酸 8～15 份,蛋氨酸 5～10 份,调味剂 1～2 份,防霉剂 2～5 份。本添加剂营养要素全面,配比独特,使用方便,掺入普通饲料中混合使用,用量小,作用显著。通过试验发现,本产品具有镇静,生猪喜睡,食欲增加,毛发光亮,增重效果显著的作用。

1937. 一种复合动物蛋白质饲料

申请号:86105284　　公告号:1007966　　申请日:1986.08.05

申请人:常德肉类联合加工厂

通信地址:(415000)湖南省常德市德山

发明人:张智斌

法律状态:实　审　　法律变更事项:视撤日:1991.01.16

文摘:本发明是一种复合动物蛋白质饲料。它是利用肉联厂的下脚料和下脚料及脏器生化制药后的下脚料制成骨肉粉、油渣粉、发酵血粉、毛蹄水解液、杂肉粉,添加防霉抗菌的丙酸钠、丙酸钙,补充肝粉、血浆粉,适当加入蛋氨酸,再通过补充原料和添加药物予以强化而制成。它具有高蛋白、易消化、多功效、低成本的特点。它为发展饲料工业和畜禽鱼类养殖业开辟了蛋白资源,为肉类联合加工企业减少环境污染、提高经济效益、节约国家进口鱼粉的外汇支出提供了有效途径。

1938. 一种单细胞蛋白的生产方法

申请号:88105734　　公告号:1038464　　申请日:1988.06.17

申请人:郴州地区教师进修学院

通信地址:(423000)湖南省郴州市郴州地区教师进修学院

发明人：曹向东

法律状态：异议阶段　　法律变更事项：驳回日：1995.12.27

文摘：本发明为一种单细胞蛋白的生产方法。它是把纤维素类的农业废弃物经稀酸水解糖化后的产物作为微生物的利用底物生产单细胞蛋白。其方法步骤如下：①纤维素类的农业废弃物在一定的温度、压力条件下膨化处理；②膨化处理后的纤维素类农业废弃物按一定的比例加入二级酸水解液进行一级水解，一级水解后的残渣再加入一定量的稀酸进行二级水解；③二级酸水解液用一定量的水稀释后用于一级水解；④一级酸水解液经中和、澄清、调整糖量、调整 pH、添加营养物质后用于微生物细胞培养。本发明采用循环式二级稀酸水解糖化工艺把稻壳之类的含纤维素类的农业废弃物水解成微生物可利用的底物，又通过介质差速离心的大细胞分离技术筛选优良的生产菌株用于生产单细胞蛋白。该方法不仅为蛋白饲料的生产提供了一条有效的途径，而且综合利用了农业废弃物，其经济效益和社会效益明显。

1939. 生物蛋白饲料的加工工艺

申请号：89105188　　公告号：1050974　　申请日：1989.10.14

申请人：吉林大学生物工程公司

通信地址：(130023)吉林省长春市柳条路 2 号

发明人：付伯涛、龚旭光、贾志丹、林永齐、王晓博、王执中、张伟

法律状态：公开/公告　　法律变更事项：视撤日：1993.03.10

文摘：本发明是一种利用家禽排泄物为原料的生物蛋白饲料的加工工艺。他是将家禽排泄物经烘干、粉碎、筛选将添加剂混入物料中，送到生物蛋白饲料机加工成型，再粉碎与其他饲料混合，作为家禽、家畜、鱼的饲料。加工生物蛋白饲料的工艺如下：①将家禽的排泄物(当日为最佳)进行烘干使水分保留在 5%～30%，最好为 15%～20%；②将烘干的物料粉碎到 10～30 目，最好为 15～25 目；③将粉碎的物料进行筛选去掉杂质，并用磁铁吸走物料中的铁器；④至少有 1 种添加剂混匀于物料中，使物料的湿度达 10%～40%，最好为 20%～30%；⑤将混匀的物料送入生物蛋白饲料机(该机已获国家实用新型专利权，专利

号 88220109.3)，前段加工温度 50～100℃，中段加工温度 100～150℃，后段加工温度 150～200℃，加工成型；⑥将加工成型的物料经粉碎机加工成直径 2 毫米的颗粒，由混料机按其比例混合成家禽、家畜和鱼的饲料。该工艺具有用机械加工家禽的排泄物，保留了其中的蛋白质和磷类，除去了臭味和有毒气体。它能在饲料中代替大量的豆饼，并具有工艺简单，加工方便，适用于各类养鸡场和种猪场、种畜场。

1940. 硫化变性角蛋白工艺及专用反应器

申请号：90103040　　公告号：1057377　　申请日：1990.06.18

申请人：徐二云、邵靖宇

通信地址：(311500) 浙江省桐庐县柯家湾新村 1 幢 503 室

发明人：邵靖宇、徐二云

法律状态：公开/公告　　法律变更事项：视撤日：1997.05.21

文摘：本发明是一种将毛发、羽毛、蹄角等角蛋白加工成可消化饲料蛋白的方法。将毛发、羽毛、蹄角等角蛋白加工成饲料蛋白的方法是：将粉碎的角蛋白与适量硫化钠或硫化钙在 20～50℃ 条件下搅拌生成硫化变性角蛋白。再将这种硫化变性角蛋白在盐酸中酸化除硫生成变性角蛋白。变性角蛋白经漂洗、过滤、压榨去除盐分后成为可消化的饲料蛋白。该方法采用硫还原法使角蛋白变性松解，成为可被牲畜利用的饲料蛋白，并设计了专用于该工艺的酸化除硫反应器，使反应中产生的硫化氢被吸收利用。这样既避免了环境污染，又可循环利用原材料，降低成本。

1941. 用于回收蛋白质的新型絮凝剂

申请号：90104461　　公告号：1048020　　申请日：1990.06.20

申请人：北京市环境保护科学研究所

通信地址：(100037) 北京市阜外北二巷

发明人：陈祖辉、石志梅

法律状态：授　权　　法律变更事项：因费用终止日：1995.08.09

文摘：本发明是一种能够从食品加工行业产生的废水中回收蛋白

质的新型絮凝剂。它是以海藻类植物为原料,经过洗净、晾干、破碎后,在一定浓度的碳酸钠溶液中浸泡一定时间,放置在均质器下,以10 000转/分的高速剪切成糊状物,经稀释即可使用。为了运输和放置方便也可制成固体状。此种絮凝剂无毒、无害,加在含有蛋白质的废水中,可使蛋白质沉淀回收。

1942. 助长蛋白粉添加饲料

申请号:90104585   公告号:1049594   申请日:1990.07.18

申请人:王转京

通信地址:(102100)北京市延庆县川北小区25楼401号

发明人:王转京

法律状态:公开/公告   法律变更事项:视撤日:1993.09.08

文摘:本发明是一种助长蛋白粉添加饲料。本发明的蛋白粉是由羽毛漂洗、热汽压蒸、复合、速加压加热减压处理、强化烘干与粉碎工序制成。在漂洗工序中使羽毛在疏松剂硫酸铵铝中浸泡,增加速加压加热减压工序。在漂洗工序中,将在氢氧化钠水溶液内漂洗过的羽毛脱水后,再放入硫酸铵铝水溶液中浸泡,然后脱水,复合加工肉粉或鱼粉;在速加压加热减压工序中,将复合后的羽毛粉分成块状,初步干燥到含水分为14%~20%(重量)后,在速加压加热专用机内进行速加压加热减压处理,在强化工序中是补足羽毛粉内较少的赖氨酸与蛋氨酸以及防霉剂、油脂抗氧化剂等。从而使蛋白质消化率提高到85%~95%,含粗蛋白65%~80%。本制品具有丰富的多种氨基酸,可代替肉粉或鱼粉作为饲料的营养添加剂。

1943. 畜禽营养胶及其生产方法

申请号:90109609   公告号:1052996   申请日:1990.11.27

申请人:莫以贤

通信地址:(537617)广西壮族自治区广西农学院博白兽药厂

发明人:莫以贤

法律状态:实 审   法律变更事项:视撤日:1994.12.21

文摘：本发明是一种畜禽营养胶及其生产方法。畜禽营养胶是由羽毛（猪毛、人发）、赖氨酸、蛋氨酸等所组成。其生产方法是：将羽毛洗净投入碱或酸溶液加热、水解、中和 pH7，然后，过滤、浓缩、配料、装瓶。其中羽毛水解反应过程为：羽毛（角蛋白）→初解蛋白→胨（消化蛋白）→多肽→d-氨基酸；畜禽营养胶配方原料为：羽毛（猪毛、人发）100 千克，烧碱 8～12 千克，盐酸 12～16 千克，赖氨酸 10～40 千克，蛋氨酸 5～20 千克，水 100～500 千克。本发明的优点是生产 1 吨营养胶含赖氨酸总量达 0.36 吨，相当于 80 吨粮食，4～6 吨进口鱼粉。

1944. 高级全价蛋白饲料添加剂及其生产方法

申请号：91102387　　　公告号：1054175　　　申请日：1991.04.18

申请人：王转京

通信地址：（102100）北京市延庆县川北小区 25 号楼 401

发明人：王转京

法律状态：公开/公告　　　法律变更事项：视撤日：1997.02.12

文摘：本发明是一种高级全价蛋白饲料添加剂。它是将骨肉下脚料、羽毛、血浆、油脂以及松针粉，需补充的氨基酸等合理搭配，分别经高压灭菌、蒸煮、酶化、膨化、复合、烘干、粉碎而制成。高级全价蛋白饲料添加剂中的饲料是由下列方法复合而成：①初步复合（按配料 100 千克计算）：取蒸煮过的骨肉粉 13～16 千克，膨化羽毛粉 33～38 千克，动物型香味剂 14～16 千克，加到以其干物质计为 34～39 千克，比重为 1.152 克/立方厘米的酶化血浆中，加入五香粉 0.1～0.3 千克，经混合搅匀，放入真空烘干机内，在 100～120℃下烘干，当水分为 6%～8% 时，从烘干机中取出粉碎，其粒度为 1～2.5 毫米；②进一步复合待初步复合物质冷却后，取其 90 千克，在其中加入松针粉 1.5～3 千克，最好是 2.5 千克；L-盐酸盐赖氨酸 2～3 千克，DL-蛋氨酸 1～1.5 千克，油脂 3～5 千克，共得 100 千克，再加入少量其他物质，其中，丙酸钠 250 克，二丁基羟基甲苯 20 克，磷酸氢二铵 100～300 克，碘化钠 50～100 克，混合均匀，过筛粉碎即成。本饲料添加剂营养全面，蛋白质含量高，氨基酸平衡，消化率高，是取代秘鲁鱼粉的最理想的高级全价蛋白饲料添加剂,成本低廉,便于制备。

1945. 高效复合酶活单细胞活性蛋白——载体鱼粉及其制作方法

申请号:91109796　　　公告号:1071553　　　申请日:1991.10.21

申请人:天津市北方生物饲料实验厂

通信地址:(300381)天津市西郊区工农联盟农牧场

发明人:曹玉珀、常汉德、陈金栋、李加和、王凤霞、王金普、魏汝宗

法律状态:公开/公告　　　法律变更事项:视撤日:1995.04.26

文摘:本发明是一种用于畜禽饲料的复合酶活单细胞活性蛋白——载体鱼粉及其制备方法。其配方是在酵母中混入皂甙粉、鱼精脂、稀土、胆碱、蛋氨酸、核黄素、赤霉素等原料中的1种或几种或全部。其制备方法是:先将豆粕、蛋白粉接入菌种,采用沸腾增氧法发酵,再经烘干、粉碎,尔后再与皂甙粉、鱼精脂、稀土、胆碱、蛋氨酸、核黄素、赤霉素中的1种或几种或全部混合。本发明具有营养丰富、抗病力强、性能优越、成本低等特点。

1946. 一种制备高蛋白饲料的方法

申请号:91109876　　　公告号:1060389　　　申请日:1991.10.26

申请人:于连生

通信地址:(100080)北京市海淀区倒座庙2号

发明人:于连生

法律状态:授　权

文摘:本发明是一种高蛋白质饲料(FS-高蛋白质饲料)制作配方。它是以废弃的多种动物血液为主要原料,以多种植物蛋白源作载体,动物蛋白质作为核心蛋白源,经微生物发酵,生产一种高效三元蛋白体共聚物,称之为高蛋白质饲料,用来饲养家畜和水生动物,其动物蛋白源来自牛、羊、鸡血。经微生物发酵后的半成品,再经人工调配,使氨基酸比例平衡,其蛋白含量在50%~55%。该饲料不含任何杀菌剂,制造过程无污染,工艺安全有效。

1947. 一种饲用胶原蛋白粉的生产方法

申请号:92100082　　公告号:1062642　　申请日:1992.01.11

申请人:易鹤翔

通信地址:(342300)江西省于都县贡江镇东方红大街 158 号

发明人:易鹤翔

法律状态:实　审　　法律变更事项:视撤日:1998.08.13

文摘:本发明是一种饲用胶原蛋白粉的生产方法。其生产方法是:以牲骨为原料,首先将牲骨置于冷水中浸泡数小时,然后装入蒸煮锅,向锅内注水,注水量以浸没牲骨高度的 2/3 为宜,接着通入高压蒸汽进行蒸煮,蒸煮气压为 0.10~0.35 兆帕,温度为100~139℃,时间为 2~12 小时;蒸煮液经过过滤、浓缩、干燥后,得到粉状胶原蛋白,再加入填料,制成饲用胶原蛋白粉。用本发明方法制成的产品经有关部门检测,粗蛋白含量达 64.17%,猪体对粗蛋白消化率为87.65%,各项测试指标均高于进口鱼粉,是一种较为理想的动物蛋白饲料。

1948. 水解蛋白工艺

申请号:92101937　　公告号:1086965　　申请日:1992.03.24

申请人:武汉知识分子联谊会

通信地址:(430014)湖北省武汉市汉口沿江大道 102 号

发明人:王业文

法律状态:实　审　　法律变更事项:视撤日:1996.09.25

文摘:本发明是一种以鸡、鸭肉渣或其他动物肉渣为原料的水解蛋白工艺。该工艺是先将原料与盐酸以 1:0.9~1.5 的比例混匀,经温浸(75~95℃,18~12 小时)、水解(100~105℃,回流 4 小时)、过滤和浓缩工序后得 pH 5~6.5 的浓缩液,再经冷藏脱盐和过滤后,制得 31 种氨基酸。采用本发明工艺还可获得饲料产品及配制鲜美的味精酱油。

1949. 生产蛋白粉饲料的方法及其设备

申请号:92106185　　公告号:1066563　　申请日:1992.05.15

申请人：王继春、陈　鹏、王德纯
通信地址：(136204)吉林省东辽县科技咨询服务中心实验厂
发明人：梁　戈、刘　平、王继春、张永泰
法律状态：实　审　　法律变更事项：视撤日：1995.08.02

文摘：本发明是一种以利用食品酿造行业的副产物——糟渣为原料生产蛋白粉饲料的方法及其专用设备。其生产方法主要为自然沉淀、过滤脱水、挤压脱水、粉碎滤杂及气流干燥脱水。即将糟渣液在池子里自然沉淀脱水，上清液通过清水泵排出，沉淀物用泥浆泵抽入大罐中，通过大罐上的排泄阀将上述沉淀物装入编织袋中过滤，脱去糟渣中部分游离水，然后再将过滤剩下的糟渣连同编织袋一起放入挤压设备中进行挤压脱水，使大部分游离水脱掉，经挤压后的糟渣从编织袋中倒出，用粉碎机粉碎成粉状，再经振动筛过滤去杂，最后送入气流干燥设备中利用热风进行气流干燥脱水，使之脱掉糟渣中所含的游离水和结合水，从而制成蛋白粉饲料。挤压设备是由普通液压机和滤套构成，气流干燥设备由热风炉、鼓风机、立式烘干带和旋流器构成。本发明的特点是设备投资较低，特别是耗能较少，因而可相对降低生产成本。另外，利用该方法生产蛋白粉饲料不会产生糊化现象。

1950. 复合蛋白饲料及其制造方法

申请号：94110889　　公告号：1109279　　申请日：1994.03.26
申请人：颜奎锋
通信地址：(421662)湖南省祁东县大同市乡农科教中心
发明人：刘润芝、颜奎锋
法律状态：实　审

文摘：本发明是一种复合蛋白饲料及其制造方法。复合蛋白饲料含有动物角蛋白和植物蛋白，是优良的禽畜水产养殖业饲料。复合蛋白饲料主要由下列物质制成：①动物的毛10%～30%；②动物的血15%～30%；③动物的皮、肉10%～20%；④动物的角、蹄、骨、卵壳15%～30%；⑤植物料13%～35%；⑥药曲2%～3%。其制造步骤为：原料去杂质、水解、加入植物料、药曲搅拌、干燥、粉碎、包装。

本复合蛋白饲料的突出优点是饲养效果好,经济效益高,社会环境效益好。用于喂猪,育肥快,存栏早,肉质好;用于喂鸡,产蛋率高,抗病力强。本饲料可以代替进口鱼粉,而成本却降低50%。推广养猪100万头,可节约成本360万元。

1951. 一种畜禽饲料蛋白的生产方法

申请号:95105235　　公告号:1113416　　申请日:1995.05.03

申请人:李军泽

通信地址:(533802)广西壮族自治区靖西县湖润镇兽医站

发明人:李军泽

法律状态:实　审

文摘:本发明是一种畜禽饲料蛋白的生产方法。它是以废弃的畜禽羽毛、蹄角及人的头发为原料,用硫黄、石灰、水混合,加热熟化得饲料蛋白。硫黄、石灰、羽毛、水的配比为1:2:20:60。本发明的工艺呈中性,不需酸化除硫。饲料蛋白利用率高,加入赖氨酸、色氨酸配比平衡成畜禽的全价饲料,造价低。

1952. 膨化角质蛋白饲料及其生产工艺

申请号:95109725　　公告号:1120894　　申请日:1995.08.21

申请人:李振环

通信地址:(453003)河南省新乡市北大街2号

发明人:李振环

法律状态:公开/公告

文摘:本发明是一种膨化角质蛋白饲料及其生产工艺。本膨化饲料由牛羊角及牛羊猪马蹄壳32%～36%,血粉36%～38%,羽毛(含人发、猪毛)10%～14%,小杂鱼6%～10%,毛蹄、皮革边料10%～15%,蛋氨酸0.45%～0.6%混合膨化而成。本饲料由于经过膨化处理,所以角质蛋白结构紧密,坚固的分子变成海绵体状,吸水性强,动物食用后很易消化吸收,饲料的吸收率高。且饲料中所含的氨基酸种类多,能满足禽、畜生长发育的需要。本饲料利用动物屠宰后的废弃物制成,可以节约大量禽、畜饲料粮。

1953. 废液蛋白回收生产蛋白饲料的方法

申请号：95117633　　　公告号：1147901　　　申请日：1995.10.19

申请人：杭州兴源过滤机有限公司

通信地址：（311113）浙江省余杭市良渚镇金家门

发明人：朱兴源、鲍思辉、周立峰

法律状态：公开/公告

文摘：本发明是一种利用富含蛋白的有机废液回收蛋白生产蛋白饲料的方法。在废料原液内加入非金属矿粉，用水稀释搅拌，再加絮凝剂，经搅拌进行吸附和絮凝，然后沉淀，取沉淀料液作固液分离，最后收取滤饼作后处理获得成品。固液分离采用厢式压滤机用压滤方法去除水分，其制作的步骤和条件为：①将滤布先采用非金属矿粉进行预敷，预敷层厚为1～2毫米；②用泵将沉淀料液注入注满滤室，在0.1～0.7兆帕压力和常温条件下压滤，再通入压缩空气并提高其压力，进一步脱水；③至出液口无明显液滴排出时卸料再作后处理。在滤布上预敷矿粉增滤的步骤，增进了固液分离效果。本方法工艺简单，方便实用，可减少蛋白流失，增加得率。其产品可用作动物饲料中重要的蛋白组分。

1954. 一种高蛋白糖化饲料及其制造方法

申请号：95118343　　　公告号：1129527　　　申请日：1995.11.17

申请人：张　禄、王　清

通信地址：（712100）陕西省咸阳市杨陵区西农路26号

发明人：张　禄、王　清

法律状态：实　审

文摘：本发明属于从植物材料提取的动物饲料，特别是从秸秆中提取的一种高蛋白糖化饲料及其提取方法。具体步骤是植物秸秆经粉碎、水解处理、糖化后再利用微生物发酵、脱水干燥而制成的生化饲料。该饲料可根据家畜的种类及其生长阶段加入其他原料配制成适合各种家畜的饲料，也可用以直接喂养各种家畜。该饲料可为养殖业节约大量的粮食,且营养成分全面,价格低廉,经济效益显著。

1955. 一种高效浓缩饲料

申请号:86105070　　**公告号:**1016711　　**申请日:**1986.08.16

申请人:汤厚林

通信地址:(632160)四川省永川县大南乡东王村

发明人:汤厚林

法律状态:授　权　　**法律变更事项:**因费用终止日:1995.10.04

文摘:本发明是一种喂猪(也可喂其他动物)的高效浓缩饲料。它含有催化猪的生物化学过程的含酶物质和使猪安神、健胃的物质及辅酶元素。该饲料含有多种营养成分:①饲料中含有催化猪的生物化学反应的以下含酶物质,如麦芽、木瓜、山药、杏仁、黄芩、党参(或人参须)、当归、扁豆、萝卜籽等9种物质,或含有其中的几种,或其中的1种;②饲料中含有使猪安神、健胃的以下营养物质,如远志、山楂、茯苓、山萝卜、白芍等5种物质,或含有其中的几种,或其中的1种;③饲料中含有辅酶元素,如含镁、铁、钾、锌和榄香烯的物质。本饲料的各种营养成分齐全,以熟料喂养,能促进猪的新陈代谢,使猪快速健康生长;饲料利用率高,猪的出栏期为5个月左右,将猪喂到100千克时,每头猪比一般情况要少消耗100~150千克粮食。

1956. 特种浓缩饲料系列产品生产新技术和配方

申请号:93107564　　**公告号:**1096639　　**申请日:**1993.06.23

申请人:莫仁正

通信地址:(541002)广西壮族自治区桂林市南新路330-2,1-1

发明人:莫仁正

法律状态:公开/公告　　**法律变更事项:**视撤日:1996.11.20

文摘:本发明为特种浓缩饲料系列产品生产的新技术和配方。它是应用中药和动植物蛋白等为原料,采用生物工程和酸酶法新技术生产浓缩饲料新产品:①动物滋补口服液;②治病口服液;③动物速效生长发育膏;④罐装特种浓缩饲料。特种浓缩饲料系列产品采用酸酶法水解蛋白新工艺新技术：①用动物骨、蹄、角、毛等为原料,生产水解蛋白；②用豆饼、豆粕、豆类为原料生产水解蛋白；③用淀粉糖或废糖蜜为原料生产水解蛋白和食用酵母干粉及动物生长素,并附有专治动物疾病的四季通神散。该产品供饲养各种动物禽、畜、鱼、龟、蛇、鹿、狐、獭、狸等。该产品的优点是营养丰富而齐全,易消化吸收,增食欲,助睡眠,生长快,繁殖强,提高免疫力,成活率高,能医治动物的肠胃病、吐泻、瘟疫等病,效果显著,可出口创汇。

1957. 浓缩饲料配方及其使用方法

申请号：97100843　　公告号：1159886　　申请日：1997.03.14

申请人：王　君

通信地址：(152100)黑龙江省望奎县卫星镇粮油综合加工厂

发明人：王　君

法律状态：公开/公告

文摘：本发明是一种浓缩饲料的配方及其使用方法。该配方是蛋白质、无机盐、各种氨基酸、微量元素等和各类饲料添加剂调制而成的高营养浓度的混合饲料,约占全价饲料的1/4。浓缩饲料的配方组成如下：复合氨基酸5%～10%,复合维生素5%～10%,复合微量元素1%～5%,防霉剂2%～5%,抗氧化剂2%～5%,促生长剂3%～10%,驱虫剂1%～3%,活酵母20%～30%,酶制剂3%～5%,载体(草秆生物饲料)60%～70%。使用时,只要加入一定量的能量饲料等原料稀释后,即成为全价配合饲料。该浓缩饲料体积小,运输方便,使用简单,有利于推广应用。

1958. 一种从屠宰品下脚料——油渣中提取优质蛋白质饲料
——脱脂肉粉的加工技术和工艺设备

申请号：89105393　　公告号：1035037　　申请日：1989.01.28

申请人：苏　钧

通信地址：(224000)江苏省盐城市新东路50号

发明人：苏　钧

法律状态：实　审　　法律变更事项：视撤日：1992.06.17

文摘：本发明是一种从屠宰品下脚料——油渣中提取优质蛋白质饲料——脱脂肉粉。油渣经过脱水蒸发、榨油机压榨、粉碎机粉碎，加工成脱脂肉粉和油脂。从屠宰品下脚料——油渣中提取优质蛋白质饲料——脱脂肉粉的加工技术和工艺设备，其中包括电炒锅、螺旋榨油机、粉碎机等设备。其制作方法是：①将油渣倒入电炒锅，经过脱水蒸发，含水率达到 12％～19％时，送入榨油机压榨，粉碎机粉碎后生产出脱脂肉粉；②上述的螺旋榨油机是经过改进的，因油渣比重轻于一般植物，需加大投料量，故螺旋榨油机投料螺旋机构的转速比原机快 1/3，榨油机投料螺旋机构要比原同类榨油机加长 30～40 毫米。本饲料的脱脂肉粉中含有 78.8％蛋白质，6.8％脂肪，7.9％水分，各项指标均达到或超过进口鱼粉。每吨油渣可生产 0.284 吨脱脂肉粉，0.1 吨油脂，成本低于进口鱼粉。本法生产出的脱脂肉粉可代替鱼粉，作为畜、禽的饲料，也可制成鳗鱼、对虾、河蟹的饵料。

1959. 酶化血粉制造方法

申请号：85104582　　　公告号：1008219　　　申请日：85.06.11

申请人：杭州商学院

通信地址：（310012）浙江省杭州市文二路

发明人：汪诚天、颜东阳

法律状态：授　权　　法律变更事项：因费用终止日：1994.07.13

文摘：本发明是一种酶化血液和血粉的制法。它是将动物血加热凝固、绞碎，以碱液调节 pH 至 7～9，加入胰酶液，以 25～50℃的温度处理 4～5 小时，再以醋酸调节 pH 至 7.0～7.8 煮沸，即得酶化血液，或再经干燥制成酶化血粉。胰酶液是由动物胰脏在酒精溶液中浸渍处理盐酸酸化而制成。本法所制得的酶化血液和血粉游离氨基酸含量比普通血粉高 20 倍，粗蛋白 95％以上降解为胨态营养质，无腥味，是动物饲料高级营养配料。

1960. 高蛋白皮革粉动物性饲料及其制造方法

申请号：91100129　　公告号：1055641　　申请日：1991.01.04

申请人：杨光君、杨光玉、杨光辉、陈　立、陈　杰、陈　风

通信地址：(155100)黑龙江省双鸭山市向阳小区59栋15号

发明人：陈　风、陈　杰、陈　立、杨光辉、杨光君、杨光玉

法律状态：公开/公告　　法律变更事项：视撤日：1994.02.02

文摘：本发明是一种用皮革下脚料生产高蛋白皮革粉动物性饲料及其制造方法。该制造方法主要是经过水浸泡、加药、甩干、干燥及粉碎来完成的。用这种方法生产的动物性饲料，其特点是含蛋白质高，为65.13％，还含有动物生长所必需的元素钙和磷。

1961. 一种高效动物蛋白饲料

申请号：91110998　　公告号：1063800　　申请日：1991.12.24

申请人：四川省泸州市紫阳生物化工厂

通信地址：(646300)四川省泸州市安富麻柳沱泸州市紫阳生物化工厂

发明人：李国华

法律状态：公开/公告　　法律变更事项：视撤日：1995.02.15

文摘：本发明是一种喂鱼、鸡(也可喂其他动物)的高效动物蛋白饲料。它是由脏器生化制药后的肝素钠渣、禽肉类加工的下脚料羽毛、生产淀粉后的废渣(黄渣)为主要原料,利用脏器生化制药后的肝素钠渣(重量。下同)45％～75％、禽肉类加工的下脚料羽毛5％～35％、生产淀粉后的废楂(黄渣)5％～15％为主要原料,再添加防病抗病的四环素药渣5％～15％制成产品。该饲料配方简单,制造工艺简便,其经济效益和饲养效益均优于蚕蛹和进口鱼粉,且储存期为1～2年。

1962. 动物蛋白粉生产工艺

申请号：92102643　　公告号：1068019　　申请日：1992.04.09

申请人：广西壮族自治区南宁肉类联合加工厂

通信地址：(530003)广西壮族自治区南宁市鲁班路1号

发明人：黄汉生、李燕珍、宋晓南、周一京

法律状态：实　审　　法律变更事项：视撤日：1995.06.28

文摘：本发明是一种以羽毛为原料，生产动物蛋白粉的工艺。动物蛋白粉的生产工艺是：以羽毛为原料，经水洗、蒸煮、升压水解、保压水解、再降压、干燥、过筛，得到成品。采用本发明工艺生产的动物蛋白粉可直接作蛋白饲料，粗蛋白质含量80％～87％以上，蛋白质可消化率高达80％～92％，质量指标达到国际水平。

1963. 贻贝蛋白饲料加工方法

申请号：93111211　　　公告号：1094236　　　申请日：1993.04.28

申请人：山东省海洋水产研究所

通信地址：(264000)山东省烟台市南大街122号

发明人：李振锋、王炳策、王际英、许高君、张秀珍

法律状态：公开/公告　　法律变更事项：视撤日：1996.09.11

文摘：本发明是一种贻贝蛋白饲料加工方法。此方法是根据贻贝生长季节性强、收获集中的特点，在贻贝收获季节将鲜贻贝洗净、粉碎并进行壳肉分离，然后在分离出的贻贝浆液中加入食用酸进行保质贮存，同时进行缓和水解，待贻贝蛋白浆液中固体蛋白、水溶蛋白、氨基酸达到需用比例时，再采用食用碱中和、载体吸附、干燥、营养搭配及粉碎等工序，最后制成贻贝蛋白饲料。采用本方法制造的贻贝蛋白饲料为粉状，便于动物消化吸收可替代进口鱼粉作为鱼虾禽畜的饲用蛋白源。

1964. 复合动物蛋白粉

申请号：93111362　　　公告号：1097555　　　申请日：1993.07.22

申请人：康晓然

通信地址：(253100)山东省平原县科委

发明人：康晓然

法律状态：公开/公告　　法律变更事项：视撤日：1997.07.16

文摘：本发明是一种用于动物饲养，特别是用于鸡的饲养的复合

动物蛋白粉。它是由羽毛粉、肉骨粉、酵母粉、骨粉、植物油、蛋氨酸、赖氨酸组成。其组分为(重量):羽毛粉 82%～83%,肉骨粉 1.1%～1.3%,酵母粉 2.8%～3.2%,骨粉 6.4%～6.8%,植物油 3.8%～4.1%,蛋氨酸 0.25%～0.31%,赖氨酸 2.5%～2.7%,各组分的总和为 100%。其饲养效果与鱼粉相同,在配制配合饲料时,可替代全部鱼粉,不用调整原配方,并且每吨成本比鱼粉降低 1000 多元。

1965. 作饲料用的高效高蛋白肉粉

申请号:94113125　　公告号:1122656　　申请日:1994.11.11

申请人:周乃贵

通信地址:(411100)湖南省湘潭市韶山西路砂子岭湘潭市饲料监测站

发明人:周乃贵、吴买生、尹铁山、周　竞、王力争

法律状态:实　审

文摘:本发明是一种作饲料用的高效高蛋白肉粉。它是在原料肉粉内加人有赖氨酸、蛋氨酸、亮氨酸、苯氨酸、缬氨酸、石灰石、铜、锰、奎乙醇和美美香,并混合制成。本肉粉饲料在肉的颜色、肉松的弹性和肉的气味、营养指标等方面均达到和超过鱼粉的水平,可广泛用作家畜饲料、家禽饲料和水产饲料。

1966. 一种水溶蛋白饲料的制造方法

申请号:89105308　　公告号:1037823　　申请日:1989.06.05

申请人:山东省海洋水产研究所

通信地址:(264000)山东省烟台市南大街 122 号

发明人:姜立生、王富南、王茂剑、张利民

法律状态:授　权　　法律变更事项:因费用终止日:1995.07.26

文摘:本发明是一种用扇贝加工废弃物酶解制造水溶蛋白饲料的方法。本制造方法的特点是利用外加蛋白水解酶,使扇贝软体部的组织结构及蛋白质结构发生变化,并通过添加辅料调整氨基酸配比,使其适应动物机体的需要,有效地利用扇贝软体部中的各种成分。用本方法制

造的水溶蛋白饲料为粉状,易于动物消化吸收,便于贮藏运输,可以代替进口鱼粉喂养鸡、猪、貂、鱼、虾等。

1967. 一种饲料粘合剂的生产方法

申请号:92111440　　公告号:1084706　　申请日:1992.09.30

申请人:杭州市化工研究所、湖州市颗粒饲料助剂厂

通信地址:(310014)浙江省杭州市湖墅石灰坝7号

发明人:方阿庆、冷金锁、许　敏

法律状态:授　权

文摘:这是一种饲料粘合剂的生产方法。该饲料粘合剂的生产方法是由尿素、甲醛两种原料通过加聚、缩聚反应而形成聚羟甲基脲。其生产方法按如下配比及工艺步骤:①原料配比:尿素与甲醛之比为1:1.4~2.0;②工艺步骤:第一,将甲醛水溶液加入反应釜中,开动搅拌,并加碱性催化剂,调节 pH 值至 6.8~8.5;第二,将反应釜升温,当釜内温度达 40~50℃时,加入所需尿素总量 60%~80% 的尿素;第三,当反应釜内温度达到 85~95℃时,调节 pH 值,使反应液在 pH 值为 7~8 的弱碱性条件下,反应 1~1.5 小时;第四,然后用甲酸水溶液调节 pH 值为 4~6,在弱酸性条件下继续反应 0.5~1.5 小时,并逐渐加入剩余的尿素,至反应终点,用氢氧化钠水溶液调节 pH 值至 7~8;第五,将反应釜通冷却水冷却,当反应釜内温度降至 30~40℃时,进行出料、装桶。本发明工艺简单,设备投资省,制得的产品具有理想的粘结能力,用作饲料粘合剂时,用量少,保形时间长,且应用广泛。

(九)饲料发酵技术

1968. 用风化煤制取腐植酸——微生物蛋白饲料的方法及其产品

申请号:86105680　　公告号:1008417　　申请日:1986.07.26

申请人:江西省樟树农业学校

通信地址:(331200)江西省清江县樟树农业学校

发明人:廖锦材

法律状态：授　权　　法律变更事项：因费用终止日：1996.09.11

文摘：本发明是用风化煤制取腐植酸——微生物蛋白饲料的方法及其产品。它是以风化煤为原料，用浓度为 0.5%～2% 的碱溶液提取其中的腐植酸作为部分碳源，以制酒废渣(谷壳)的水洗液为另一部分碳源，配制包括 2.2%～2.8% 腐植酸钠溶液 600～900 份、5% 的酒糟渣(谷壳)水洗液 100～200 份、硫酸铵 6～8 份、尿素 4～8 份、磷酸氢二钾 4～7 份、酵母汁 1～3 份、pH 值为 8～8.5 的发酵培养基，对驯养后的解脂假丝酵母菌 47 号进行培养，并经过灭菌、检验、干燥等工序，制取出含改性腐植酸的微生物蛋白饲料。该饲料含有改性腐植酸 20%～30%，含粗蛋白 40%～55% 及各种氨基酸和微量元素。产品原料来源丰富，用其代替 50% 的淡鱼粉，家畜、家禽的日增重率和成活率都有明显的提高，抗病能力也有所增强。

1969. 粗淀粉料混菌固体发酵制备菌体蛋白饲料方法

申请号：87104802　　公告号：1030608　　申请日：1987.07.11

申请人：广东省微生物研究所

通信地址：(510070)广东省广州市先烈中路 100 号

发明人：郭庆华、郭维烈

法律状态：授　权

文摘：本发明是一种以粗淀粉料为培养料的固体发酵制备菌体蛋白饲料的方法。本发明是利用微生物进行固体发酵生产菌体蛋白饲料的新技术。它采用对白地霉有强烈刺激作用而且孢子少的黑曲霉选拨株与白地霉 AS·2·361 菌株该菌株保藏于中国科学院微生物研究所，编号为 AS·2·361)配伍进行混菌固体发酵。可把薯类(片、粉、渣、叶)或其他淀粉原料转化为高级畜禽蛋白饲料。本发明工艺简单，设备投资少，产品得率及粗蛋白含量高，安全无毒。用本发明方法制备菌体蛋白饲料如能推广应用，必然有利于饲料工业和畜牧业的发展。

1970. 用龟裂链丝菌体作饲料蛋白的方法

申请号：88101199　　公告号：1035419　　申请日：1988.03.05

申请人：山西省生物研究所

通信地址：(030006)山西省太原市师范街18号

发明人：樊小平、蒋德群、林左林、田　宏、曾昭玢、张秋华、朱世琴

法律状态：授　权　　法律变更事项：因费用终止日：1995.04.26

文摘：本发明是一种用工业微生物发酵后的龟裂链丝菌菌体残渣作饲料蛋白的方法。它除去残渣中的发酵液等物质，在80℃以下干燥制得饲料蛋白。该饲料蛋白按5％～25％(重量百分比)加入混合饲料中，不仅可提高饲料的粗蛋白含量，而且各类氨基酸含量齐全，部分维生素含量丰富，并含有一定量的微量元素，是一种优良的饲料蛋白。

1971. 粗淀粉一步法生产单细胞蛋白技术

申请号：91105896　　　公告号：1069766　　　申请日：1991.08.27

申请人：叶柏龄

通信地址：(100086)北京市北三环西路双榆树东里27楼610室

发明人：吴南君、叶柏龄

法律状态：公开/公告　　　法律变更事项：视撤日：1996.10.16

文摘：这是一种粗淀粉一步法生产单细胞蛋白技术。本发明以薯类或玉米为原料，采用双菌株混合培养一步法发酵，经离心脱水、喷雾干燥生产单细胞蛋白。发酵周期28～32小时，平均干物质浓度40克/升，成品对原料得率达50％，粗蛋白含量48％～53％，其质量超过优级饲料酵母的国家标准，营养价值相当或超过二级进口鱼粉。综合成本2 400～2 500元/吨。

这项生物发酵技术的主要特征是：采用双菌株混合发酵，首先由f 0172菌株把高浓度粗淀粉液逐步转化为单糖、双糖、麦牙糖等，而在同一个主发酵罐中的C 2059菌株是一种蛋白含量高、耗糖低、生长速度快的酵母菌，它逐步利用f 0172的转化物、培养基质中的氮源及f 0172菌体等作营养源，大量繁殖酵母细胞，发酵最终产物C 2059细胞占绝对优势，而f 0172则全部消失。此时醪液中C 2059干细胞浓度达到40克/升，连续发酵生产率达到2.5克/米^3，酵母对粗淀粉产率为50％～52％，粗蛋白含量达到48％～53％，必须氨基酸含量、组成和比

例接近动物性蛋白,B族维生素含量丰富。产品可作为配合饲料或鱼虾饲料的主要蛋白源,饲养和养殖效果良好。本发明已在广东茂名火星制药厂及江西红星葡萄糖厂中试和扩大中试取得成功。粗淀粉原料一步法生产SCP的工艺流程,包括分批发酵和连续发酵的生产方法、醪液中40克/升的干细胞浓度及其48%～53%的粗蛋白含量指标,可作为SCP和药用酵母新的生产工艺。其效果优于Syaba流程,更优于酸水解二步法工艺。

发明人从土壤残存的甘薯块中分离筛选而得,经过多年选育,生长速度快、糖化能力强,完成原料的糖化过程后,菌体可自然消失,经检验无毒、无害、无任何副作用,完全适应本工艺流程的工程用菌。为使本工艺流程达到最佳的通气量,又能节省电能,采用溢流脉冲式发酵罐是目前最优选择,空气利用率比现行鼓泡式发酵罐可提高22%～25%,节省电力50%以上。本工艺流程调控发酵过程pH的方法是采用不同的生理酸性或碱性氮化物,既提供微生物所需的氮源,又完全能控制发酵过程pH的变化,发酵前期可保持pH 4.5～5.0,后期上升至5.0～6.0,直至放罐,完全可免去现行使用大量酸碱中和的方法。

1972. 制备生物防疫饲料方法

申请号:91108341　　　公告号:1060390　　　申请日:1991.11.08
申请人:张　　正
通信地址:(610061)四川省成都市牛王庙巷35号2幢3单元6号
发明人:张　　正

法律状态:授　　权

文摘:本发明是一种制备生物防疫饲料的方法。它是将大量的工农业废弃物料——工业酒糟、纸厂草渣、糖厂蔗渣、制革皮、毛渣及农业秸秆(芯)草料、豆类秆(壳)等废物经机械加工一种饲料的制备方法,特别是一种将工农业废弃物转化为动物全价饲料的方法。它包括先将含粗纤维高的植物性饲料原料干燥粉碎,再将碎粉投入膨化机内进行膨化处理,经膨化处理后的膨化料中加入一定量的谷物发芽粉和/或大麦发芽粉,将这种膨化料——发芽粉混合物加水接菌种后一并投入发酵池（罐）中进行厌氧发酵，发酵后出料进行脱水干燥和细磨成粉状风干物料，然后再进入强化工序，去掉纤维中的木质素、裂解纤维素和半纤维素，提高糖类含量和蛋白质含量，并辅助以补充动物蛋白质、矿物微量元素及中药百味散、抗菌素，从而配制成高营养、低成本、有医疗、防疫功能的全价饲料。

1973. 生化饲料制作剂及其制备饲料的方法

申请号：93103711　　公告号：1094237　　申请日：1993.03.29

申请人：成　晓

通信地址：（518028）广东省深圳市长城大厦 2 栋 B 座首层美慧公司

发明人：成　晓

法律状态：实　审　　法律变更事项：视撤日：1998.08.12

文摘：本发明介绍一种能将各种干枯农作物秸秆生化制备饲料的制作剂及其用以制备生化饲料的方法。生化饲料制作剂是由氧化钙、氯化钠、碳酸氢钠、尿素、白糖及微量元素组成。它们的重量百分比为：氧化钙 39%～49%，氯化钠 33%～43%，碳酸氢钠 9%，尿素 5%，白糖 3.5%，微量元素 0.5%；其微量元素由下列无机化合物组成，其重量百分比为：二氧化锰 6%～8%，硫酸锌 11%～13%，氯化钴 6%～8%，碘化钾 18%～20%，硫酸亚铁 8%～10%，磷酸二氢钾 20%～22%，硫酸钠 15%～17%，五氧化二钒 8%～10%。其制备饲料方法是将制作剂、水、秸秆粉按一定比例搅拌均匀，在常温、厌氧下静置 10 天，即制成高效能的全价生化饲料。本制品用于喂养禽、畜，增重明显，肉质优良。本发明制作剂的生产工艺以及用以制备饲料的方法均极为简便，成本低廉，适合农村个体自制，亦适于工业化生产。

1974. 沼泽红假单孢菌制剂的制备方法及用途

申请号：93111922　　公告号：1083109　　申请日：1993.07.27

申请人：李诗洪

通信地址：（625000）四川省雅安市新康路 37 号四川农大兽医系

发明人：李诗洪，牟玉清

法律状态：公开/公告

文摘：本发明是一种沼泽红假单胞菌制剂的制备方法及用途。其液体微生物制剂的制备方法是：将沼泽红假单胞菌原种接种于菌种培养液中，在温度控制到 30～40℃，光照度为 500～1 000 勒，pH 5.5～8.5，厌氧条件下培养 48～72 小时，然后收集菌液分装，制成液体微生物制剂；液体微生物制剂菌种培养液的制备方法分下列两种，使用时可选用其中的 1 种：①在 1 000 毫升水中加入氯化铵 0.5～2.0 克，氯化钠 0.5～2.0 克，碳酸氢钠 2～4 克，硫酸镁 0.1～0.3 克，磷酸二氢钾 0.1～0.3 克，5％的碳酸氢钠水溶液 20 毫升，生长因子（维生素 B_1、烟酸、酵母膏、生物素）各 10～40 毫克，无机盐水溶液 10 毫升（其组成是氯化铁 5 毫克，氯化锰 0.05 毫克，硫酸钙 0.05 毫克，硫酸锌 1 毫克，硼酸 1 毫克，硝酸钴 0.5 毫克，加水 100 毫升），再加入蛋白胨 1～3 克，高压灭菌 10～20 分钟；②取酵母膏 10～12 克，硫酸镁 0.4～0.6 克，磷酸二氢钾 0.8～1.2 克，溶于 1 000 毫升水中，高压灭菌 10～20 分钟。用该微生物制剂喷施农作物（水稻、小麦、玉米）、果木、花草，具有明显的增产效果；喷洒鱼池，有利于鱼类生长。同时还具有治理废水、净化环境等优点。

1975. 微生物发酵复合菌及其用于发酵储存农作物秸秆生产家畜饲料的方法

申请号：93118064　　　公告号：1101673　　　申请日：1993.10.13
申请人：傅为民
通信地址：（830000）新疆维吾尔自治区乌鲁木齐市南昌路 38 号
发明人：傅为民

法律状态：实　审

文摘：本发明是一种由木质纤维分解菌与厌氧无毒的有机酸发酵菌组成的高活性微生物发酵复合菌，及将其接种在铡短的农作物秸秆上，在厌氧条件下，发酵数天，生产出作草食家畜粗饲料的方法。这种微生物发酵复合菌是由 1 份的木质纤维分解菌与 1～3 份的厌氧无毒的有机酸发酵菌组成（每份以重量比计）。它解决了目前液氨氨化和尿素氨化的缺点，制作本饲料的整个处理过程，仅用微生物菌种，不添加成本高的化学物质,不需采用配套的专用设备,操作简单,易于推广,成本仅为液氨氨化和尿素氨化处理的 1/5,适合国情,所得的产品保存期长,特别适于反刍家畜饲用的特点。

1976. 酵母菌法处理抗菌素制药废水及其废物利用的方法

申请号:94110771　　　公告号:1103629　　　申请日:1994.08.23

申请人:青岛海洋大学

通信地址:(266003)山东省青岛市鱼山路 5 号

发明人:高尚德、李继亮

法律状态:公开/公告

文摘:本发明是一种酵母菌法处理抗菌素制药废水及其废物利用的方法。它主要用于处理抗菌素制药废水并从中回收酵母。该方法包括往废水中接种 Y7、Y4、Y3 混合菌种,在发酵罐内在一定反应条件下暴气培养、储存、分离、上清液排放、废渣烘干回收等步骤。本发明的酵母菌法处理抗菌素制药废水及其废物利用的方法包括:①将制药废水排入调节池内集中暂存;②用水泵将上述①集中暂存的废水泵入发酵罐内并接种 Y7、Y4、Y3 这 3 种菌相混合的酵母菌种,接种量为混合菌种与废水之比为 1:800~1 200;③对上述②接种后的废水在初始 pH 5~7,温度26~30℃,通气量 1.5~3升/分钟反应条件下暴气培养22~26 小时;④将上述③发酵后的废水排入储存池内储存;⑤用水泵将上述④储存池内的废水泵入离心机内分离;⑥将上述⑤分离出来的上清液排入混合池内与同时直接流入该池内的未经处理的轻污染废水相混合,然后一同排放;⑦将上述⑤分离出的废渣排入储渣池内;⑧用泥浆泵将上述⑦储存的废渣泵入烘干机内,烘干后即得一种优良的饲料蛋白酵母。本方法简便易行,所需设备少,占地面积小,工程造价低,COD 和 BOD 去除率高,能以废治废、变废为宝,运行后能盈利,对周围环境无污染等。

1977. 一种新型饲料(益生素)及其生产工艺

申请号:94115441　　　公告号:1117803　　　申请日:1994.08.29

申请人：黄殿鹏、王厚德

通信地址：(114225)辽宁省辽河饲料集团公司（鞍山市腾鳌特区东门外）

发明人：黄展鹏、王厚德

法律状态：实　审

文摘：本发明是一种新型饲料（益生素）及其生产工艺。它主要是选用3种益生菌、6种酵母菌和1种丝状真菌，各自分别按一定发酵工艺发酵后，所得的10种固体发酵物料按比例组合成主料，并添加适量的生物素和维生素等加工而制成。该生产工艺简便，投资少，成本低。产品中所含细胞总数比现有同类产品高出几倍，活细胞比例高，营养成分齐全。用该饲料饲养畜禽，可明显提高增重率和产蛋、产奶率。

1978. 益生素酵母饲料

申请号：95104345　　公告号：1133681　　申请日：1995.04.22

申请人：王厚德

通信地址：(061001)河北省沧州市光明路韩家场北

发明人：王厚德

法律状态：公开/公告

文摘：本发明是一种新型的酵母饲料——益生素酵母饲料（又称王厚德第七代酵母）。制作新型的酵母饲料——益生素酵母饲料方法是：以碳水化合物、植物蛋白和无机盐等为基料，对某些益生菌和适合于发酵农副产品及其下脚料等原料的某些酵母菌分别独立地运用固体发酵工艺进行发酵，并将各种发酵产物（干物）按一定比例混匀、粉碎而制成产品。该产品中益生菌总数达100亿/克以上，酵母菌总数达10亿/克以上，其生物活性、免疫活性和防治动物消化道传染病等疾病的能力高于国内外普通酵母饲料，而其成本则不增加。

1979. 一种微生物饲料的制备方法

申请号：97101481　　公告号：1161789　　申请日：1997.03.31

申请人：浙江省冶金研究院

通信地址：（310007）浙江省杭州市天目山路 2 号

发明人：叶雪明

法律状态：公开/公告

文摘：本发明是一种微生物发酵技术，用废菌棒制备热能、蛋白饲料的工艺。食用菌的废菌棒经粉碎、接种 EM 菌、配入碳源、用含钙、含锌污泥来调节发酵料 pH 值，厌氧发酵，温度不高于 35℃。配入 10％血粉、添加微量元素、维生素、抗生素制备特种含量饲料。制备微生物饲料的方法是：①废菌棒经粉碎，拌入 EM 菌和碳源，控制发酵料 pH，压实密闭，厌氧发酵；②EM 菌拌入量为废菌棒料的 0.1％～0.6％，发酵料含水率 30％～45％。本发明工艺简单，常温发酵，无需特殊设备，发酵产品可替代玉米粉、豆粕等，可降低饲料成本，且能废物利用。

1980. 混菌发酵饲料调制剂及其制备

申请号：87102074　　公告号：1031015　　申请日：1987.08.24

申请人：湖南省新化县微生物厂、娄底地区新材料研究所

通信地址：（417600）湖南省新化县燎原乡

发明人：孙志鹏

法律状态：实　审　　法律变更事项：视撤日：1993.01.13

文摘：本发明是一种混菌发酵饲料调制剂及其制备。它是由多种微生物（担子菌、酵母菌和霉菌）、多种中草药和矿物元素并配合其他饲料如麦麸、米糠、草粉、松针、大豆粉等经过加工培养而制成。上述的调制剂及其制备，是由多种有特效功能的微生物（担子菌、酵母菌、霉菌），多种中草药和矿物元素为主要成分经过加工培养而成。这种调制剂因微生物在饲料中起发酵分解作用，从而改善饲料的理化性能，能把 15％以上的糖、半纤维、粗纤维及 3％以上的粗脂肪转化为 30％以上的粗蛋白、赖氨酸和蛋氨酸，有利于畜禽的消化吸收。此外，这种调制剂还因其中草药和矿物元素的特效作用，能使畜禽增强防病抗病能力，促进畜禽生长发育。

1981. 固态发酵生产单细胞蛋白

申请号：87105127　　　公告号：1031928　　　申请日：1987.07.20

申请人：南宁市永新区菌种酒厂

通信地址：(530011)广西壮族自治区南宁市边阳街雅里中坡95号

发明人：罗绍锟、吴秀琼、叶白次

法律状态：公开/公告　　　法律变更事项：视撤日：1991.07.24

文摘：本发明是一种用固态发酵方法生产饲料单细胞蛋白的方法。固态发酵生产单细胞蛋白的方法是以农产品的副产品为原料，经粉碎、加水润料、过筛、蒸煮、接种保温保湿培养、干燥，制得蛋白曲成品。本发明生产工艺简单，设备条件要求不高，生产规模可大可小，且原料来源广泛，生产成本不高，可以用其部分或全部代替鱼粉、大豆、豆饼或玉米等蛋白质原料，配成各种专用饲料，解决当前饲料生产中蛋白质原料严重不足的问题，为饲料的蛋白质原料生产开辟了新的途径。

1982. 酵母精化颗粒饲料及制备方法

申请号：90106431　　　公告号：1050975　　　申请日：1990.11.13

申请人：沈阳市沈雪饲料加工厂

通信地址：(110325)辽宁省新民县法哈牛乡

发明人：陈德义、黄宝荣、毛凤麟、张忠贤

法律状态：公开/公告　　　法律变更事项：视撤日：1993.09.08

文摘：本发明是一种高能量、高蛋白的酵母精化颗粒饲料及制备方法。该饲料所用原料是采用酿造啤酒糟和废酵母，经粉碎、脱水，再配以粉碎筛选的玉米面、豆饼、麦麸、高粱面、稻糠以及鱼粉、骨粉、贝粉、食盐、猪油和复合添加剂，进行混料、造粒、干燥再喷加土霉素而制成。该方法采用酿造废弃物代替部分精料，减少粮食作物用量。该饲料适口性强，营养成分高，易消化、易吸收，可促进畜、禽及水生动物生长，节省饲料用量。

1983. 利用滤泥发酵生产饲料蛋白的工艺

申请号：93121183　　　公告号：1104440　　　申请日：1993.12.28

申请人：傅锦通

通信地址：（351200）福建省仙游县鲤城镇东兴巷 10-5 号

发明人：傅锦通

法律状态：实　　审

文摘：本发明是一种利用滤泥发酵生产饲料蛋白的工艺方法。它是选用能够在滤泥中生长良好的黑曲霉和热带假丝酵母，采用单菌液体深层发酵后在固体培养基上混合发酵过程。固体发酵是在固体通风发酵机中进行，烘干是在流态烘干机中利用热风瞬间脱水，控制整个烘干过程不超过 2 秒钟，温度始终不超 50℃。这种工艺适用于工业化连续发酵法生产，其工艺简单、可靠，设备投资少，生产效率高，不但解决了环境污染的问题，而且开发了新的饲料蛋白源。

1984. 一种发酵生产菌体蛋白饲料的新工艺

申请号：94110724　　　公告号：1116497　　　申请日：1994.08.10

申请人：山东省山科饲料酵母厂

通信地址：（250014）山东省济南市科院路 19 号

发明人：周　镭

法律状态：实　　审　　　法律变更事项：视撤日：1997.11.12

文摘：本发明是一种液固结合发酵生产菌体蛋白饲料的新工艺。这种用于生产菌体蛋白饲料液固结合的发酵工艺，是将菌种斜面培养后，通过小摇瓶、大摇瓶，送至一级种子培养罐，经发酵一段时间后，送入二级种子罐进行培养，再扩大 10 倍后，送入种子存储罐备用。固态物料的流程是，先将物料进行预处理（如脱水等）再进行混合配料、灭菌、冷却而为制品。它的特点是沿用了液态发酵法菌种制备和存储的方法和设备，固态物料的预处理如脱水、混配料、灭菌、冷却沿用了固态发酵的方法和设备，将菌种接种到处理好的固态物料中，送入固态发酵反应器中进行发酵，取得了明显的节能降耗效果，使产品的收率达到 90%。

该工艺对于以棉籽饼、粉丝下脚料、啤酒渣、玉米淀粉渣等农副产品下脚料为原料生产菌体蛋白饲料均适用。

(十)饲料综合加工技术

1985. 促进畜禽增长、增瘦、增蛋的新型饲料

申请号：85105769　　公告号：1003596　　申请日：1985.07.26

申请人：柏绿山

通信地址：(266071)山东省青岛市鞍山路6号

发明人：柏绿山

法律状态：授　权　　法律变更事项：因费用终止日：1992.11.25

文摘：本发明是一种新型喂养家畜、家禽的新型复合饲料。本饲料采用经70～90℃烘干加工过的松针粉和200～400℃烘干过的沸石粉，再配以玉米面、麦麸、豆饼、鱼粉、骨粉、贝粉等其他辅料及少量化学品构成。草食畜饲料是以通用草料加沸石粉构成。选用不同的饲料配方喂养猪增长率提高20%，瘦肉率提高8%；喂养乳牛乳羊产奶量提高20%～30%；喂养鸡产蛋率提高20%左右。本饲料价格低廉，较一般专用复合饲料成本可降低10%～15%。

1986. 饲料热喷工艺

申请号：87101707　　公告号：1021778　　申请日：1987.03.06

申请人：内蒙古自治区畜牧科学院

通信地址：(010030)内蒙古自治区呼和浩特市西郊内蒙古畜牧科学院

发明人：贺　建、侯桂芝、周秀英

法律状态：实　审　　法律变更事项：视撤日：1993.07.21

文摘：本发明为一种饲料热喷工艺。本饲料热喷工艺是：将饲料切短或粉碎装入一贮料装置，通过传送装置把该料送入压力罐中，并同时加入适量的添加剂，将压力罐密封后由一蒸汽锅炉给该压力罐通气加压，持续一段时间后将压力进一步提高，然后迅速把压力罐上的阀门打

开,让饲料喷发出来,通过传送装置送入压块机成块或送到露天晒干。它的处理压力为 147.1～2157.5 千帕,处理时间为 2～20 分钟、喷放压力为 784.5～2353.6 千帕。本工艺可加工粗饲料、谷物精饲料、有毒饼粕类、生豆类、皮革下脚料、畜禽遗体等。其加工适用范围广。用本工艺可使饲料营养价值大幅度提高,并能加快生产周期和降低成本。

1987. 饲料着色的新方法

申请号:87107698   公告号:1032896   申请日:1987.11.06

申请人:刘　海

通信地址:(530005)广西壮族自治区南宁市广西农学院 341 信箱

发明人:刘　海、吴而伟

法律状态:公开/公告   法律变更事项:视撤日:1991.04.10

文摘:本发明是一种利用以无机黄色铁化合物为主的无毒黄色无机着色剂,直接拌在饲料中而对饲料着色的新方法。饲料着色剂是以无机的黄色铁化合物为主,可加入稀释剂或粘结剂,也可加入其他着色剂或营养添加剂。本发明是在对饲料原料、粉料和制造颗粒饲料中进行着色,工艺简单,着色均匀、稳定。

1988. 饲料防霉剂(1)

申请号:88107646   公告号:1042467   申请日:1988.11.05

申请人:广东省微生物研究所、韶关市饲料添加剂厂

通信地址:(510070)广东省广州市先烈中路 100 号

发明人:陈娇娣、陈绪嫦、陈仪本、何淑英、黄伯爱、黄创标、黄坊英、廖权辉、毛朝安、石　红、张廷楷

法律状态:授　权

文摘:本发明是一种配合饲料的化学防霉剂新产品——"克霉灵"。这种饲料防霉剂是由苯甲酸、对羟基苯甲酸乙酯及填充料搭配混合组成,或由苯甲酸和对羟基苯甲酸乙酯单独搭配混合组成。该"克霉灵"主要是通过触杀并结合熏蒸作用杀灭饲料中的微生物霉菌。它具有广谱、高效、安全,不影响禽畜适口性、生长发育、体重及成活率的特点。

在用量为 0.05％～0.1％时,能使含水量 14％以下的配合饲料贮藏两个月不霉变,防霉效果达 94.7％～98.9％。

1989. 饲料防霉剂(2)

申请号:93118854　　公告号:1087471　　申请日:1993.10.13

申请人:蔡　玮

通信地址:(330046)江西省南昌市北京西路 50 号

发明人:蔡　玮、羿　朦

法律状态:公开/公告　　法律变更事项:视撤日:1997.11.19

文摘:本发明是一种用于各种饲料在运输和储存过程中防霉保鲜的化学制剂——饲料防霉剂。它是由双乙酸钠、富马酸二甲酯、苯甲酸、尼泊金酯及填充料等复配而成。这种饲料防霉剂是由双乙酸钠与富马酸二甲酯、苯甲酸、尼泊金酯和填充料等物质中的任意 1 种或几种复配混合而成,或由富马酸二甲酯与苯甲酸及填充料复配混合而成。本制品具有高效广谱抑菌性,适用温度及 pH 值范围宽,作用快速且持久,安全稳定,不影响畜禽的适口性和生长发育。合理使用本品,可保持饲料储存两个月以上不发霉变质。

1990. 高效饲料发酵酶及其制取方法

申请号:88108505　　公告号:1042180　　申请日:1988.12.16

申请人:党玉峰

通信地址:(537400)广西壮族自治区玉林地区北流县陵城镇岭头街 289 号门牌

发明人:党玉峰

法律状态:公开/公告　　法律变更事项:视撤日:1993.11.10

文摘:本发明是一种用原发酵酶、中草药以及含蛋白质等成分物质作培养基制取高效饲料发酵酶的方法,它可以提高饲料利用率,达到生猪增重的目的。本发明是通过粉碎、加水、搅拌、装箱、发酵、干燥、粉碎、过筛等工序来完成的。上述的高效饲料发酵酶是使用原酶、培养基、中草药原料制取。由该方法制取的饲料发酵酶能促进可溶性物质发酵成熟,能把含淀粉类物质转化为葡萄糖,使猪食后有健脾胃、增重快、皮毛光泽等作用。由该方法制取的饲料发酵酶还有增强生猪的免疫和抗病能力,大大优于传统的熟料喂养以及现有的浸泡生喂法。

1991. 一种饲料的处理加工方法

申请号:89108915　　公告号:1052026　　申请日:1989.11.29

申请人:张绍峰

通信地址:(014010)内蒙古自治区包头市昆区 114 街坊 8 栋 24 号

发明人:张绍峰

法律状态:实　审　　法律变更事项:视撤日:1993.11.03

文摘:本发明是一种饲料的处理加工方法,主要是用于处理笼养鸡粪来喂猪、含毒饼粕脱毒、饲料灭菌的方法。本发明是利用微波对分别装有鸡粪、含毒饼粕、饲料的容器进行辐射,使鸡粪高温熟化灭菌后直接喂猪,含毒饼粕高温脱毒,饲料加热灭菌防疫。本发明使用简单,省工省时,适用范围广。

1992. 沙蒿籽饵料粘合剂

申请号:89109680　　公告号:1052773　　申请日:1989.12.28

申请人:甘肃省粮油科学研究所

通信地址:(730000)甘肃省兰州市民主东路 160 号

发明人:汪大辉、王钦文

法律状态:实　审　　法律变更事项:视撤日:1995.11.22

文摘:本发明是一种沙蒿籽饵料粘合剂。这种由粘性物质制取的饵料粘合剂,含有下列(重量百分含量)成分的沙蒿籽饵料粘合剂或与1种或两种以上的其他粘性物质如褐藻酸钠、羧甲基纤维素、聚丙烯酸钠、α-淀粉、谷朊粉等以 1:0~6 的比例制成单一型的饵料粘合剂或复合型饵料粘合剂,沙蒿胶 21.3%～29.8%,粗蛋白 23.0%～28.7%,淀粉 11.4%～18.6%,粗脂肪 5.5%～7.5%,无机盐 5.0%～8.5%,可溶性糖 5.2%～7.5%,水分 7.0%～13.0%余量为粗纤维等,可作为渔用营养型饵料粘合剂,特别适应于作为对虾和鳗鱼的饵料粘合剂。亦可添加其他粘性物质制成复合型饵料粘合剂。本发明采用直接冷榨法脱脂和微粉碎的工艺方法,充分利用了沙蒿籽的胶质和其他营养成分。

1993. 苦豆综合利用法

申请号:85108322   公告号:1001185   申请日:1985.11.11

申请人:和希格宝音

通信地址:(010022)内蒙古自治区呼和浩特市内蒙古师大6号楼3单元7号

发明人:和希格宝音

法律状态:授　权　法律变更事项:因费用终止日:1991.05.22

文摘:本发明是一种用化学法将苦豆综合利用的方法。它是利用酸溶液浸泡苦豆的方式去毒来获得高蛋白饲料,并用萃取法连续提取出槐果碱、苦豆碱、槐定碱、苦参碱、氧化苦参碱、槐胺碱及金雀花碱等的方法。其特点是用酸溶液处理苦豆去毒,用混合澄清萃取器将生物碱完全萃入萃取剂内,再用酸溶液在萃取槽内将生物碱逐次反萃下来。

1994. 烟草饲料的制备方法

申请号:91103747   公告号:1067560   申请日:1991.06.13

申请人:欧阳华

通信地址:(650218)云南省昆明市大石坝09仓库

发明人:欧阳华、孙克忠

法律状态:授　权　法律变更事项:因费用终止日:1998.08.12

文摘:本发明是一种富含营养成分的烟草饲料的制备方法。它是利用废弃的烟秆、烟渣、烟萼葵作为原料,经过筛选除去其中的杂物后,喷水回潮,使之含水量达15%～20%,将回潮后的烟秆或烟草切成1～2.5厘米的条状,全部烟草原料在室温下浸渍5～6小时,浸渍后的烟草经一次压榨至含水量15%～20%,再投入水中二次浸渍,常温下浸4小时后,经2次压榨,仍保持含水量15%～20%,以排除其中的焦油、尼古丁及酚类有毒物质,随后按烟草原料总量加入发酵添加剂尿素或鸡粪、酒曲、红糖或白糖共计1%～2%,中草药艾叶、木姜子、苍术、甘草共 10%～20%,将以上混合原料置于常温下发酵,夏季 24 小时,冬季 48 小时,当发酵物温度达到 40～60℃时,先摊晾,后干燥,使之含水量降至 12%以下,粉碎成小于 1 毫米的颗粒,与常规饲料按其营养成分配合成全价饲料。加工后的烟草含焦油 0.05%以下,尼古丁 0.02%以下。酚类物质痕量。这种烟草饲料对畜禽无毒、无害、无残留,并具有保健、防病作用,能提高增重率,降低饲养成本。

1995. 把粗饲料转化成精饲料的生产方法

申请号:92111863　　公告号:1086392　　申请日:1992.11.06

申请人:何士新

通信地址:(111215)辽宁省辽阳县柳壕乡北教村第四村民组

发明人:何士新

法律状态:公开/公告　　法律变更事项:视撤日:1996.04.03

文摘:本发明是一种动物饲料的生产方法,特别是一种利用粗饲料为主料生产精饲料的方法。把粗饲料转化成精饲料的生产方法是:①有效成分中各组分的重量百分比为:其一,干草、蒿秕类基料 81%～86.5%;其二,米糠、麸皮类辅料 9%～15%;其三,尿素 3.5%～4%;其四,石膏 0.5%;其五,食用菌液体菌种量为上述培养料总干重的20%～40%。②其工艺过程为:原料粉碎→混料处理→培养料发酵→培养料接种食用菌→培养料再发酵→培养料再接种食用菌→发好菌出厂→饲喂。本饲料利用发酵微生物和食用菌菌丝的丰富营养及分解转化纤维素、半纤维素、木质素等物质的能力,经过培养料发酵和接种食用菌的多次进行,达到分解转化干草、蒿秕类粗饲料中纤维素、半纤维素、木质素等物质的效果,从而使之转变成高营养精饲料。

1996. 针叶维生素粉的制备方法

申请号:93111770　　公告号:1101798　　申请日:1993.10.19

申请人:中国林业科学研究院林产化学工业研究所

通信地址:(210037)江苏省南京市龙蟠路新庄

发明人:宋金表、王金秋、徐永刚、周维纯

法律状态：公开/公告

文摘：本发明是一种针叶维生素粉的制备方法。针叶维生素粉的制备方法是：以马尾松或黄山松、华山松、油松、云南松、黑松、赤松、樟子松、湿地松、红松、新疆云杉和东陵冷杉等树木的新鲜针叶为原料，不经任何化学处理，切碎后经干燥脱水，粉碎而制成为产品。该方法包括如下步骤：①选料：从采伐、间伐和抚育林地上收集新砍下的枝丫，枝丫上的针叶要新鲜色绿；②脱叶：将上述收集的枝丫利用脱叶机脱叶，从枝丫上分离嫩叶中鲜针叶的数量应不低于 60％；③切碎、干燥、粉碎：将上述脱下的鲜针叶经切碎置入厢式或振动式干燥机中干燥，当鲜针叶含水率由 30％～50％降低到 12％以下时，便可粉碎成针叶维生素粉，用集料装置收集成品。本产品中含 β-胡萝卜素大于 90 毫克/千克。

1997. 松针代粮饲料及其生产方法

申请号：94111850　　　公告号：1115607　　　申请日：1994.07.22

申请人：张　值

通信地址：(621705) 四川省江油市青莲粉竹街 107 号

发明人：张　值

法律状态：公开/公告　　　法律变更事项：视撤日：1997.12.31

文摘：本发明为一种复合型禽畜饲料，特别是松针代粮饲料及其生产方法。它的配方主要为松针、米糠、麸皮，农作物叶、秆、壳，中草药和增加钙质的原料。松针代粮饲料的重量百分比按以下比例配制：新鲜松针 4％～10％，米糠 22％～30％，麸皮 22％～30％，农作物秆、叶、壳 27％～43％，蛋壳 2％～4％，骨粉 2％～4％，陈皮 0.02％～0.03％，钙 0.86％～0.92％。其生产方法是将松针加工成粉后，将农作物叶、秆、壳进行钙化处理，然后将各种成分加工成粉全部混合均匀，最后造粒、包装。本发明饲料含有适于禽畜的多种营养成分，有利于禽畜的生长发育，且原料不受季节限制，成本低，加工简单。

1998. 纤维素分解菌群的培养和用于制作饲料的方法及装置

申请号：94111967　　　公告号：1122834　　　申请日：1994.11.05

申请人：张仲安、邱素枝

通信地址：（612460）四川省青神县花园街 7 号

发明人：张仲安、邱素枝

法律状态：实　审

文摘：本发明是一种纤维素分解菌群的培养和用于制作饲料的方法及装置.纤维素分解菌群的培养和用于制作饲料的方法是：将天然纤维素分解菌群在培养容器中培养出种子液，再将含纤维素分解菌的种子液接种在经物理加工的粗料复合液中，在特定的水分、营养、温度、酸碱度等理化条件下，繁衍纤维素分解细菌、脂肪分解细菌、蛋白质分解细菌、果胶分解细菌等菌体微生物群，最终衍生成含有氨基酸、脂肪酸、葡萄糖、果糖以及多种对畜、禽、鱼生长所不可缺少的营养物质的菌体蛋白饲料。其制作的方法步骤如下：①纤维素分解菌群种液的培养和饲料的制作均是在厌氧条件下进行的；②纤维素分解菌群的培养和提取方法为：在培养容器内加入水、人尿、煮豆腐水、糖糟、牛粪、鸡粪、麸皮、玉米面、青绿嫩草（碎细），用木耙搅拌使之完全溶解，再取生石灰用水冲溶滤去渣后，倒入容器内将 pH 值调至 10～11，然后加入秸秆粉料搅拌，待 pH 值下降到 8～8.5，加入纤维素分解菌，又加入旧粪坑底泥絮拌匀，盖上培养容器水封盖并在水封槽内加满水严密封闭，使之不侵水不漏气，封闭时间 3 个月以上，pH 值达到 6～6.5 即成内含大量纤维素分解菌的成熟种子液；③利用纤维素分解菌群制作饲料的方法为：将水、生石灰、小苏打、稻草灰、盐、微生物增殖剂与经培育的纤维素分解菌群成熟种液混合调制剂；将原料粉碎，取混合调制好的液体均匀渗入，并充分拌匀，pH 值达到 9～9.5，即为湿料成品，再入饲料酵解罐（池），盖上水封盖加水密封；保持环境温度在 10℃以上达 15～30 天，每隔 1 周通过池的回流管取出酵解时渗出的多菌汁液，再洒淋至池内料面，直至被料全部吸收，成熟饲料通过出料口取出。本发明提出了具体的实施方案和相配套的装置。采用本法所制成的饲料，用于饲养畜、禽、水产动物等，节粮效果明显，在变废为宝、节约能耗、清除环境污染等方面都有明显的效益和发展前景。

1999. 橡子饲料

申请号：95115716   公告号：1130029   申请日：1995.09.07

申请人：林汉洙

通信地址：(133000) 吉林省延吉市小营乡村 4 队

发明人：林汉洙

法律状态：实　审

文摘：本发明是一种橡子饲料。它是由橡子粉、麦麸子、玉米粉、豆饼粉、骨粉、鱼粉及酵母等成分经发酵而混合制成。这种橡子饲料的组分为：橡子粉 40%～60%(按重量计，下同)，麦麸子 12%～14%，玉米粉 10%～20%，豆饼粉 10%～20%，骨粉 2%～5%，鱼粉 2%～5%，酵母 0.5%～1.5%。它可节省大量粮食，容易消化吸收，不易生病，增加维生素 B 群，增加瘦肉层，不仅可以做为猪饲料，而且也可以做牛、鸡的饲料。

2000. 禽用饲料复方添加剂及其生产方法

申请号：85108958   公告号：1011438   申请日：1985.12.03

申请人：辽宁省西丰县饲料公司

通信地址：(112400) 辽宁省西丰县向阳街

发明人：闫宝琴

法律状态：实　审　　　法律变更事项：视撤日：1989.03.08

文摘：本发明是一种禽用饲料复方添加剂及其生产方法。其添加剂的特点是加入了能控制禽类消化系统疾病效果较佳的白头翁、苦参、马齿苋；载体采用了沸石和炭末。其工艺方法是：根据制作添加剂的无机盐元素、中草药、载体的特点，分别按所需比例称重，进行溶解、搅拌，粉碎后过筛，经加工制成。本添加剂为土黄色颗粒状。使用本发明的添加剂喂鸡、鸭、鹅等能加速生长发育，并有解毒、杀菌作用。特别是采用本添加剂养鸡，能使其雏鸡成活率提高 5%～15%，蛋鸡产蛋率提高15%～20%，肉鸡增重 10%～20%。